e-fellows.net
wissen

inkl. E-Book

„Case Study Training“ kostenlos als E-Book herunterladen – so geht’s:

Noch nicht bei e-fellows.net registriert?

1. Registrieren unter www.community.e-fellows.net/cv/register
2. Registrierung aktivieren durch Klick auf Link in E-Mail
3. Link unten freirubbeln und aufrufen
4. Bei e-fellows.net einloggen
5. Format wählen (EPUB, MOBI)
6. Download startet automatisch

Bereits bei e-fellows.net registriert?

1. Link unten freirubbeln und aufrufen
2. Bei e-fellows.net einloggen
3. Format wählen (EPUB, MOBI)
4. Download startet automatisch

Auf welchen Geräten kann man das E-Book lesen?

- iPad/iPhone: EPUB-Datei mit iBooks öffnen und lesen
- Laptop/Notebook/PC/Tablet: EPUB z. B. mit Adobe Digital Editions lesen, kostenloser Download unter: www.adobe.com/products/digital-editions/download.html
- E-Reader (außer Kindle): EPUB-Datei öffnen und lesen
- Kindle: MOBI-Datei öffnen und lesen. Auch EPUBs kann man z. B. mit dem Freeware-Tool Calibre in eine MOBI-Datei umwandeln.

Case Study Training

40 Fallstudien zur Vorbereitung auf das Bewerbungsgespräch im Consulting

e-fellows.net
wissen

Stand: Januar 2017

Verlag: e-fellows.net GmbH & Co. KG

Reihenherausgeber: Dr. Michael Hies

Bandherausgeber: Laura Treml,
laura.treml@e-fellows.net

Layout: factor product münchen GmbH,
www.factor-product.com

Satz und Illustration: Lesotre® / Conceptual Brand Creation, www.lesotre.de

Druck und Bindung: Neografia, 03655 Martin, Slowakei

Printed in Slovakia
Januar 2017

Bildnachweis: Titelbild: zagandesign - Fotolia.com; S. 15: e-fellows.net; S. 16: kantver - Fotolia.com; S. 40: e-fellows.net; S. 41: Handelsblatt (oben); S. 41: e-fellows.net (unten); S. 42: Matador - Fotolia.com; Fotos auf den Seiten 10–14 stammen von den jeweiligen Autoren; Anzeigen stammen von den entsprechenden Unternehmen; sämtliche Grafiken und Illustrationen wurden umgesetzt von Yvonne Hagenbach (Lesotre® / Conceptual Brand Creation).

ISBN-13: 978-3-941144-98-9

Sattlerstraße 1, 80331 München
Telefon: +49 89 23232-300, Fax: +49 89 23232-222
www.e-fellows.net, presse@e-fellows.net

Inhaltsverzeichnis

Vorwort 9
Die Autoren 10

1. Vom Anschreiben bis zum Case-Interview 16–41

Der Bewerbungsprozess 17
Zwölf Tipps für das Case-Interview 20
Typen von Fallstudien 23
Beispiele für Cases nach Branchen 26
Frameworks anwenden 27
Typen von Interviewern 29
Richtig auf das Case-Interview vorbereiten 32
Mathetipps und Übungsaufgaben 38

e-fellows.net – das Karrierenetzwerk und Online-Stipendium 40

2. Case Studies zur Übung 42–235

Brainteaser 44
Abschätzungs- und Business Cases 53
- Katzen in Deutschland 53
- Lackierte Fläche eines Pkw 54
- Laufschuhe in Deutschland 56
- Sekt oder Selters 58
- Sekundärverpackungen für Medikamente 60
- Pablo Picassos kunstvolle Wertschöpfung 62
- Geburtstagsparadoxon 64
- Festzelt auf Oktoberfest 66
- Glühweinstand auf dem Weihnachtsmarkt 68
- Menschenkette auf Autobahnen 70
- Should I stay or should I go? 74
- Smart Meter in den USA 77
- Ertragssteigerung der Sägezahn GmbH 82
- Imbissbude im Frankfurter Bankenviertel 90
- Implementierung und Messung einer viralen Marketingstrategie 96
- Sinkende Kundenbasis eines Mobilfunkanbieters 101
- Obstplantage vs. Unternehmensberatung 105
- Optimierung von Qualifizierungskosten 109

Commercial Due Diligence:
Identifikation von Markttreibern und Marktabschätzung 113
Nachhaltigkeit in der Lebensmittelindustrie 118
Energiekosten bei einem Telekommunikationsanbieter 124
Neue Preisstrategie für QuickPix 130
Marktabschätzung und Preisstrategien für Flüge ins All 137
Investition in schwimmenden Palast? 142
Performance Improvement 146
Entwicklung einer globalen Beschaffungsstrategie im Fashion Retail 153
Effizienzsteigerung der Porzellan GmbH 158
American Bakery in Deutschland 163
Forderungsmanagement beim Carsharing der Mobility GmbH 170
Geschäftsmodellanalyse und Wachstumsstrategie für PackTec 176
Profitabilität eines Stahlrohr-Herstellers 182
Restrukturierung der Green Concrete AG 187
Preisstrategien im Musik-Streaming 192
Innovative Prozessoptimierung im Pharma-Außendienst 198
Online-Channel-Strategie für einen Outdoor- und Sportartikel-Retailer 202
Neueröffnung eines Fitnessstudios 208
Investitionsumfang und EBITDA-Ziel bei Kraftwerken 214
Shampoo-Hersteller 219
Traktoren in Argentinien 224
Neuprodukt-Pricing eines Smartphones 229

Weitere Titel aus der Reihe e-fellows.net wissen 236

Hinweis: Um die Lesbarkeit zu verbessern, wird in diesem Buch auf geschlechtsspezifische Personenbezeichnungen verzichtet. Alle Angaben beziehen sich jedoch immer auf Frauen und Männer gleichermaßen.

e-fellows.net wissen – die Buchreihe von **e-fellows.net**

Mit dieser Buchreihe informiert e-fellows.net über attraktive Berufsbilder und interessante Weiterbildungen, darunter das LL.M.-Studium, Berufsperspektiven für Juristen und Informatiker, Trainee-Programme sowie die Tätigkeit in einer Unternehmensberatung, im Investment Banking oder im Asset Management. Die Bücher bieten wertvolle Expertentipps und einen fundierten Überblick über die jeweilige Branche. Persönliche Erfahrungsberichte und ausführliche Unternehmensporträts potenzieller Arbeitgeber helfen bei der eigenen Entscheidungsfindung. Weitere Informationen zu den einzelnen Titeln der Reihe e-fellows.net wissen finden Sie auf den Seiten 236–237.

e-fellows.net – das Online-Stipendium und Karrierenetzwerk

e-fellows.net bietet Studierenden und Doktoranden seit 15 Jahren Expertenwissen, Tipps und kostenlose Leistungen, die in Studium und Karriere weiterbringen. Wer ein kluger Kopf ist, sollte sich für das e-fellows.net-Stipendium bewerben. Stipendiaten bekommen gratis Abos von Zeitungen und Zeitschriften, Zugriff auf digitale Medien und fachspezifische Datenbanken, Fachbücher frei Haus sowie exklusiven Zugang zur e-fellows.net community mit regelmäßigen Treffen und Erfahrungsaustausch. Außerdem haben e-fellows.net-Stipendiaten den direkten Draht in die Wirtschaft dank Mentorenprogramm, Karriereveranstaltungen, Praktikumsangeboten und Einstiegsjobs bei spannenden Unternehmen. **www.e-fellows.net**

Vorwort

Die Fallstudien bilden das Herzstück jedes Bewerbungsgesprächs für angehende Consultants. Von ihnen hängt zum großen Teil der Erfolg Ihrer Bewerbung ab, simulieren die Fälle doch reale Problemstellungen, mit denen Sie als Berater konfrontiert werden. Wie Sie herangehen, welche Fragen Sie stellen und welche Lösungen Sie ableiten, gibt Auskunft über Ihre Arbeitsweise und damit über Ihre Eignung für diesen Beruf.

Daher ist eine intensive Vorbereitung auf das Case-Interview äußerst ratsam. Unser Arbeitsbuch bietet Ihnen hierzu eine sehr gute Übungsgrundlage, denn wir haben darin 40 Abschätzungs- und Business Cases für Sie zusammengefasst. Genauso wie 15 Brainteaser – harte Nüsse, die darauf warten, von Ihnen geknackt zu werden. Zudem erhalten Sie Informationen zum Ablauf des Bewerbungsprozesses sowie hilfreiche Tipps und einen Leitfaden für Ihre Vorbereitung auf das Case-Interview.

Das Arbeitsbuch ist eine Ergänzung zu unserem bewährten Karriereratgeber *Perspektive Unternehmensberatung*, aus dessen letzten Editionen viele der Cases entnommen sind. Das Buch informiert Consulting-Interessierte auf 360 Seiten darüber, was sie vom Einstieg in die Beratung erwarten dürfen – mit Branchenüberblick, Erfahrungsberichten und Porträts attraktiver Unternehmensberatungen.

Als e-fellows.net-Stipendiat erhalten Sie *Case Study Training* und *Perspektive Unternehmensberatung* kostenlos per Post nach Hause und profitieren von 50 weiteren Leistungen, die gerade für angehende Berater sehr hilfreich sind: Abos, um bei Wirtschaftsthemen auf dem Laufenden zu bleiben, Kontakt zu McKinsey und weiteren Unternehmensberatungen, Einladungen zu exklusiven Consulting-Events und Expertenforen zum Einstieg in die Beratung. Mehr dazu erfahren Sie auf den Seiten 40 und 41.

Ich freue mich, wenn Ihnen unser Arbeitsbuch bei Ihrer Vorbereitung auf das Case-Interview und für Ihren Einstieg in die Beratung hilft. Viel Erfolg beim Bewerbungsgespräch!

Laura Treml
e-fellows.net

Die Autoren

Mathias Bertele, Dipl.-Kfm., Dipl.-Volksw., Senior Executive/Interim-Manager. Er hat BWL und VWL in Passau studiert und absolvierte einen MBA an MIT Sloan/Tsinghua University sowie Executive-Programme an der INSEAD. Seine Schwerpunkte sind Corporate Development, Transformation und Digitalisierung in der Prozess-, Chemie- und Lichtindustrie.

Hendrik Engelhardt, Dr., Director bei Deloitte im Bereich Financial Advisory. Er berät Unternehmen in Deutschland wie auch international bei Restrukturierungen, strategischen Neuausrichtungen, Refinanzierungen sowie Käufen und Verkäufen. Vor seinem Einstieg bei Deloitte war Dr. Engelhardt bei Roland Berger und KPMG tätig.

Michael Engels, M.Sc., Jahrgang 1988, Consultant bei The Boston Consulting Group. Er studierte BWL an der WHU in Vallendar und an der London School of Economics and Political Science. Nach Abschluss seines Studiums stieg er im Herbst 2013 bei The Boston Consulting Group ein und ist aktuell als Consultant im Düsseldorfer Büro tätig.

Karsten Engler, Dr. rer. pol., Dipl.-Kfm., Jahrgang 1975, Principal der Commerz Business Consulting (CBC), der internen Beratung des Commerzbank-Konzerns. Nach zehnjähriger Tätigkeit in der externen Managementberatung verantwortet er aktuell das CBC-Projektportfolio mit und leitet ausgewählte Konzernprojekte.

Philipp Fahr, Dr. math., Jahrgang 1978, Partner bei BearingPoint. Er hat Mathematik und Informatik in Paris, London und Cambridge studiert. Derzeit ist er Unternehmensberater für die Chemie- und Pharmabranche. Seine Schwerpunkte liegen im Programm- und Projektmanagement und in der prozessorientierten Unternehmensberatung.

Kristina Folz, M.A., freie Lektorin, Redakteurin und Autorin. Sie studierte Germanistik, Politikwissenschaft und europäische Kunstgeschichte an der Universität Heidelberg. Anschließend arbeitete sie in einem wirtschaftswissenschaftlichen Fachverlag. Seit 2015 ist sie mit ihrem Lektoratsbüro Perflekt selbstständig.

Thomas Fritz, Dr. rer. pol., Dipl.-Kfm., Jahrgang 1975, Director of CSS Personnel des deutschen Büros von McKinsey & Company. Nach seinem Studium in Köln und Stockholm stieg er als Berater bei McKinsey ein. Von 2008 bis 2014 verantwortete er als Director of Recruiting die gesamte Mitarbeitergewinnung für McKinsey Deutschland.

Fabian Gleisner, Dr. rer. pol., Dipl.-Kfm., Jahrgang 1979, Project Manager bei Commerz Business Consulting (CBC), der internen Beratung des Commerzbank-Konzerns. Nach mehreren Jahren in der externen Managementberatung leitet er derzeit Konzernprogramme im Bereich Digitalisierung.

Markus Goller, Mag. phil., Mag. rer. soc. oec., Jahrgang 1986, Simon-Kucher & Partners Marketing & Strategy Consultants. Er studierte an der Universität Innsbruck Politikwissenschaft und Volkswirtschaftslehre. Seine Arbeitsschwerpunkte liegen in den Bereichen Preis- und Produktoptimierung im Retail Banking.

Nicolas Haas, Dr. rer. pol., Dipl.-Kfm., Jahrgang 1981, IT-Projektmanager bei der Hilti AG. Er hat zunächst an der Universität Passau BWL studiert und promoviert. Seit 2011 ist er für die Hilti AG tätig. Sein Schwerpunkt liegt dabei auf der Umsetzung verschiedenster globaler IT-Projekte.

Karin Hoffmann, Dipl.-Kffr., Senior Analyst bei Kurt Salmon Germany GmbH. Nach dem Studium der BWL an der LMU München stieg sie als Beraterin bei Kurt Salmon in Düsseldorf ein und war auf internationalen Projekten in den Branchen Fashion und Handel tätig. Aktuell verantwortet sie in Teilzeit den Bereich Knowledge Management.

Ken Hofmann, Dipl.-Kfm., Leiter Produktmanagement ABS und ELC bei der Knorr-Bremse Systeme für Nutzfahrzeuge GmbH. Nach dem BWL-Studium in Deutschland und den USA fing er 2008 als Berater bei L.E.K. Consulting an. 2011 wechselte er als Fachreferent Corporate Strategy zu Knorr Bremse, seit 2015 ist er als Leiter Produktmanagement ABS und ELC tätig.

Alexander Jacobs, M.A., Jahrgang 1986, Business Programme Officer bei der European Aviation Safety Agency für Strategie und Planung. Zuvor arbeitete er als Senior Consultant bei Struktur Management Partner und beriet branchenübergreifend mit den Schwerpunkten Turnaround und Business Development.

Mark Kastner, Dipl.-Wirtsch.-Ing., Jahrgang 1985, Simon-Kucher & Partners Strategy & Marketing Consultants. Er studierte am Karlsruher Institut für Technologie. Als Director liegt sein Fokus auf der Entwicklung von Pricing- und Reimbursement-Strategien für innovative Arzneimittel sowie Vertriebs- und Preisverteidigungs-Strategien für Pharmaunternehmen.

Dieter Kiesenbauer, Dr., Aktuar DAV, Jahrgang 1980, Allianz Versicherungs-AG. Er ging nach dem Studium der Wirtschaftsmathematik zur Managementberatung zeb. Anschließend wechselte er in die Strategieberatung zu McKinsey & Company. Heute leitet er bei der Allianz das Produkt- und Portfoliomanagement im Ressort Global Automotive.

Christian Kolodziejczak, M.Sc., Senior Consultant Advisory Services bei EY. Er hat seinen Master als Jahrgangsbester in Berlin, Bloomington, Seoul und Tokio absolviert und promoviert berufsbegleitend an der ESCP Europe. Seine fachlichen Schwerpunkte liegen auf Pricing sowie Markteintritts-Strategien im E-Commerce und in der Mobilitätsbranche.

Bernd Leppla, Dipl.-Ing., Consultant bei der auf Performance-Steigerung ausgerichteten Managementberatung Horn & Company. Zuvor war er als Manager für Werksprojekte bei BMW Brilliance Automotive in China und als Portfoliomanager bei der mutares AG tätig. Herr Leppla studierte Maschinenwesen an der TU München.

Holger Lipowsky, Dr.-Ing., Dipl.-Ing., Jahrgang 1978, Principal bei Roland Berger GmbH. Er studierte und promovierte in Luft- und Raumfahrttechnik in Stuttgart und Cambridge. Sein Schwerpunkt liegt in Unternehmensstrategie, Transformationsprogrammen und operativen Verbesserungsinitiativen mit dem Fokus auf der Luftfahrt- und Maschinenbauindustrie.

Adelheid Lüring, M.Sc., Consultant bei L.E.K. Consulting. Sie studierte BWL an der HHL (Leipzig Graduate School of Management) sowie in Spanien, Japan und Dänemark. Seit 2011 ist sie bei L.E.K. und hat in München, London, San Francisco und Los Angeles gearbeitet. Seit 2015 ist sie in Teilzeit tätig und leitet vornehmlich Projekte im Bereich Industrials.

Daniel Petter, Dipl.-Wirtsch.-Ing., Jahrgang 1986, h&z Unternehmensberatung AG. Er studierte am Karlsruher Institut für Technologie und an der Laurentian University in Kanada. Als Consultant liegt sein Fokus auf Einkaufs-, Vertriebs- und Pricing-Optimierung für Unternehmen der Automobil-, Prozess- und verschiedener B2B-Industrien.

Holger Prochazka, Dipl.-Ing., MBA, Jahrgang 1984, Manager Konzernstrategie Volkswagen AG. Vor seinem Einstieg bei Volkswagen war er mehrere Jahre bei Bain & Company sowie bei der Porsche SE tätig. Er hat Maschinenbau und Management in München und Singapur studiert, sowie einen MBA bei INSEAD mit Auszeichnung absolviert.

Eric Rahn, M.Sc., Senior Consultant Advisory Services bei EY. Er studierte berufsbegleitend im Master Consulting und Controlling (Bloomington, Berlin, Seoul, Tokio) und ist seit 2012 bei EY. Er ist spezialisiert auf Projekte aus dem Bereich Finance Transformation sowie auf die fachliche Konzeption und technische Umsetzung von Finanz- und Controlling-Prozessen.

Mark-Daniel Rentschler, Dipl.-Wirtsch.-Ing., MiM, Jahrgang 1980, Simon-Kucher & Partners Strategy & Marketing Consultants. Er studierte an der Uni Karlsruhe (TH) und in Rensselaer at Hartford, USA. Als Projektleiter bei Simon-Kucher liegen seine Schwerpunkte im Bereich der Strategieentwicklung, Vertriebs- sowie der Pricing-Optimierung.

Sandra Nicole Richter, Jahrgang 1981, Manager bei Kurt Salmon Deutschland. Sie studierte BWL an der Universität zu Köln und in den USA. Der Schwerpunkt ihrer Tätigkeit bei Kurt Salmon liegt auf der Konzeption und Optimierung von End-to-End-Merchandise-Planning- und Supply-Chain-Prozessen.

Regina Rieger, MBA, Managing Consultant bei Horváth & Partners im Competence Center Financial Industries im Business-Segment Controlling & Finance Banking. Ihre Themenschwerpunkte liegen in der Konzeption und Umsetzung von Kosten- und Ergebnisrechnung, werttreiberbasierten Steuerung sowie Planungsprojekten.

Daniel Rothfuß, Jahrgang 1985, Consultant bei Bain & Company. Er studierte Informationswirtschaft (B.Sc.) in Karlsruhe und Singapur und absolvierte anschließend einen Master in Management an der ESCP Europe in Madrid, Paris und Berlin. Seit 2011 begleitet er bei Bain Projekte in den Branchen Automotive, Healthcare, Energie, Konsumgüter, Private Equity.

Michael Sabadisch, Dipl.-Wirtsch.-Ing., Jahrgang 1984, Director bei Simon-Kucher & Partners Strategy & Marketing Consultants in Köln. Er studierte Wirtschaftsingenieurwesen am Karlsruher Institut für Technologie (KIT). Bei Simon-Kucher liegen seine Schwerpunkte auf den Themen Vertrieb und Pricing.

Gustav von der Schulenburg, Jahrgang 1989, Associate im Center for Strategic Projects bei der Deutschen Telekom. Er hat Physik an der University of Edinburgh und International Management an der ESCP Europe in Paris und Berlin studiert und sammelte praktische Erfahrung bei SolarWorld, E.ON und Roland Berger Strategy Consultants.

Samanthi Luisa Silva, M.Sc., Jahrgang 1986, forscht und promoviert am Centre for Sustainability Management der Leuphana Universität zu Nachhaltigkeitsbewertung. Zuvor arbeitete sie zweieinhalb Jahre bei Accenture Strategy and Sustainability. Sie studierte International Business an den Universitäten FAU Erlangen-Nürnberg, Hull (UK) und Harvard (US).

Peter von Snitkin, Dr., Jahrgang 1981, Vorstandsassistent bei der Munich Re. Er hat in Passau und Madrid BWL und VWL studiert sowie später zum Thema Private Equity promoviert. Nach seinem Studium arbeitete er bei Bain & Company mit den Schwerpunkten Private Equity, Performance Improvement und Financial Services. Seit 2015 ist er bei der Munich Re tätig.

Lukas Thalhammer, Jahrgang 1988, Berater bei McKinsey & Company. Der begeisterte Case-Löser und Hobbylogiker absolviert momentan im Rahmen des Fellow-Programms seinen MBA an der INSEAD Business School. Er studierte Energietechnik und widmet sich bei McKinsey vor allem Projekten in der Rohstoffbranche sowie der Chemieindustrie.

Johann F. Thieme, Dr. sc. pol., Dipl.-Volksw., CFA, Jahrgang 1983, Simon-Kucher & Partners Strategy & Marketing Consultants. Sein Fokus liegt auf der Optimierung von Preis- und Produktangeboten für Banken. Zuvor arbeitete er als Investment-Analyst für ein Single Family Office. Er wurde an der Christian-Albrechts-Universität zu Kiel promoviert.

Michael Waltinger, M.A., ist Doktorand an der PH Ludwigsburg und lebt in Stockholm. Er ist als Gastforscher an das Discovery Lab des Medienforschungszentrums iHub in Nairobi angeschlossen. Zuvor war er als Berater tätig und wissenschaftlicher Mitarbeiter an mehreren Medienhochschulen.

Muzaffer Yilmaz, Dipl.-Wirtsch.-Ing. (FH), Jahrgang 1986, Head of Controlling bei der Outfittery GmbH. Nach Stationen bei Porsche Consulting, Procter & Gamble und KPMG leitet der ehemalige e-fellows.net-Stipendiat das Financial Controlling bei dem Berliner Start-up.

Perspektive Unternehmens-beratung

Jeden Oktober erscheint die neue Auflage unseres Karriereratgebers *Perspektive Unternehmensberatung*.

Das Expertenbuch beleuchtet den Beruf des Unternehmensberaters näher und gibt Antworten auf wichtige Fragen: Worauf kommt es für den Einstieg in die Beratung wirklich an? Wie gestaltet sich die Work-Life-Balance? Welche Arten von Beratungen gibt es und welche passt zu mir? Studenten und Consultants berichten von ihren Erfahrungen, und mehr als 35 Beratungen stellen sich als Arbeitgeber vor.

e-fellows.net-Stipendiaten können das Buch kostenlos bestellen. Andere Interessenten haben die Möglichkeit, das Buch bei Amazon und Co. als Print- und E-Book zu erwerben.

www.e-fellows.net/Perspektive-Unternehmensberatung

Vom Anschreiben bis zum Case-Interview

17 Der Bewerbungsprozess
20 Zwölf Tipps für das Case-Interview
23 Typen von Fallstudien
26 Beispiele für Cases nach Branchen
27 Frameworks anwenden
29 Typen von Interviewern
32 Richtig auf das Case-Interview vorbereiten
38 Mathetipps und Übungsaufgaben

40 e-fellows.net – das Karrierenetzwerk und Online-Stipendium

1. Vom Anschreiben bis zum Case-Interview

von Kristina Folz

Der Bewerbungsprozess

Bewerber in Unternehmensberatungen durchlaufen für gewöhnlich ein mehrstufiges Bewerbungsverfahren: Am Anfang steht die schriftliche Bewerbung mit Motivationsschreiben, Lebenslauf und Zeugnissen. Wer mit lückenlosen Unterlagen, sehr guten Noten, Praxiserfahrung, herausragenden Sprachkenntnissen und einem überzeugenden Gesamtbild punkten kann, kommt in die nächste Runde. In der Regel handelt es sich dabei um eine Einladung zu einem Bewerbertag. In seltenen Fällen findet zuvor noch ein Telefoninterview mit einem Personalverantwortlichen statt.

In dieser ersten Phase findet eine besonders starke Selektion statt: Rund drei Viertel aller schriftlichen Bewerbungen werden aussortiert. Die oft gefürchteten Case Studies sind demnach gar nicht die größten Hürden des Bewerbungsprozesses. Diejenigen, die zum Bewerbertag oder zum Telefoninterview eingeladen werden, haben bereits eine entscheidende Herausforderung gemeistert.

Der Interviewtag

An einem typischen Interviewtag durchläuft der Bewerber zwei bis vier etwa einstündige Gespräche. Die Interviewer sind meist keine Recruiter, sondern Consultants, Manager oder auch Partner.

Im Anschluss an die Gespräche besprechen die Interviewer, welche Bewerber sie für geeignet halten. Wenn sich alle Interviewer über die Eignung eines Kandidaten einig sind und dieser nach wie vor Interesse an der Stelle hat, folgt ein weiteres Gespräch mit einem Senior-Partner. Der Bewerber erhält dann meist ein Angebot; das Gehalt und der Projekteinsatz werden diskutiert. In seltenen Fällen finden die verschiedenen Bewerbungsrunden auch an mehreren Tagen statt.

Typische Bestandteile eines Bewerbungsgesprächs

Die meisten Bewerber haben hauptsächlich die Case Study vor Augen, wenn sie an ein Interview denken. Dabei gibt es noch weitere typische Aufgaben, die in nahezu jedem Bewerbungsgespräch bei Unternehmensberatungen auf Sie zukommen.

Rund ein Drittel der Zeit nimmt jedoch ein allgemeiner Teil ein, in dem der Interviewer den Bewerber darum bittet, über sich und seine (beruflichen) Erfahrungen zu berichten. Eine Selbstvorstellung zu Beginn des Gesprächs ist mittlerweile nicht nur bei Unternehmensberatungen Standard.

Zu den wichtigsten Skills von Beratern zählen schnelles Einarbeiten in unbekannte Sachverhalte und die Fähigkeit, Vorträge zu halten. Deshalb gehören zu vielen Bewerbungsgesprächen auch ein oder mehrere Präsentationstests. Zu einem selbst gewählten oder vorgegebenen Thema müssen die angehenden Consultants nach kurzer Einarbeitungszeit einen gut strukturierten und inhaltlich überzeugenden Vortrag halten. In manchen Fällen erwartet der Interviewer, dass die Präsentation auf Englisch oder in einer anderen unternehmenswichtigen Sprache gehalten wird.

Auch eine simulierte Diskussion kann Teil eines Bewerbungsinterviews sein. Dabei darf sich der Kandidat kurz in ein vorgegebenes Thema einarbeiten, zu dem er eine Meinung oder einen Lösungsvorschlag entwickeln soll. In einem fingierten Streitgespräch diskutiert er seine Ergebnisse anschließend mit dem Interviewer. Dabei ist es wichtig, einfühlsam und freundlich zu sein (schließlich muss ein Consultant immer auch auf die Bedürfnisse seiner Kunden eingehen), aber auch selbstbewusst aufzutreten, ohne stur auf der eigenen Position zu beharren.

Da analytische und mathematische Fähigkeiten ebenfalls zur Grundausstattung eines guten Beraters gehören, führen manche Unternehmensberatungen darüber hinaus in den Bewerbungsgesprächen Mathematik- oder Logiktests durch.

Personal-Fit-Fragen: ohne Sympathie geht gar nichts

BWL-Kenntnisse kann man nachträglich erwerben, aber die „Chemie" zwischen Bewerber und Unternehmen kann nicht künstlich hergestellt werden. Wer tagein, tagaus und zum Teil unter hohem Druck zusammenarbeitet, muss menschlich zusammenpassen. Deshalb testen Interviewer nicht nur die fachliche Kompetenz der Bewerber, sondern sie prüfen vor allem, ob ihnen ihr Gegenüber sympathisch ist. Typische Personal-Fit-Fragen zielen auf die Motivation und persönliche Einstellung ab – zum Beispiel: „Warum möchten Sie bei uns arbeiten?", „Welche Stärken und Schwächen haben Sie?" oder „Was ist Ihnen im Job wichtig?"

Umgekehrt gilt: Wenn Sie bereits beim Interviewtag das Gefühl haben, dass die Unternehmenskultur nicht zu Ihnen passt, sollten Sie sich gründlich überlegen, ob Sie in dieser Firma einsteigen möchten – ganz unabhängig vom Ausgang der Case Studies.

Case Study bekannt: der Idealfall?

Viele angehende Consultants wünschen sich, dass ihnen im Interview eine bekannte Fallstudie vorgelegt wird, die sie dann souverän und locker bearbeiten können. Doch ist es wirklich ratsam, so zu tun, als wäre die Fallstudie unbekannt? Auswendig gelernte Antworten fallen schnell auf: Allzu perfekte, schnell entwickelte Lösungsstrategien, die zu einem mustergültigen Ergebnis führen, können den Interviewer misstrauisch machen. Und gerade in einer Stresssituation wie dem Bewerbungsgespräch ist es besonders schwer, sich zu verstellen. Wenn der Interviewer den Betrug bemerkt, ist das ein Ausschlussgrund. Wenn er ihn erahnt, wird er dem Kandidaten ebenfalls skeptisch gegenüberstehen. Im Fall der Fälle sollten Sie daher lieber zugeben, dass Sie die Case Study bereits kennen. Der Interviewer wird Ihre Ehrlichkeit schätzen – und das gibt schon die ersten Punkte auf der Personal-Fit-Skala.

Einen kühlen Kopf bewahren

Ein Interview ist für die Bewerber immer eine stressige Situation; schließlich stehen sie fachlich und persönlich auf dem Prüfstand. Knifflige Case Studies, Logiktests oder zielgerichtete Stressfragen und Provokationen verstärken die Nervosität noch. Hinzu kommt der Zeitdruck. Schnell stellt sich das Gefühl ein, nicht alles richtig und rechtzeitig bewältigen zu können.

Auch wenn es abgedroschen klingt: Versuchen Sie trotzdem, einen kühlen Kopf zu bewahren. Machen Sie sich klar, dass kein Kandidat die Case Study fehlerlos bearbeitet. Ein kurzer Hänger wirft Sie also keineswegs aus dem Rennen. Mit der Einladung zum Interview haben Sie die wichtigste Hürde bereits genommen. Das alleine zeigt, dass Sie hoch qualifiziert sind. Nutzen Sie dieses Wissen, um im Interview selbstbewusst aufzutreten. Konzentrieren Sie sich nach einem Fehler wieder auf die Aufgabe, und versuchen Sie, sich gedanklich von dem Patzer zu lösen. Andernfalls laufen Sie Gefahr, sich zu stark auf Ihr (vermeintliches) Scheitern zu fokussieren, anstatt den Interviewer von Ihren Fähigkeiten zu überzeugen.

Zwölf Tipps für das Case-Interview

Auch wenn sich Case Studies inhaltlich unterscheiden, werden sie nach relativ einheitlichen Standards bewertet. Es kommt auf das richtige Verständnis, eine logische Lösungsstruktur, ein gutes Gespür und ein plausibles Ergebnis an. Die folgenden zwölf Tipps helfen Ihnen dabei, das Case-Interview zu meistern.

1. Den Case verstehen

Die Fallstudie wird Ihnen vermutlich mündlich vermittelt. Schreiben Sie währenddessen mit, damit Sie nicht nach Informationen fragen müssen, die Ihnen der Interviewer bereits gegeben hat. Wiederholen Sie anschließend die Aufgabenstellung und die Hintergrundinformationen. Dadurch stellen Sie sicher, dass Sie nichts missverstanden haben, gewinnen ein wenig Zeit, um eine Lösungsstrategie zu erarbeiten und zeigen Ihrem Gegenüber, dass Sie das Wesentliche erfasst haben.

Falls Sie die Fragestellung trotzdem nicht ganz verstehen, sollten Sie sie in ihre Einzelteile aufgliedern und versuchen, Teilproblemstellungen daraus abzuleiten. Doch wenn Sie weiterhin unsicher sind, sollten Sie auf jeden Fall nachfragen, um keine falsche Richtung einzuschlagen. Manche Cases sind auch bewusst offen gehalten, sodass der Bewerber nachfragen muss, um die Aufgabe überhaupt lösen zu können. Gehen Sie beim Nachfragen vom Allgemeinen zum Speziellen vor. Das heißt: Fragen Sie immer zuerst nach den wichtigsten Informationen, erst dann - wenn überhaupt - nach Details.

2. Die Zeit richtig einteilen

Die Bearbeitungszeit einer Fallstudie ist begrenzt. Deshalb ist es wichtig, die Uhr im Blick zu behalten. Als Faustregel kann man folgende Einteilung vornehmen: Rund 20 Prozent der Zeit sollte darauf verwendet werden, sich mit der Fragestellung auseinanderzusetzen und sich das Ziel zu vergegenwärtigen. Die restliche Zeit sollten Sie dafür aufwenden, den Case zu lösen. Achten Sie unbedingt darauf, dass Sie zunächst die wesentlichen Ergebnisse herausarbeiten und erst zum Schluss auf die Details eingehen.

Falls Sie trotzdem nicht mit der Zeit hinkommen und keine endgültige Lösung präsentieren können, sollten Sie in jedem Fall ein Zwischenergebnis liefern: Was war die Aufgabe? Wie sind Sie vorgegangen? Was haben Sie herausgefunden? Welchen (vorläufigen) Lösungsvorschlag haben Sie? Das ist besser als nichts.

3. Sich präzise ausdrücken

Die Interviewer sind in der Regel Consultants - und die schätzen eine klare und verständliche Ausdrucksweise sehr. Versuchen Sie nicht, mit Schachtelsätzen oder besonders wichtig klingenden Phrasen Eindruck zu schinden. Versetzen Sie sich in die Lage der Interviewer: Würden Sie einen Kandidaten bevorzugen, der seinen Lösungsweg mit nebulösen Formulierungen präsentiert, oder einen, der klar und präzise darstellt, wie er zu seinem Ergebnis gekommen ist?

4. Problemstellung strukturieren

Manche Aufgabenstellungen können Sie in ihrem Detailreichtum, andere mit ihrer Vielzahl an Handlungsoptionen überfordern. Dem können Sie mit einer logischen Vorgehensweise begegnen – zum Beispiel mit einem modifizierten Framework. Damit die Struktur nicht nur in Ihrem Kopf existiert, sollten Sie sie schriftlich fixieren. Machen Sie in Ihren Ausführungen immer wieder deutlich, wo im Lösungsschema Sie sich gerade befinden (zum Beispiel mit „erstens ..., zweitens ..., drittens ..."). Dadurch behalten Sie wie auch der Interviewer den roten Faden im Blick.

5. Bei der gewählten Struktur bleiben

Viele Bewerber beginnen ihre Case-Study-Bearbeitung recht vielversprechend, skizzieren eine Lösung, fangen an, strukturiert vorzutragen – und weichen von ihrem Schema ab, sobald Nachfragen kommen. Möglicherweise hat der Interviewer die Frage nur aus Interesse gestellt, vielleicht aber auch, um zu testen, wie Sie auf Ablenkungen reagieren. Sagen Sie ihm in jedem Fall, dass Sie seine Frage gerne beantworten, dass Sie aber anschließend wieder zu Ihrem Lösungsweg zurückkehren möchten. Daran sollten Sie sich dann auch halten.

6. Gedanken aussprechen

Teilen Sie dem Interviewer mit, wie Sie die Case Study lösen. Ein richtiges Ergebnis alleine ist nicht genug. Vielmehr kommt es darauf an, wie Sie die Aufgabenstellung angehen. In vielen Fällen gibt es mehrere Optionen, zwischen denen Sie sich entscheiden müssen. Führen Sie die verschiedenen Handlungsalternativen mit ihren wichtigsten Vor- und Nachteilen auf. Das hilft Ihnen dabei, sich für eine davon zu entscheiden und zeigt Ihrem Interviewer gleichzeitig, dass Sie in verschiedene Richtungen gedacht und sich bewusst für eine Handlungsalternative entschieden haben.

Wenn Sie einem Interviewer gegenübersitzen, der großen Wert auf Schnelligkeit legt (siehe Seite 29), sollten Sie die Optionen nicht ausführlich abwägen. Weisen Sie lediglich darauf hin, dass es noch andere Möglichkeiten gäbe, die Sie nicht wählen. Teilen Sie es dem Interviewer auch mit, wenn Sie eine Annahme treffen. Dadurch vermeiden Sie Missverständnisse.

7. Fragestellung eingrenzen

Die meisten Cases haben eine relativ weit gefasste Fragestellung: „Erstellen Sie ein Marketingkonzept für Kaffeevollautomaten", „Wie sollte sich ein Catering-Unternehmen im Food-Truck-Markt positionieren?", „Reduzieren Sie die Produktionskosten für Funktionskleidung". Um alle Aspekte des Themas angemessen und vollständig zu analysieren, bräuchten Sie mehrere Stunden. Doch so viel Zeit haben Sie nicht. Grenzen Sie Ihr Thema daher unbedingt ein, und reduzieren Sie komplexe Sachverhalte, so gut es geht.

8. Ergebnisorientiert vorgehen

Die Zeit des Bewerbungsgesprächs ist begrenzt. Wenn Sie sich bei der Lösung der Fallstudie in Details verlieren und zu vielen Wenns und Abers nachgehen, verschwenden Sie kostbare Minuten. Erscheint Ihnen ein Einwand wichtig, weisen Sie darauf hin. Betonen Sie dann, dass

Sie Ihr Augenmerk aber lieber auf die Hauptaspekte legen möchten. Falls der Interviewer doch mehr über Ihre Bedenken hören möchte, wird er Ihnen das mitteilen. Wenn nicht, haben Sie klar gezeigt, dass Sie differenziert denken, ohne den Blick für das Wesentliche zu verlieren.

9. Realistische Annahmen treffen

Bei Case Studies kommt es oft darauf an, Annahmen über die Welt zu treffen. Wenn Sie völlig falsche Vorannahmen treffen (zum Beispiel, dass VHS-Kassetten ein zukunftsträchtiges Produkt sind oder in Deutschland rund 150 Millionen Menschen mindestens zwei Smartphones besitzen), beeinträchtigt das Ihr Ergebnis. Eine fundierte Allgemeinbildung und ein Gespür für wirtschaftliche Zusammenhänge sind daher unerlässlich, wenn auch schwer zu trainieren. Wenn Sie mit völlig falschen Annahmen kalkulieren, kann Ihr Lösungsvorschlag stark von dem richtigen Ergebnis abweichen. Dann helfen auch ein stimmiges Konzept und eine gut strukturierte Vorgehensweise nichts. Um das zu vermeiden, sollten Sie bei sehr unsicheren Annahmen beim Interviewer nachfragen.

10. Im Notfall um Hilfe bitten

Der Interviewer war auch einmal in Ihrer Situation. Daher kann er Ihre Nervosität sicher nachvollziehen. Sich das zu vergegenwärtigen, macht die Situation weniger bedrohlich. Falls Sie im Case-Interview trotzdem akute Panik überfällt, bitten Sie ruhig um eine kurze Verschnaufpause. Sie können den Interviewer auch beim Lösen des Cases um einen Hinweis bitten, wenn Sie partout nicht weiterkommen. Als Berater kennt auch er seine Grenzen und weiß, wann er sich Unterstützung holen muss. Sofern Sie den Case vernünftig abschließen, wird Ihnen die Bitte sicher nicht negativ ausgelegt.

11. Das Gegenüber begeistern

Als Consultant müssen Sie die Kunden von Ihren Lösungen überzeugen. In den Interviews sind die Unternehmensvertreter Ihre Kunden. Neben einem logischen Lösungsweg, einem sinnvollen Ergebnis und einem sympathischen Auftreten brauchen Sie dazu auch gute kommunikative Fähigkeiten und Präsentations-Skills. Üben Sie im Vorfeld das freie Reden und Präsentieren am Flipchart oder Whiteboard.

12. Selbstbewusst auftreten

Das Interview ist eine Stresssituation, in der alle Bewerber nervös sind – das ist den Interviewern klar. Doch wenn Sie beim Lösen der Case Study gleich bei der ersten Hürde verzweifeln, macht das keinen guten Eindruck. Bleiben Sie möglichst ruhig und spielen Sie Ihre Handlungsalternativen durch. Ein guter Consultant sollte selbstsicher wirken; ein verschüchtert wirkender Bewerber überzeugt auch mit einer korrekten Lösung nicht.

Bedenken Sie jedoch: Es gibt einen Unterschied zwischen Selbstbewusstsein und Arroganz. Überheblichkeit kann ebenso wie Schüchternheit zum Ausschlusskriterium werden.

Typen von Fallstudien

Jede Fallstudie ist anders. Daher ist es schwierig, sich perfekt auf das Case-Interview vorzubereiten. Doch wer vorab einige Beispiel-Fallstudien bearbeitet, hat bessere Chancen, im Vorstellungsgespräch zu glänzen.

Man kann Case Studies grundsätzlich in drei Kategorien einteilen: Brainteaser, Abschätzungs-Cases und Business Cases. Je nach Case-Typ werden unterschiedliche Skills des Bewerbers getestet, daher ist es nicht unüblich, dass in einem Interview mehrere Case-Typen vorkommen. Es kann auch gefordert sein, Cases im Team zu lösen. In diesem Fall wird neben der Fachkompetenz die Teamfähigkeit der Bewerber getestet. Überlegen Sie sich vorher: Welche Stärken können Sie bei der Teamarbeit einbringen? Seien Sie weder zu dominant noch zu zurückhaltend. Eine konstruktive Zusammenarbeit lebt vom Dialog und der gegenseitigen Wertschätzung.

Brainteaser

Um das analytische Denkvermögen und die Ausdrucksstärke der Bewerber zu testen, setzen Interviewer oft Brainteaser ein – kleine Rätsel oder abstrakte Aufgaben, die mit logischem Geschick und mathematischen Fähigkeiten gelöst werden können. Brainteaser zeichnen sich dadurch aus, dass die scheinbar naheliegende Antwort nicht die richtige Lösung ist. Deshalb ist es wichtig, nicht sofort mit einer Vermutung herauszuplatzen, sondern die Frage erst einmal in Ruhe zu überdenken und auf Fallstricke zu untersuchen.

Ein vielzitiertes Beispiel mag das verdeutlichen: „Vor Ihnen liegt eine Gurke mit einem Wassergehalt von 99 Prozent. Sie wiegt 1.200 Gramm. Wie viel wiegt sie, wenn der Wassergehalt auf 98 Prozent sinkt?" Dazu muss man zunächst den Festgehalt der Gurke berechnen. Dieser beträgt ein Prozent, also 12 Gramm. Auch wenn der Wassergehalt der Gurke sinkt, bleibt er bei 12 Gramm. Allerdings machen diese 12 Gramm dann zwei Prozent des Gewichts aus. Die gesamte Gurke wiegt folglich nur noch 600 Gramm.

Gleiches gilt für Brainteaser ohne mathematischen Bezug; zum Beispiel: „Peter deutet auf ein Gemälde und sagt: ‚Der Vater des Abgebildeten ist der Sohn meines Vaters.' Wer ist auf dem Bild zu sehen?" Wer nun unüberlegt „Peter!" ruft, hat sich hereinlegen lassen. Wer dagegen nachdenkt und den Satz in zwei Teile aufspaltet, kann das Rätsel knacken: Peter ist „der Sohn meines Vaters". Da er gleichzeitig „der Vater des Abgebildeten" ist, zeigt das Bild seinen Sohn.

Manche Aufgaben fordern die Kreativität der Bewerber heraus. Lassen Sie sich nicht von vertrackten Formulierungen oder überflüssigen Details irritieren. Diese sollen bewusst vom Wesentlichen ablenken. Wichtig ist, dass Sie sich Zeit nehmen, um die Fragestellung zu durchdringen und das Problem in seine Bestandteile zu zerlegen. Geben Sie keinesfalls zu früh auf, sondern stellen Sie Hypothesen auf, wenn Sie nicht weiterkommen.

Abschätzungs-Cases

Ob der Bewerber realistische Einschätzungen vornehmen und gut mit Zahlen umgehen kann, zeigen Abschätzungs-Cases. Sie können als eigene Fallstudie oder als Teil eines Business Case auftauchen. „Wie viel Wasser fließt täglich von der Elbe ins Meer?", „Wie hoch ist der Jahresumsatz der BILD-Zeitung?", „Wie viele Fahrräder gibt es in Indien?" – es gibt eine unerschöpfliche Anzahl möglicher Fragestellungen. Daher ist eine gezielte Vorbereitung auf Abschätzungs-Cases gar nicht möglich.

Es kommt allerdings nicht auf das exakte Ergebnis an, sondern darauf, sich mit realistischen Annahmen einem Ergebnis zu nähern. Das A und O, um bei den Abschätzungs-Cases zu brillieren, ist daher eine logische Herangehensweise. Fragen Sie nach, wenn Ihnen wichtige Informationen fehlen. Möglicherweise verrät Ihnen der Interviewer dann etwas mehr. Treffen Sie Annahmen, die auf Ihrem Wissensstand oder Erfahrungsschatz beruhen. Wer eine gute Allgemeinbildung hat, bringt bereits die wichtigste Voraussetzung mit.

Business Cases

Die verbreitetste Art von Case Studies sind Business Cases, in denen Bewerber ein unternehmerisches Problem analysieren und einen Lösungsansatz finden sollen. Viele dieser Fälle stammen aus der Praxis der Consultants, wenn auch in stark vereinfachter Form. Ein wirtschaftliches Grundverständnis ist dafür unerlässlich, die Erfahrungen aus dem Studium oder aus Praktika helfen ebenfalls.

Typische Themen von Business Cases sind unter anderem:

- Streben nach Gewinnmaximierung eines Unternehmens,
- Abschätzung, ob sich der Eintritt in einen neuen Markt lohnt,
- Bewertung der Erfolgschancen eines neuen Produkts,
- Bewertung von M&A-Transaktionen,
- Optimierung des Firmenauftritts in einem veränderten Marktumfeld oder gegenüber Konkurrenten.

Auch offene Fragen sind möglich: „Ein Getränkehersteller möchte sein Produktsortiment erweitern. Welches Produkt sollte er neu einführen?" Die Interviewer testen dabei vor allem Ihr analytisches Denkvermögen, Stressresistenz, betriebswirtschaftliche Kenntnisse und Konzentrationsfähigkeit. Sie sollen zeigen, dass Sie sich schnell in komplexe Sachverhalte einarbeiten können und dabei strukturiert vorgehen.

Betriebswirtschaftliche Analyse-Tools (Frameworks) eignen sich als Ausgangspunkt für eigene Überlegungen. Sie bieten eine Struktur, an der Sie sich entlanghangeln können. Aber oft ist die Realität komplexer als die theoretischen Konzepte. Daher sind die Frameworks – mehr dazu ab Seite 27 – nur als ein Grundgerüst anzusehen, das Sie ergänzen, abändern oder mit anderen Modellen verbinden können. In jedem Fall sollten Sie überlegen: Welche Ziele und Interessen verfolgt der Unternehmer? Wie können diese erreicht werden?

PRAXIS-TIPP: Falls Ihnen im Laufe der Bearbeitung auffällt, dass Ihnen ein Fehler unterlaufen ist, versuchen Sie nicht, ihn zu vertuschen. Vermutlich hat ihn der Interviewer ebenfalls bemerkt und ist gespannt, wie Sie damit umgehen. Sprechen Sie daher offen an, dass Ihnen gerade ein Fehler aufgefallen ist. Überlegen Sie, an welcher Stelle es hakt, und wie Sie das Problem lösen können. Ein souveräner Umgang mit einer Unstimmigkeit gleicht den Fehler aus.

Beispiele für Cases nach Branchen

Branche	Case
Automotive	Lackierte Fläche eines Pkw Menschenkette auf Autobahnen Forderungsmanagement beim Carsharing der Mobility GmbH Entwicklung einer Kundenkontaktstrategie für die Luxury Cars Ltd.*
Aviation	Marktabschätzung und Preisstrategien für Flüge ins All Lackierung eines Airbus A380*
Energiewirtschaft	Ermittlung des Marktvolumens für den Verbrauchszähler Smart Meter in den USA Investitionsumfang und EBITDA-Ziel bei Kraftwerken
HR	Optimierung von Qualifizierungskosten Steigerung der Mitarbeiterproduktivität*
Konsumgüter-industrie	Kosten beim Konsum von Sekt oder Selters Optimierung der Produktionskosten eines Shampoo-Herstellers Implementierung und Messung einer viralen Marketingstrategie
Lebensmittel-industrie und Gastronomie	Rentabilität eines Festzelts auf dem Oktoberfest Glühweinstand auf dem Weihnachtsmarkt Imbissbude im Frankfurter Bankenviertel Obstplantage vs. Unternehmensberatung American Bakery in Deutschland Nachhaltigkeitssteigerung in der Lebensmittelindustrie
Maschinenbau und Verpackungs-industrie	Effizienzsteigerung der Porzellan GmbH Geschäftsmodellanalyse und Wachstumsstrategie für PackTec Produktvertrieb von Traktoren in Argentinien über ein Joint Venture
Pharmaindustrie	Holzbedarf für Sekundärverpackungen von Medikamenten Innovative Prozessoptimierung im Pharma-Außendienst Konzeption eines automatischen Probenverteilers im Labor der Zukunft*
Retail	Händlerumsatz mit Laufschuhen in Deutschland Entwicklung einer globalen Beschaffungsstrategie im Fashion Retail Online-Channel-Strategie für einen Outdoor- und Sportartikel-Retailer
Risiko-management	Commerical Due Diligence: Identifikation von Markttreibern und Marktabschätzung Neuaufsetzung der Risikosteuerung einer Bank*
Telekommu-nikation	Ursachenermittlung für die sinkende Kundenbasis eines Mobilfunkanbieters Energiekosten bei einem Telekommunikationsanbieter Neuprodukt-Pricing eines Smartphones Zero-Rating bei der Telco S.E.*
Tourismus und Freizeit	Rentabilität eines Fahrradverleihs auf Fuerteventura Investition in schwimmenden Palast? Neueröffnung eines Fitnessstudios Umsatz des London Eye*
Unterhaltungs-industrie	Neue Preisstrategie für QuickPix Preisstrategien im Musik-Streaming Spiel Mobil GmbH in der Krise*
Unternehmens-finanzierung	Ertragssteigerung der Sägezahn GmbH Performance Improvement der MASBAU-AG Profitabilität eines Stahlrohr-Herstellers Restrukturierung der Green Concrete AG

* Diese und weitere branchentypische Fallstudien finden Sie in *Perspektive Unternehmensberatung*.

Frameworks anwenden[1]

Business Cases haben betriebswirtschaftliche Fragestellungen zum Thema. Daher können betriebswirtschaftliche Modelle, sogenannte Frameworks, beim Lösen der Cases helfen. Sie müssen kein gänzlich neues Konzept erarbeiten, um Ihre Fragestellung zu beantworten. Das gibt Sicherheit und spart Zeit. BWLer kennen die Modelle bereits aus den ersten Semestern ihres Studiums. Fachfremde Bewerber sollten sich zumindest mit den grundlegenden Frameworks – wie beispielsweise Gewinngleichung, Kosten-Nutzen-Analyse, Angebot und Nachfrage oder Gewinn- und Verlustrechnung – vertraut machen.

Doch Vorsicht: Praxisfälle sind oft weitaus komplexer als theoretische Konzepte. Das Anwenden eines Frameworks sollte deshalb nur der Ausgangspunkt Ihrer Überlegungen sein. Der Interviewer kennt die betriebswirtschaftlichen Modelle und setzt sie als Basiswissen voraus. Die Kür besteht darin, das Framework dem vorliegenden Fall anzupassen: Welche Aspekte Ihres Cases deckt das Modell nicht ab? An welcher Stelle ist das Framework zu oberflächlich oder zu starr? Überlegen Sie, wie Sie an diesen Stellen Veränderungen vornehmen können. Wer ein Framework so erweitert, modifiziert oder mit einem anderen verknüpft, dass es perfekt auf den Fall zugeschnitten ist, beweist seine Eignung zum Consultant. Wer dagegen versucht, einen Fall „auf Teufel komm raus“ in ein Schema zu pressen, wird wenig Erfolg haben. Hinterfragen Sie auch kritisch, ob das Framework wirklich zu Ihrer Aufgabe passt, damit Sie nicht aus Versehen ein falsches Modell auf Ihre Fragestellung anwenden.

Case Studies beschäftigen sich in der Regel damit, wie ein Unternehmen in einem bestimmten Fall möglichst gewinnbringend agieren kann. Dabei können interne Faktoren, die im Unternehmen angesiedelt sind, eine Rolle spielen, aber auch externe Faktoren aus dem Umfeld des Unternehmens. Die Fallstudien zielen entweder auf einen dieser beiden Aspekte ab oder auf beide. Je nach Problemstellung eignen sich unterschiedliche Frameworks zur Lösung.

Die nachfolgende Abbildung gibt einen Überblick über die Problemstellungstypen und eine Auswahl dazu passender Frameworks.

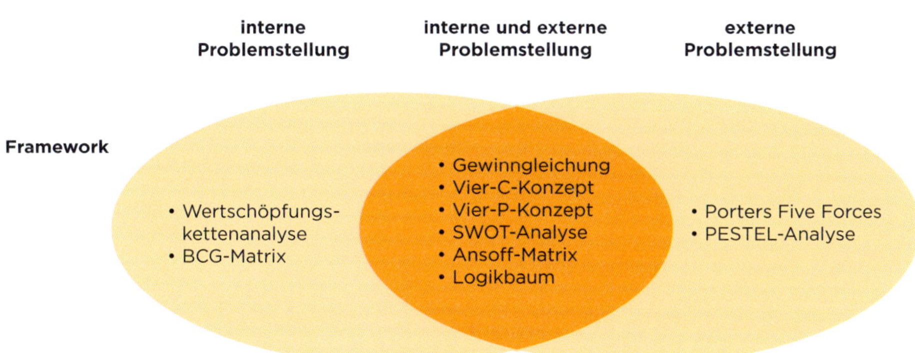

1 Basierend auf dem Beitrag *Frameworks zur Bearbeitung von Cases* von Ali Aslan Gümüsay und David Liebig aus dem e-fellows.net-Karriereratgeber *Perspektive Unternehmensberatung 2017*, S. 98–115.

Externe Problemstellung

Bei Fragestellungen mit externem Schwerpunkt geht es primär um die Faktoren, die außerhalb des Unternehmens liegen. Dazu zählen beispielsweise der Markt, die Kunden, die Umwelt, die Wettbewerber und die Effekte, die sie jeweils erzeugen. Für diese Art der Problemstellung eignen sich unter anderem Porters Five Forces oder die PESTEL-Analyse.

Interne Problemstellung

Im Gegensatz zur externen Problemstellung rücken bei internen Fragestellungen die unternehmensinternen Faktoren in den Fokus. Dazu zählen zum Beispiel zu hohe Personal- oder Produktionskosten, schlechte Mitarbeitermoral, ein zu hoher Lagerbestand oder ein veraltetes Geschäftskonzept. Bei der Lösung solcher Fälle können Ihnen unter anderem die Wertschöpfungskettenanalyse oder die BCG-Matrix helfen.

Gemischte Problemstellung

In den weitaus häufigsten Fällen müssen die Bewerber sowohl interne als auch externe Faktoren beleuchten. Typisch sind beispielsweise Cases, die die Einführung eines neuen Produkts, die Gewinnmaximierung, den Eintritt in einen neuen Markt oder ein M&A-Projekt zum Thema haben. Hierzu bieten sich beispielsweise die Gewinngleichung, das Vier-C-Analyse-Konzept, die SWOT-Analyse, die vier Ps des Marketings, die Ansoff-Matrix und der Logikbaum an.

Eine für (fast) alle Fälle: die Gewinngleichung

Unternehmen streben vor allem danach, Gewinne zu erwirtschaften. Viele Problemstellungen zielen deshalb letztlich auf die Gewinnmaximierung ab. Das Gewinngleichungsmodell sollten Sie daher auf jeden Fall gedanklich parat haben.

Umsatz und Kosten sind die beiden zentralen Faktoren, die wirtschaftlichen Gewinn ausmachen. Umsatz wiederum setzt sich aus dem geforderten Preis und der abgesetzten Menge zusammen. Bei Kosten unterscheidet man variable (stückzahlabhängige) und fixe (stückzahlunabhängige) Kosten.

Daraus ergeben sich folgende Gleichungen:

- Gewinn = Umsatz - Kosten
- Umsatz = Stückpreis × Menge
- Kosten = variable Kosten + fixe Kosten
- **Gewinn = Menge × Stückpreis - (variable Kosten + fixe Kosten)**

Dieses grundlegende Framework lässt sich gleichermaßen auf den Gewinn des ganzen Unternehmens wie auf einzelne Produkte anwenden. Komplexere Modelle knüpfen oft daran an.

Typen von Interviewern

Die Bewerbungsgespräche in Consulting-Unternehmen werden meist von Beratern geführt, nicht von HR-Mitarbeitern. Auch wenn die Interviewer einige Fortbildungen zur Gesprächsführung besucht haben, sind sie in erster Linie Consultants. Das bedeutet: Ihnen sitzen keine psychologisch ausgebufften Interviewexperten gegenüber, die Sie möglichst fintenreich aus der Reserve locken wollen. Stattdessen handelt es sich um potenzielle zukünftige Kollegen, die im Arbeitsalltag mit ähnlichen Problemen konfrontiert sind wie Sie.

Nutzen Sie diese Gemeinsamkeit, indem Sie überlegen: Was würden Sie als Interviewer erwarten oder erhoffen? Freundlichkeit, Selbstbewusstsein und eine präzise Ausdrucksweise gehören in jedem Fall zu einem guten Auftreten. Wenn Sie wissen, wie der Interviewer tickt, können Sie sich auf ihn einstellen. Legt Ihr Gegenüber eher Wert auf schnelles oder auf detailliertes Arbeiten? Sind ihm eher Fakten wichtig oder emotionale, weiche Faktoren? Wie stark geht der Interviewer auf Sie ein? Wie konfliktbereit ist er? Anhaltspunkte für diese Persönlichkeitsmerkmale finden Sie in seinem Verhalten. Stark vereinfacht kann man fünf Typen unterscheiden.

Typ 1: Der Direkte – selbstbewusst, schnell, lösungsorientiert

Wie er tickt, und woran Sie ihn erkennen: Der Direkte arbeitet effizient und zügig. Lange Diskussionen und genaues Abwägen liegen ihm nicht. Stattdessen will er zeitnah Ergebnisse sehen. Er ist offen für neue und unkonventionelle Ideen, Risiken scheut er nicht. Sie erkennen diesen Typus daran, dass er Sie beim Lösen von Case Studies schnell unterbricht und Zeitdruck aufbaut. Möglicherweise animiert er Sie dazu, ausgefallenere Lösungen zu finden und sich nicht an „Schema F" entlangzuhangeln. Dieser Interviewer-Typus ist selbstsicher, direkt, konfliktbereit, redet meist schnell und drückt sich knapp, aber präzise aus.

Wie Sie sich ihm gegenüber verhalten sollten: Flüchtigkeitsfehler sind für ihn vernachlässigbar, doch langes Verzetteln nimmt er nicht hin. Lösen Sie die Case Study möglichst zügig, und halten Sie sich nicht mit Detailfragen, Einwänden oder präzisem Abwägen auf. Wenn Sie zu einem falschen Ergebnis kommen, akzeptiert er das; wenn Sie zu keinem Ergebnis kommen, nicht.

Machen Sie beim Sprechen nicht zu lange Pausen. Wenn Sie zögern, um etwas innerlich abzuwägen, dann kommunizieren Sie das. Geben Sie sich selbstbewusst, das schätzt dieser Interviewer-Typus. Vertreten Sie Ihre Positionen freundlich, aber standhaft; zu schnelles Einknicken und Emotionalität wertet der Direkte als Schwäche, außerdem schätzt er eine argumentgestützte Diskussion. Er legt Wert auf klare und verständliche Sätze. Mit Füllwörtern und Sentenzen können Sie bei ihm nicht punkten.

Typ 2: Der Planer – rational, innovativ, langfristig orientiert

Wie er tickt, und woran Sie ihn erkennen: Interviewer dieses Typs finden innovative Lösungen für komplexe Probleme. Sie können überzeugende, kreative Visionen entwickeln, bleiben dabei aber rational und analytisch. Im Gespräch wirken sie reserviert, aber nicht unfreundlich. Der Planer geht langsamer vor als der direkte Typ, macht mehr Pausen und wägt seine Argumente ab. Trotzdem verliert er sich nicht in Details. Seine Position vertritt er deutlich, er ist aufgabenorientiert und kritisch-analytisch.

Wie Sie sich ihm gegenüber verhalten sollten: Emotionalität bringt Ihnen bei diesem Typus nichts. Versuchen Sie, sich ebenfalls möglichst rational und logisch zu geben. Der Planer legt großen Wert auf Unabhängigkeit, deshalb sollten Sie ihm nicht nach dem Mund reden, sondern Ihre eigene Position - gut begründet - standhaft vertreten. Wenn Ihnen beim Lösen mehrere Alternativen einfallen, weisen Sie ihn darauf hin, ohne sich zu sehr in Details zu verlieren. Innovative Lösungsvorschläge kommen bei diesem Typus gut an, allerdings nur, wenn sie keine logisch-strukturellen Fehler enthalten.

Typ 3: Der Analytische - sachlich, distanziert, detailverliebt

Wie er tickt, und woran Sie ihn erkennen: Interviewer dieses Typs legen großen Wert auf strukturiertes Vorgehen, Logik und eine gründliche Arbeitsweise. Sie erkennen ihn daran, dass er langsam und deutlich spricht, wohldurchdachte Fragen stellt und selten Emotionen zeigt. Schnelle, intuitive Antworten erscheinen ihm oberflächlich, er bohrt daher so lange nach, bis er auf Ungereimtheiten stößt.

Wie Sie sich ihm gegenüber verhalten sollten: Eine strukturierte Herangehensweise ist beim Lösen von Case Studies generell wichtig. Wenn Ihnen ein Vertreter dieses Typs gegenübersitzt, sollten Sie jedoch besondere Sorgfalt an den Tag legen. Gehen Sie gründlich und überlegt vor, und wägen Sie sorgfältig zwischen verschiedenen Optionen ab. Bleiben Sie rational, und treffen Sie Annahmen, wenn Sie auf ein Problem stoßen. Drücken Sie sich klar und verständlich aus, vermeiden Sie Schachtelsätze, Floskeln und unklare Formulierungen. Wenn der Interviewer Ihnen eine eigene Lösung präsentiert, widersprechen Sie ihm nicht, sondern greifen Sie seine Anregung auf. Kritik am eigenen Vorgehen schätzt dieser Typus nicht übermäßig.

Typ 4: Der Enthusiast - umgänglich, begeisterungsfähig, visionär

Wie er tickt, und woran Sie ihn erkennen: Dieser Interviewer-Typus macht es Ihnen relativ leicht: Er ist redselig, freundlich, aber auch anpassungsfähig. Er geht auf Sie ein, lässt sich für kreative Lösungen begeistern und übersieht dabei auch mal Nebensächlichkeiten. Sein Enthusiasmus kann zur Folge haben, dass er die Zeit falsch einteilt. Bei komplexen Erläuterungen, die sich über eine lange Zeit hinziehen, verliert dieser Typus das Interesse.

Wie Sie sich ihm gegenüber verhalten sollten: Mit Freundlichkeit kommen Sie bei diesem Typus relativ weit. Zeigen Sie sich aufgeschlossen gegenüber Neuem, und fokussieren Sie sich nicht allzu sehr auf Detailprobleme. Wenn Sie das Gefühl haben, dass er Sie beim Lösen der Case Study in ein zeitintensives Gespräch verwickelt, sprechen Sie ihn freundlich darauf an, dass Sie für die Lösung noch ein wenig Zeit brauchen, bevor Sie den Ansatz diskutieren können. Konzentrieren Sie sich auf die wesentlichen Lösungsaspekte, und klammern Sie Detailfragen aus. Wenn Sie einen kreativen Ansatz finden, wird es Ihnen dieser Typus danken und kleine Ungereimtheiten übersehen.

Typ 5: Der Gefühlsbetonte – konfliktscheu, freundlich, persönlichkeitsorientiert

Wie er tickt, und woran Sie ihn erkennen: Dieser Interviewer-Typ legt großen Wert auf eine gute Arbeitsatmosphäre und ein konstruktives Miteinander. Er gibt sich nahbar, tritt freundlich auf und scheut die Konfrontation. Ein gutes Gespräch ist ihm wichtiger als ein perfekter Lösungsweg. Er ist relativ emotional, hört gut zu, und geht auf Sie ein.

Wie Sie sich ihm gegenüber verhalten sollten: Diesen Typus können Sie vor allem durch Ihre Persönlichkeit für sich gewinnen. Ihre Ergebnisse und Ihre Vorgehensweise interessieren ihn nur am Rande. Daher ist es schwierig, ihn mit Fakten zu überzeugen. Stellen Sie sich darauf ein, dass das Case-Interview mehr Dialog als Selbstpräsentation ist, vermeiden Sie Konflikte, unterbrechen Sie ihn nicht, und seien Sie vor allen Dingen freundlich und offen, ohne dabei die Respektgrenzen zu überschreiten. Verstellen Sie sich nicht, denn er wird es schnell merken.

Wenn Intros auf Extras treffen

Unabhängig vom Interview-Typus gilt, dass die Persönlichkeit eines Menschen einen gravierenden Einfluss auf sein Gesprächsverhalten hat. Vor allem zwischen Intro- und Extravertierten gibt es große Unterschiede: Erstere überdenken ihre Aussagen oft gründlich, sprechen tendenziell langsamer, machen Pausen und legen mehr Wert auf Details. Sie scheuen Konflikte und suchen Verbindendes mit dem jeweiligen Gesprächspartner. Nach außen orientierte Menschen sprechen schneller, unterbrechen andere gelegentlich, sind diskussionsfreudig, haben das große Ganze im Blick und vertreten ihre Position direkt und nachdrücklich.

Auch wenn Ihr Gesprächspartner einer anderen Persönlichkeitsgruppe angehört als Sie, sollten Sie versuchen, im Gespräch auf seine Bedürfnisse einzugehen. Falls Sie eher extravertiert sind, der Interviewer dagegen introvertiert, zeigen Sie sich nicht zu diskussionsfreudig, und unterbrechen Sie ihn nicht. Falls Sie eher introvertiert sind, der Interviewer eher extravertiert, füllen Sie Pausen, indem Sie Ihre Gedanken aussprechen, und lösen Sie sich gedanklich von der Vorstellung, dass die Sachdiskussion etwas mit Ihrer Persönlichkeit zu tun hat.

Richtig auf das Case-Interview vorbereiten

Auch wenn die erfolgreiche Lösung einer Fallstudie nicht alleine darüber entscheidet, ob Sie den Job bekommen oder nicht: Von einem gelungenen Case-Interview hängt vieles ab. Damit Sie dabei brillieren, sollten Sie sich frühzeitig darauf vorbereiten. Wie Sie das möglichst geschickt tun, erfahren Sie auf den folgenden Seiten.

So früh wie möglich

Grundlagen schaffen

Wer beim Lösen von Case Studies besonderes Geschick beweisen möchte, profitiert von einer umfassenden Allgemeinbildung und wirtschaftlichem Know-how. Gehen Sie daher immer mit offenen Augen durch die Welt, und verfolgen Sie die (Wirtschafts-)Nachrichten. Ein wesentlicher Teil des Beraterjobs besteht darin, die richtigen Daten bereitzuhalten. Überlegen Sie daher im Vorfeld, welche Informationsquellen es grundsätzlich gibt.

Trainieren Sie Ihr analytisches Geschick, Ihre Präsentations-Skills und Kopfrechnen, indem Sie jede Gelegenheit zum Üben nutzen: Lösen Sie immer wieder Brainteaser oder knifflige Quizfragen, verzichten Sie bei Rechenaufgaben auf den Taschenrechner, und besuchen Sie Rhetorikkurse an der Hochschule oder bei anderen Weiterbildungsträgern. Üben Sie sich darin, komplexe Dinge möglichst kurz und präzise zusammenzufassen, zum Beispiel mit Elevator-Pitch-Trainings. Damit legen Sie wichtige Grundsteine für das Case-Interview, aber auch für Ihren späteren Beruf.

Fallstudienwettbewerbe

Einige Hochschulen bieten in Kooperation mit Unternehmen Fallstudienwettbewerbe an. Wenn auch Ihre Uni oder FH einen solchen Wettbewerb austrägt, sollten Sie in jedem Fall bereits während des Bachelor- oder Master-Studiums daran teilnehmen. So lernen Sie nicht nur typische Case Studies kennen, sondern auch Gleichgesinnte – und nicht zuletzt können Sie überprüfen, ob Ihnen das veranstaltende Unternehmen als potenzieller Arbeitgeber zusagt.

Vier Wochen vor dem Bewerbungstag

Lernpartner suchen

Indem Sie frühzeitig Cases üben, können Sie das entscheidende Plus an Gelassenheit und Erfahrung erwerben, das Sie von Ihren Mitbewerbern unterscheidet. Die Arbeit mit einem Lernpartner ist unbedingt empfehlenswert, weil Sie die Cases mit ihm unter Realbedingungen bearbeiten können.

Von dem Austausch profitieren Sie auch deshalb, weil der andere Ihnen einen neuen Blickwinkel eröffnet und Sie Routine darin bekommen, sich und Ihre Lösung vor anderen zu präsentieren. Falls Sie oder Ihr Lernpartner bereits über Erfahrungen mit echten Interviews verfügen, können Sie daraus wichtige Lehren ziehen. Sprechen Sie gemeinsam durch, wie das damalige Interview ablief, was gut und was weniger gut war, womit Sie Probleme hatten und wie dieses Problem in Zukunft zu umgehen ist. Als Lernpartner eignen sich vor allem Kommilitonen mit dem gleichen Berufsziel, weil sie das nötige Fachwissen mitbringen, um Case Studies zu lösen, und sich in einer ähnlichen Situation wie Sie befinden. So stellen Sie sicher, dass Sie beide das Üben ernst nehmen.

Einen geeigneten Lernpartner finden Sie zum Beispiel auf www.e-fellows.net/lernpartner. Das große Plus: Das Angebot ist kostenfrei. Außerdem profitieren Sie davon, dass die e-fellows.net-Stipendiaten und -Alumni zu den klügsten Köpfen des Landes zählen. Dazu gehen Sie folgendermaßen vor:

- Loggen Sie sich mit Ihrem Nutzernamen und Ihrem Passwort ein.
- Sie können in den bestehenden Angeboten (Gesuche-Liste) nach einem Trainingspartner suchen. Ein Filter ermöglicht die gezielte Suche nach Themengebiet, Lernform (online oder live) und Zeitraum.
- Ist nichts Passendes dabei? Erstellen Sie Ihr eigenes Angebot in dem Formular am Ende der Seite: Was möchten Sie genau trainieren? In welcher Stadt/Region suchen Sie Lernpartner? Welche Lernform bevorzugen Sie (online, persönlich oder beides)?
- Anschließend erscheint Ihr Gesuch in der Angebotsliste.
- Die ersten Angebote kommen meist schon wenige Tage nach dem Einstellen.

Gemeinsam lernen

Wenn Sie Ihren Lernpartner gefunden haben, besprechen Sie den Ablauf und die Modalitäten des gemeinsamen Übens. Tauschen Sie Ihre Bewerbungsunterlagen aus, überlegen Sie sich kritische Fragen zum Lebenslauf des anderen, und notieren Sie sich ein bis zwei Fragen zum Tagesgeschehen. Wählen Sie dann einen Brainteaser und eine Case Study, die Sie bearbeiten möchten. In Kapitel 2 finden Sie eine Auswahl geeigneter Fallstudien. So vorbereitet, ist das gemeinsame Lernen sehr effektiv. Wechseln Sie sich beim Lösen ab; der andere mimt währenddessen den Interviewer, hilft gegebenenfalls bei kniffligen Teilproblemen und gibt Feedback.

Um realistische Bedingungen zu schaffen, bietet sich folgender Ablauf an:

Simulieren Sie erst 45 bis 60 Minuten lang ein Interview, und sprechen Sie es anschließend durch, bevor Sie die Rollen tauschen. Planen Sie für das eigentliche Gespräch etwa 35 Minuten ein, für den Brainteaser rund fünf bis zehn Minuten, für die Case Study etwa 25 Minuten. Nicht nur die Case Study, auch das kritische Abklopfen des Lebenslaufs bereitet Sie gut auf das Case-Interview vor. Denn oft wissen Bewerber gar nicht, worüber ein Fremder bei dem eigenen CV stolpert. Wenn Sie kritische Passagen Ihres Lebenslaufs kennen, können Sie sich passende Antworten zurechtlegen und im eigentlichen Case-Interview souverän reagieren.

Auch eine Selbstpräsentation gehört zu den meisten Interviews dazu. Üben Sie sie gemeinsam mit Ihrem Lernpartner. Wenn Sie das mehrmals durchspielen, werden Sie von Mal zu Mal sicherer – und sind im eigentlichen Interview nicht um die richtigen Worte verlegen.

PRAXIS-TIPP: Für eine konstruktive Arbeitsatmosphäre sollten Sie etwas wohlwollender sein, als Sie es in einem realen Interview wären.

Einzeltraining

Mit einem Partner zu lernen ist dem Einzeltraining deutlich vorzuziehen, weil Sie das Case-Interview dann unter realistischeren Bedingungen üben können. Wer trotzdem lieber für sich lernt oder gerne noch etwas zusätzlich machen möchte, kann sich auch alleine auf den Interviewtag vorbereiten.

Gehen Sie beispielsweise die Fallstudien in diesem Buch durch. Decken Sie dabei die Lösungen ab, stellen Sie sich einen Wecker, um ein Gespür für die Zeit zu bekommen, und überlegen Sie sich, wie Sie im Ernstfall vorgehen würden. Machen Sie sich Notizen, die Sie nach und nach zu einer Lösungsstruktur zusammenfügen und logisch gliedern. Um Ihre Präsentationstechnik zu schulen, können Sie Ihren Lösungsweg auch laut vorstellen. Mit jedem Mal werden Sie sicherer darin. Wenn Sie etwas berechnen müssen, verzichten Sie auf den Taschenrechner. Im Case-Interview steht er Ihnen auch nicht zur Verfügung.

Wer sich noch intensiver vorbereiten möchte, dem sei darüber hinaus das Buch *Perspektive Unternehmensberatung* ans Herz gelegt (siehe Seite 236). Der praktische Ratgeber aus der Reihe *e-fellows.net wissen* umfasst neben weiteren Vorbereitungstipps, Erfahrungsberichten und Arbeitgeberporträts auch ein eigenes Kapitel mit weiteren Case Studies zum Üben. Nähere Infos zum Buch finden Sie online unter www.e-fellows.net/PUB. e-fellows.net-Stipendiaten und -Mitglieder können ein Kontingent von 5.000 Exemplaren kostenfrei bestellen. Wer kein Gratisexemplar der aktuellen Ausgabe mehr erhalten hat, kann das dazugehörige E-Book kostenlos herunterladen.

Online-Training

Wer sich gerne online auf das Case-Interview vorbereitet, findet in der e-fellows.net community Live-Cases, über die Sie sich gemeinsam mit anderen Interessierten und Experten von McKinsey austauschen können. Wenn Sie an den Expertenforen zum Thema „Case Study Training“ teilnehmen, können Sie erfahrenen Consultants all die Fragen stellen, die Ihnen unter den Nägeln brennen.

Frameworks üben

Mit den richtigen Tools lassen sich Fallstudien besser lösen. Wer sich bei der Anwendung von Frameworks unsicher fühlt, sollte sich die wichtigsten BWL-Modelle noch einmal gründlich anschauen. Wie Sie Frameworks richtig anwenden, können Sie ab Seite 27 in diesem Buch und noch ausführlicher in *Perspektive Unternehmensberatung* nachlesen.

Auf das Unternehmen vorbereiten

Jede Beratung ist anders – hinsichtlich der Themenschwerpunkte, des gewünschten Kandidatenprofils und der Unternehmenskultur. Sie sollten sich daher unbedingt über die betreffende Firma informieren. Zusätzlich zur schriftlichen Einladung versenden einige Arbeitgeber auch Informationen zum Unternehmen, die zur Vorbereitung auf die Bewerbungsgespräche dienen. Schauen Sie sich die Einladungsunterlagen und die Firmenhomepage in Ruhe an, prägen Sie sich zentrale Kennzahlen ein und notieren Sie, was über die Unternehmenskultur, die Arbeitsinhalte und die Anforderungen an Bewerber gesagt wird. Ein persönlicher Eindruck ist durch nichts zu ersetzen: Informieren Sie sich, ob es vor dem Bewerbertag ein Recruiting-Event gibt, zu dem Sie sich anmelden können.

Schauen Sie sich die Social-Media-Profile der Unternehmensberatungen an. Reflektieren Sie weiterhin: Wer sind deren Wettbewerber? Warum bewerben Sie sich gerade bei dieser Firma und nicht bei der Konkurrenz?

Wenn Sie einen Eindruck von dem Unternehmen gewonnen haben, überlegen Sie, ob Sie sich in den Branchen gut auskennen, in denen die Beratung ihre Schwerpunkte hat. Ist das nicht der Fall, sollten Sie ein wenig Zeit in eine Recherche stecken und sich einige Eckdaten der jeweiligen Branchen aneignen (große Player, zentrale Ereignisse in den vergangenen Monaten, die wichtigsten Kennzahlen). Fundierte Branchenkenntnis wird jedoch nur von Bewerbern mit entsprechendem Studienhintergrund oder Praxiserfahrung erwartet.

Auf die Interviewer vorbereiten

Falls Ihnen die Namen der Interviewer bekannt sind (oder die Wunschfirma so klein ist, dass nur eine Handvoll Leute als Interviewer infrage kommt), sollten Sie sich auch über sie informieren. Falls die Unternehmenshomepage keine näheren Angaben macht, sehen Sie sich die jeweiligen Profile auf Xing oder LinkedIn an. Zum einen gibt es Ihnen das das gute Gefühl, Ihr Gegenüber besser einschätzen zu können, zum anderen finden Sie so möglicherweise einen guten Aufhänger für das Gespräch – zum Beispiel ein gemeinsames Interesse. Im besten Fall erfahren Sie, mit welchen Themen die Interviewer schwerpunktmäßig zu tun haben. Da die meisten Case Studies mit den Erfahrungen der Interviewer zusammenhängen, ist deren Arbeitsschwerpunkt ein möglicher erster Hinweis auf die Inhalte der Fallstudie.

Mit offenen Augen durch die Welt gehen

Was schon vorher ratsam ist, gilt umso mehr für die letzten vier Wochen vor dem Bewerbertag: Hinterfragen Sie das, was Sie in den Medien sehen, hören und lesen, aber auch Ihre eigenen Alltagserlebnisse. Informieren Sie sich noch etwas gründlicher als zuvor über weltpolitische und wirtschaftliche Ereignisse, und machen Sie sich über gesellschaftliche Trends Gedanken. So sind Sie geistig bereits im Case-Study-Modus, und Sie trainieren ganz nebenbei Reflexionsfähigkeit und analytisches Geschick – zwei Eigenschaften, die für Ihren zukünftigen Job unerlässlich sind.

Zwei Wochen vor dem Interview

Gesprächsvorbereitung
Es gibt einige klassische Fragen, die in den allermeisten Bewerbungsgesprächen gestellt werden:

- „Weshalb möchten Sie diesen Beruf ergreifen?"
- „Warum möchten Sie ausgerechnet bei uns anfangen?"
- „Was sind Ihre Stärken?"
- „Worin bestehen Ihre Schwächen?"
- „Was ist für Sie gutes Teamwork?"

Legen Sie sich Antworten auf diese Fragen zurecht; denn hier ist eine gute Vorbereitung mehr als die halbe Miete. Wie können Sie Ihre Antworten jeweils mit kurzen Anekdoten belegen? Gerade außergewöhnliche Bilder und Geschichten bleiben dem Interviewer im Gedächtnis. Sehen Sie Ihre Unterlagen gründlich durch und bereiten Sie sich auf Fragen zu kritischen Punkten vor. Wenn Sie Ihren eigenen CV nicht parat haben, gibt das im Interview Minuspunkte.

Überlegen Sie sich mindestens zwei schlaue Fragen, die Sie den Interviewern im Anschluss an das Gespräch stellen möchten. Wenn Sie der Interviewer fragt, ob Sie noch etwas wissen möchten, sollten Sie keinesfalls schweigend den Kopf schütteln. Stellen Sie nicht allen Interviewern die gleichen Fragen, denn oft tauschen sich die Berater untereinander darüber aus, was der Kandidat im Gespräch gesagt hat.

Stand der Vorbereitung überprüfen
Reflektieren Sie: Wie läuft Ihre Vorbereitung bislang? Verfügen Sie über ausreichende Kenntnisse über das Wunschunternehmen? Stellen Sie sich dazu die folgenden Fragen:

- Gibt es einen Firmenslogan? Wenn ja: Wie lautet er, und was bedeutet er?
- Wie hoch waren Gewinn und Umsatz im vergangenen Geschäftsjahr?
- Welches sind die Beratungsschwerpunkte?
- Wie viele Mitarbeiter und Standorte hat das Unternehmen?
- Welche Informationen haben Sie über die Unternehmenskultur?
- Kennen Sie die Namen Ihrer Interviewer? Wenn ja, haben Sie Hintergrundinformationen zu ihnen recherchiert, und können Sie mit Grundlagenwissen in deren Schwerpunktgebieten aufwarten?

Wenn Sie beim Beantworten Defizite erkennen, haben Sie jetzt noch genügend Zeit, diese zu beheben.

Erfahrungsberichte lesen
Profitieren Sie von den Erfahrungen anderer und minimieren Sie so das Risiko, dass etwas Unerwartetes auf Sie zukommt. Unter www.e-fellows.net/Consultingberichte können Sie nachlesen, was andere Bewerber bei den Case-Interviews erlebt haben.

Eine Woche vor dem Interview

Ablauf verinnerlichen

Um möglichst wenige (negative) Überraschungen im Interview zu erleben, sollten Sie sich rechtzeitig über den Ablauf des Bewerbertags informieren. In der Regel finden Sie in den Einladungsschreiben wertvolle Hinweise. Wenn Sie das Timing und die einzelnen Bestandteile des Interviewtags kennen, gibt Ihnen das eine gewisse Sicherheit.

An- und Abreise planen

„Wie komme ich da eigentlich hin?" Diese Frage sollten Sie sich nicht erst kurz vor dem Bewerbertag stellen. Die Angst, zu spät zum Bewerbertag zu kommen, setzt Sie nur zusätzlich unter Druck. Planen Sie An- und Abreise daher sorgfältig und frühzeitig. Bei der Anreise sollten Sie mindestens eine Stunde Pufferzeit einrechnen. Dann haben Sie noch ausreichend Zeit, wenn Ihr Zug Verspätung hat oder auf der Autobahn Stau herrscht. Machen Sie sich auch Gedanken darüber, was Sie anziehen möchten, und prüfen Sie, ob das Outfit passt, sauber und knitterfrei ist. Grundsätzlich gilt: lieber etwas overdressed als underdressed erscheinen.

Letzte Lücken schließen

Auch, wenn Sie sich bereits wochenlang auf das Case-Interview vorbereitet haben, kann es passieren, dass Sie doch noch die ein oder andere Wissenslücke entdecken. Nutzen Sie die letzten Tage vor dem Bewerbertag, um diese zu schließen, die kritischen Stellen Ihres Lebenslaufs in wenigen prägnanten Sätzen zu erklären und um sich noch einmal mit den aktuellen Wirtschaftsnachrichten auseinanderzusetzen.

Am Interviewtag

Sicherlich sind Sie am Bewerbertag nervös. Trotzdem – oder gerade deshalb – sollten Sie den Tag mit etwas beginnen, das Ihnen guttut.

- Ein Spaziergang an der frischen Luft beruhigt Ihre Nerven? Dann stehen Sie eine halbe Stunde früher auf, und nehmen Sie sich die Zeit dafür.
- Frühstücken Sie in Ruhe.
- Packen Sie Ihre Bewerbungsunterlagen, die Einladung zum Interview, einen Notizblock und mindestens zwei funktionierende Stifte ein. Falls es bereits vor dem Tag einen E-Mail-Austausch mit dem Unternehmen gab, halten Sie die E-Mails parat.
- Seien Sie möglichst 20 Minuten vor dem offiziellen Beginn am Empfang. Dort erhalten Sie in der Regel ein Namenskärtchen und gegebenenfalls weitere Informationen zum Prozedere.

Mathetipps und Übungsaufgaben

Zur Bewältigung der Case Studies benötigen Sie nicht nur eine strukturierte Herangehensweise; Sie müssen auch richtige Berechnungen anstellen. Da Ihnen im Case-Interview in der Regel kein Taschenrechner zu Verfügung steht, lohnt sich bei der Vorbereitung die Wiederholung mathematischer Grundlagen. In diesem Kapitel erhalten Sie einige Tipps, die Ihnen bei der Vorbereitung helfen können. Lösen Sie zudem die Übungsaufgaben - dadurch gewinnen Sie Sicherheit für das Case-Interview.

1. Kopfrechnen

So banal es klingen mag - üben Sie das kleine und große Einmaleins, zum Beispiel mit einer entsprechenden Kopfrechen-App. Verschiedenste Ausführungen finden Sie im Google Play oder App Store, wie „Mathematik: Kopfrechnen“ oder „Mathematik - Blitzrechnen“. Bei der Multiplikation einer Zahl, die nahe an der nächsthöheren Zehnerzahl liegt, multiplizieren Sie diese und ziehen die Differenz ab. Statt 79 × 34 rechnen Sie 80 × 34 - 34.

2. Nachkommastellen

Viele Bewerber bekommen bei der Multiplikation und Division von Zahlen mit Nachkommastellen Schwierigkeiten bei der korrekten Kommasetzung. In der Multiplikation ermitteln Sie die richtige Kommastelle, indem Sie die Nachkommastellen der zu multiplizierenden Zahlen addieren. Wenn Sie beispielsweise eine Zahl mit drei und eine mit einer Nachkommastelle multiplizieren müssen, rechnen Sie drei plus eins und setzen folglich das Komma bei Ihrem Ergebnis nach der vierten Zahl von rechts: 23,345 × 21,5 = 501,9175. Die Division von Zahlen mit Nachkommastellen erleichtern Sie sich, indem Sie Dividend und Divisor so lange mit zehn multiplizieren, bis der Divisor keine Nachkommastelle mehr hat. Statt 215,5 ÷ 8,62 rechnen Sie also 215.500 ÷ 862 = 25.

3. Prozentrechnen

Die Prozentrechnung ist eine der gängigsten Rechenformen im Interview - müssen doch häufig Marktanteile oder Wachstumsraten prozentual angegeben oder aus diesen Umsätze errechnet werden. Wiederholen Sie daher unbedingt den Dreisatz.

4. Schriftlich rechnen

Wiederholen Sie die schriftliche Berechnung der Grundrechenarten. Die Subtraktion mit mehreren Subtrahenden lässt sich erleichtern, indem Sie diese addieren und anschließend zusammen vom Minuenden abziehen. Bei 150.500 - 25.300 - 52.600 rechnen Sie 150.500 - (25.300 + 52.600) = 72.600.

5. Runden

Im Case-Interview werden Sie häufig mit fünf- oder mehrstelligen Zahlen konfrontiert. Es wird Ihnen kein Case-Interviewer vorwerfen, wenn Sie die Zahlen runden und sich dadurch das Rechnen erleichtern. Wenn Sie aufgefordert werden, Schätzwerte abzugeben, wählen Sie am besten runde Zahlen, mit denen Sie gut rechnen können.

6. Einheiten

Gerade bei Berechnungen mit mehreren Einheiten sollten Sie diese vereinheitlichen und bei Ihrem Endergebnis darauf achten, dass Sie die richtige Einheit setzen - nichts ist ärgerlicher als ein richtiges Ergebnis mit der falschen Einheit.

7. Zehnerpotenzen

Zerlegen Sie große Zahlen in Zehnerpotenzen. Aus 100.000.000 wird so 10^8. Beim Multiplizieren und Dividieren zweier Zehnerpotenzen werden die Potenzen entweder zusammengezählt ($10^5 + 10^2 = 10^7$) oder voneinander abgezogen ($10^5 - 10^2 = 10^3$).

Aufgaben zum Üben

673.345 + 34.456 + 110.023 =	56 ÷ 14 =
34.654 + 123.654 - 23.546 =	486 ÷ 12 =
54.356 + 236.345 - 175.575 =	2.378 ÷ 58 =
980.001 - 23.600 - 125.643 =	532 ÷ 38 =
492.960 - 60.534 - 23.747 =	189 ÷ 7 =
23 × 35 =	1,08 ÷ 0,6 =
65 × 11 =	14,85 ÷ 5 =
13 × 55 =	283,8 ÷ 6 =
8 × 83 =	154,5 ÷ 3 =
47 × 75 =	225,25 ÷ 5 =
98,1 × 37,6 =	2.600.000 ÷ 4 =
5 × 23,87 =	250.000 ÷ 5.000 =
45,45 × 11,2 =	357.000.000 ÷ 85.000 =
1,11 × 0,01 =	96.525 ÷ 1.287 =
2,86 × 5 =	38.358.408 ÷ 58.652 =
15.000 × 300.000 =	34 % von 65 =
10.000.000 × 23.000 =	6 % von 74 =
6.500.000 × 2.500 =	49 % von 428 =
20.250 × 7.000 =	86 % von 23 =
185.000 × 4.500 =	3,5 % von 70 =

Wie Sie als Mitglied von e-fellows.net immer einen Karriereschritt voraus sind

Einladung zu exklusiven Netzwerk-Events
Mehr als 200 Karriere-Events sowie Case Study Trainings mit den besten Unternehmensberatungen:

- *Perspektive Unternehmensberatung* für Studenten und Absolventen
- *e-fellows.net working Consulting* für Berufserfahrene
- *MBA Day* zur Vorbereitung auf Führungspositionen und Erweiterung des beruflichen Netzwerks

www.e-fellows.net/Events

Insider-Informationen aus der Unternehmensberatung

- Erfahrungsberichte zu Consulting-Projekten, Praktika und dem erfolgreichen Weg in die Beratung
- Bewerbungstipps von Recruitern
- Blick hinter die Kulissen der großen Unternehmensberatungen

www.e-fellows.net/Consultingberichte

Sie sind ein kluger Kopf?
Von noch mehr Leistungen profitieren Sie, wenn Sie sich erfolgreich für das e-fellows.net-Stipendium bewerben.

Karriereratgeber als E-Book
Kostenlose Karriereratgeber aus der Reihe *e-fellows.net wissen* zum Download:

- *Perspektive Trainee*
- *Perspektiven für Informatiker*
- *Perspektive Investment Banking*
- *Perspektiven für Juristen*

Aktuelle Jobs und Praktika im Consulting

- 3.000 Stellen für Studenten, Absolventen und Young Professionals
- Passende Praktikums- und Jobangebote zu Ihrem Profil per E-Mail z.B. von Deloitte oder RWE Consulting

www.e-fellows.net/Jobs

Kostenlos als Mitglied anmelden: www.e-fellows.net/Mitglied-werden

Wie Sie als e-fellows.net-Stipendiat noch schneller erfolgreich sind

50 geldwerte Leistungen für noch mehr Erfolg in Studium und Karriere

- 25 Abos, um bei Wirtschaftsthemen auf dem Laufenden zu bleiben, darunter DIE ZEIT, WirtschaftsWoche und Handelsblatt
- mit Business Source Premier, WISO und zehn weiteren Datenbanken bequem von zu Hause aus recherchieren
- Vergünstigungen bei Online-Seminaren wie dem GMAT-Vorbereitungskurs
- mit Fernbus-Gutscheinen günstiger zu Bewerbungsgesprächen

Vernetzung mit mehr als 60.000 Stipendiaten und Alumni

- Erste-Hand-Informationen und Q&A zu Unternehmensberatungen von 31.000 Stipendiaten und Alumni in der Online-Community
- Netzwerken mit anderen e-fellows.net-Stipendiaten bei City-Group-Treffen in vielen Unistädten

Persönlicher Kontakt zu McKinsey, Accenture, KPMG und Co.

- Online-Expertenforen zu Praktika, Bewerbung und Einstieg in die Beratung
- Coaching durch mehr als 200 berufserfahrene Mentoren
- Live-Cases mit dem Personalchef von McKinsey
- beste Verbindungen in die Personalabteilungen von 170 Unternehmen – auch außerhalb der Unternehmensberatung

---

Karriereratgeber und Fachbücher per Post nach Hause

- kostenlose Lieferung aller Karriereratgeber aus der Reihe *e-fellows.net wissen*, z. B. *Perspektive Unternehmensberatung*
- monatliche Verlosung von mehr als 200 Fachbüchern von 13 Verlagen

Für das Stipendium bewerben: www.e-fellows.net/Stipendiat-werden

Case Studies zur Übung

44 **Brainteaser**
53 **Abschätzungs- und Business Cases aus den Branchen:**

Automotive
Aviation
Energiewirtschaft
HR
Konsumgüterindustrie
Lebensmittelindustrie und Gastronomie
Maschinenbau und Verpackungsindustrie
Pharmaindustrie
Retail
Risikomanagement
Telekommunikation
Tourismus und Freizeit
Unterhaltungsindustrie
Unternehmensfinanzierung

2. Case Studies zur Übung

Das Lösen von Case Studies ist ein wichtiger Schritt zum Einstieg in die Beratung. Daher ist es ratsam, sich bestmöglich darauf vorzubereiten. Im ersten Kapitel haben Sie einen Überblick über den Ablauf des Bewerbungsverfahrens, Tipps zur Vorbereitung auf das Case-Interview und zur Bewältigung der Fallstudien erhalten. Zu einer gründlichen Vorbereitung gehört aber auch das Üben der Fallstudien. In diesem Buch finden Sie neben den klassischen Übungs-Cases mit Angabe und Lösungsweg auch Fallstudien im Interview-Stil, die Ihnen einen Einblick in den tatsächlichen Ablauf eines Case-Interviews geben.

Brainteaser zum Aufwärmen
Der Brainteaser steht häufig zu Beginn des Case-Interviews – als knifflige Aufwärmübung, die Kreativität und Out-of-the-box-Denken erfordert. Lösen Sie die 15 Brainteaser vor, nach oder als Auflockerung zwischen den Fallstudien, denn auch hier gilt: Übung macht den Meister.

Das nächste Level: Abschätzungs- und Business Cases
Fallstudien können höchst unterschiedlich ausfallen, was ihren Umfang, Inhalt und ihre Komplexität anbelangt. Lassen sich Abschätzungs-Cases noch durch das Treffen realistischer Annahmen und mit ein wenig Rechenkenntnis bewältigen, erfordern die Business Cases ein solides wirtschaftliches Grundverständnis. Tasten Sie sich am besten Schritt für Schritt von den kurzen Abschätzungs-Cases zu den längeren und schwierigeren Business Cases vor.

Vielseitigkeit der Fallstudien
Die nachfolgenden 40 Cases vermitteln Ihnen einen guten Überblick über die Vielfältigkeit der Case-Landschaft. Da sie größtenteils der Praxis entstammen, beweisen die Cases, wie groß die Unterschiede je nach Bewerber (und dessen Fachhintergrund), Unternehmen, Interviewer und Branche ausfallen können.

Vorbereitung auf das Case-Interview
Aufgrund der Vielzahl unterschiedlicher Cases können Sie sich nicht auf jede mögliche Fallstudie vorbereiten. Statt also Lösungswege auswendig zu lernen, sollten Sie versuchen, die nachfolgenden Case Studies zu lösen. Lesen Sie sich dazu die Aufgabenstellung genau durch und legen Sie Ihr weiteres Vorgehen fest, bevor Sie zur Lösung der Fallstudie schreiten. Vollziehen Sie im Anschluss den vorgeschlagenen Lösungsweg nach und versuchen Sie, diesen zu verstehen. Damit schaffen Sie gute Voraussetzungen, um Ihr Wissen auf andere Cases zu transferieren.

Brainteaser

von Dr. Karsten Engler und Dr. Fabian Gleisner

Aufgabenstellung

1. Kreuzworträtsel

Wenn „Besteck-Schichter" für „Gabelstapler" steht, wofür stehen dann „Fahrzeuggewicht" und „tierischer Übergang"?

2. Leichter oder schwerer?

Vor Ihnen liegen zwölf Bälle und eine Balkenwaage. Alle Bälle sind identisch bis auf einen, der entweder leichter oder schwerer ist. Wie lässt sich mit dreimaligem Wiegen herausfinden, welcher Ball ein anderes Gewicht hat und ob er leichter oder schwerer ist?

3. Zaun

Angenommen, man besitzt ein quadratisches Stück Land, das von einem Zaun mit insgesamt 80 Metern Länge eingeschlossen ist. Nun erbt man weitere, angrenzende Grundstücke, sodass in Summe ein ebenfalls quadratisches, viermal so großes Grundstück entsteht. Wie viele Meter Zaun müssen zusätzlich besorgt werden, um das neue Grundstück wieder vollständig einzuzäunen?

4. Zahlenreihenfolge

Die Ziffern von 1 bis 9 wurden in eine neue Reihenfolge gebracht: 8, 3, 1, 5, 9, 6, 7, 4, 2. Welches Ordnungsprinzip steckt dahinter?

5. Der Frühling

Schnelles (Kopf-)Rechnen und Geographiekenntnisse sind gefragt. Die Frage lautet: Nehmen wir an, der Frühling wandert täglich 40 Kilometer weiter von Süden nach Norden. Wie viele Kilometer pro Stunde hat der Frühling? Wie lange dauert es, bis der Frühling in ganz Deutschland herrscht?

6. Schatzkiste

Die fünf Piraten A, B, C, D und E finden eine Schatzkiste voller wertvoller Ringe. Sie vereinbaren, den Inhalt der Kiste nach folgenden Regeln aufzuteilen: Nach alphabetischer Reihenfolge (A, B, C, D, E) soll jeder Pirat einen Vorschlag machen, wie der Schatz geteilt werden soll. Findet der erste Vorschlag von A keine Zustimmung von mind. 50 Prozent der Piraten, dann wird A über Bord geworfen und geht leer aus, und B macht einen Vorschlag. Danach gilt dieselbe Regel für den zweiten Vorschlag von B. usw.

Wenn A schlau ist, was schlägt er vor?

7. Das fünfte Land

Bitte ergänzen Sie das fünfte Land:

1. Estland
2. Uruguay
3. Algerien
4. Oman
5. ?

8. Nadel im Heuhaufen

Zählen Sie schnell möglichst viele Wege auf, eine Nadel im Heuhaufen zu finden.

9. Uhr

Um 18 Uhr bilden die Zeiger einer Uhr eine Gerade, das heißt, der große Zeiger zeigt nach oben, der kleine Zeiger nach unten. Wie lange dauert es, bis die beiden Zeiger das nächste Mal eine Gerade bilden?

10. Parkplatz

Auf einem Parkplatz stehen Autos verschiedener Farben nebeneinander, nur zwei davon sind rot. Eines der roten Autos ist das neunte von rechts, das andere rote Auto ist das achte von links. Zwischen den beiden roten Autos stehen genau vier andere Autos. Wie viele Autos stehen mindestens auf dem Parkplatz, wie viele sind es maximal?

11. Drei Türen

Angenommen, Sie haben die Wahl zwischen drei Türen. Hinter einer Tür befindet sich ein Goldbarren, hinter den anderen beiden Türen jeweils nur ein Ziegelstein. Sie haben die Aufgabe, den Goldbarren zu finden, und wählen eine Tür, z. B. Tür 1. Diese bleibt jedoch zunächst verschlossen. Ich weiß, was hinter den Türen ist und öffne nun eine andere Tür, z. B. Tür 2, hinter der ein Ziegelstein ist. Ich frage Sie nun: „Möchten Sie doch lieber Tür 3 öffnen?“ Ist es von Vorteil, die Wahl der Tür zu ändern?

12. Getränkedosen

Warum sind Getränkedosen zylinderförmig?

13. Hände schütteln

Wie viele Hände müssen geschüttelt werden, wenn zehn Personen ein Meeting verlassen und jeder jedem die Hand geben möchte?

14. „Äpplerglas“

Ein Hochhaus am Westhafen in Frankfurt am Main, dessen Außenwand völlig aus Glasrauten aufgebaut ist, wird von der Bevölkerung auch das „Äpplerglas“ genannt. Es hat einen Umfang von 96 Metern und ist 60 Meter hoch. Wie lange dauert es, die Fenster des Hochhauses von außen zu putzen?

15. Seerosen

Angenommen, Seerosen in einem Teich verdoppeln sich über Nacht. Wenn man also eine Seerose in den Teich gibt, hat man am zweiten Tag zwei Seerosen, am dritten Tag vier Seerosen und so weiter. Nach elf Tagen ist der Teich vollständig mit Seerosen zugewachsen.

Wenn man nun zwei Seerosen in den Teich gibt, wie lange dauert es, bis der Teich vollständig zugewachsen ist?

Lösungsvorschläge

1. Kreuzworträtsel

Mit Kreativität und Sprachgefühl kommt man zur Lösung: Autogramm und Eselsbrücke.

2. Leichter oder schwerer

Es gibt mehrere Lösungswege, einer davon sieht wie folgt aus: Nennen wir die elf identischen Bälle „Normalbälle“ und den Ball mit einem anderen Gewicht „Sonderball“. Die eine Seite der Waage bezeichnen wir als A, die andere Seite als B.

Zunächst legen wir vier Bälle auf Seite A und vier auf Seite B. Es gibt zwei mögliche Ergebnisse: Die Waage schlägt nicht aus, alle Bälle haben somit dasselbe Gewicht und der Sonderball war nicht darunter (Fall 1); oder die Waage schlägt aus, der Sonderball befindet sich unter den acht Bällen (Fall 2).

Fall 1: Jetzt wissen wir, dass der Sonderball einer der nicht gewogenen vier Bälle ist, jedoch ist unklar, ob er leichter oder schwerer ist. Das finden wir heraus, indem wir die bisher noch nicht gewogenen Bälle mit den bereits gewogenen Normalbällen vergleichen:

Wir legen drei noch nicht gewogene Bälle auf Seite A der Waage und drei bereits gewogene Normalbälle auf Seite B.

- Wenn bei diesem zweiten Wiegen die Bälle erneut gleich schwer sind, dann ist der letzte verbliebene Ball der gesuchte Sonderball. Diesen vergleichen wir dann in Schritt drei mit einem Normalball; dann wissen wir, ob der Sonderball leichter oder schwerer ist.
- Wenn beim zweiten Wiegen die drei Bälle auf Seite A der Waage schwerer (leichter) sind, dann ist der gesuchte Ball auf Seite A und ist schwerer (leichter). Für den nächsten Schritt gehen wir zunächst davon aus, dass der Sonderball schwerer ist. Wir nehmen dann die drei Bälle, die vorher auf Seite A waren, und wiegen zwei der drei Bälle gegeneinander ab. Wenn die Waage im Gleichgewicht bleibt, dann ist der verbliebene dritte Ball der gesuchte. Wenn die Waage zu einer Seite ausschlägt, dann liegt dort der gesuchte schwere Ball. Dieselbe Logik lässt sich analog anwenden für den Fall, dass der Sonderball leichter war.

Fall 2: Wenn die Bälle beim ersten Wiegen nicht gleich schwer waren, wissen wir, dass sich der Sonderball unter den acht gewogenen Bällen befindet. Eine Seite der Waage war schwerer, nehmen wir an, es war Seite A. Wir wissen noch nicht, ob der gesuchte Ball leichter oder schwerer ist als der Rest.

Im zweiten Schritt nehmen wir drei Bälle von den noch nicht gewogenen und ersetzen damit drei Bälle auf Seite A (der schweren Seite). Diese drei Bälle von Seite A wiederum nehmen wir und ersetzen damit drei Bälle auf Seite B. Die drei Bälle von Seite B legen wir zur Seite. Es gibt drei Fälle:

- Wenn die Waage nun im Gleichgewicht ist, dann wissen wir, dass unter den zur Seite gelegten drei Bällen, die vorher auf Seite B lagen, der gesuchte Sonderball ist. Wir wissen in diesem Fall auch, dass er leichter sein muss (da Seite B die leichtere Seite war). Nun wiegen wir zwei der zur Seite gelegten Bälle gegeneinander ab. Wenn eine Seite leichter ist, dann liegt darauf der gesuchte Ball; anderenfalls ist der nicht gewogene dritte Ball unser Sonderball.
- Wenn die Waage auf Seite B umschlägt, dann wissen wir, dass einer der drei Bälle, die von Seite A zu B gelegt wurden, der gesuchte Ball ist, und dass er ein höheres Gewicht hat. Nun bestimmen wir wie beim Punkt davor, welcher der drei Bälle der schwerere ist.
- Wenn die Waage weiterhin zur Seite A ausschlägt, dann wissen wir, dass einer der beiden unveränderten Bälle der gesuchte Ball ist, auch wenn noch nicht klar ist, ob er leichter oder schwerer ist. Wir wiegen den Ball von Seite A gegen einen normalen Ball. Wenn die Waage im Gleichgewicht ist, dann ist der Ball von Seite B der gesuchte Ball und ist leichter. Wenn Seite A nach wie vor schwerer ist, dann ist der Ball auf Seite A der Sonderball und ist schwerer.

3. Zaun

Es müssen zusätzlich 80 Meter Zaun besorgt werden. Man kommt zur Lösung, wenn man weiß, dass sich bei einer viermal so großen Fläche die Seitenlänge und somit der Umfang eines Quadrats verdoppelt.

Man kann es auch ausrechnen. Der Umfang des ursprünglichen Quadrats betrug 80 Meter. Dadurch ergibt sich eine Seitenlänge des Quadrats von 20 Meter, und eine Fläche von 400 Quadratmetern.

Die neue Fläche ist viermal so groß, also 1.600 Quadratmeter. Daraus folgt, dass die Seitenlänge 40 Meter betragen muss. Der Umfang ist folglich viermal so lang, also 160 Meter.

Man braucht also weitere 80 Meter zu den schon vorhandenen 80 Metern Zaun, um auf 160 Meter zu kommen.

4. Zahlenreihenfolge

Diese Aufgabe ist mit Mathematik nicht zu lösen. Hier ist erneut ein Out-of-the-Box-Denken gefragt: Die Zahlen wurden alphabetisch sortiert – acht, drei, eins, fünf, neun, sechs, sieben, vier und zwei.

5. Der Frühling

Die erste Teilfrage lässt sich im Kopf berechnen: 40 Kilometer am Tag entsprechen rund 1,67 Stundenkilometern.

Für die zweite Teilfrage benötigt man die Strecke zwischen dem nördlichsten Punkt Deutschlands (das ist der sogenannte Ellenbogen auf der Insel Sylt) und den südlichsten Punkt (das Haldenwanger Eck, südlich von Oberstdorf). Die rund 880 Kilometer legt der Frühling bei einer angenommenen Geschwindigkeit von 40 Kilometern am Tag in 22 Tagen zurück. Es kommt hier natürlich nicht darauf an, dass ein Bewerber die exakten Werte kennt, sondern darauf, mit einer plausiblen Zahl schnell und fehlerfrei zu rechnen.

6. Schatzkiste

Die Lösung erhält man mithilfe der Spieltheorie, wenn man „vom Ende her denkt“ und unter der Annahme, dass sich die Piraten absolut rational verhalten.

Angenommen, es wären nur noch die letzten beiden Piraten D und E übrig, die Vorschläge von A, B und C wären abgelehnt worden. Dann würde D den ganzen Schatz für sich fordern und gleichzeitig die benötigten 50 Prozent der Stimmen stellen. E ginge somit leer aus.

Das weiß Pirat C, wenn er seinen Vorschlag macht. Er wird E einen Ring anbieten und den Rest für sich beanspruchen. Da E im anderen Fall leer ausginge, wird er zustimmen (ein Ring ist besser als nichts). Gemeinsam würden sie damit 66,6 Prozent Zustimmung erhalten, D würde leer ausgehen.

Das weiß B, wenn er seinen Vorschlag macht. Er würde D einen Ring anbieten und den restlichen Schatz für sich behalten. In diesem Fall gingen C und E leer aus, B und D stellen 50 Prozent der Stimmen.

Das weiß A, der als erster einen Vorschlag machen darf. Er bietet C und E jeweils einen Ring an und behält den Rest für sich. C und E stimmen zu und die drei stellen somit 60 Prozent der Stimmen.

7. Das fünfte Land

Bei dieser Aufzählung von Ländern geht es einzig um die Anfangsbuchstaben und es fehlt der fünfte Vokal als Ergänzung zu A, E, O, U. Richtig ist ein beliebiges Land, das mit I anfängt, z. B. Indien oder Israel.

8. Nadel im Heuhaufen

Bei dieser Frage ist Kreativität „auf Knopfdruck“ gefragt, gibt es keine Musterlösung; auch unkonventionelle Ansätze sind zulässig. Folgende Antworten sind denkbar, ohne Anspruch auf Vollständigkeit:

- den Heuhaufen selbst nach der Nadel durchsuchen (also z. B. immer einen kleinen Teil Heu abtragen und gründlich untersuchen); vermutlich sehr langwierig und anstrengend
- mit einer großen Gruppe im Team den Heuhaufen systematisch durchsuchen; so sollte die Nadel deutlich schneller zu finden sein, als wenn man allein sucht
- die Nadel mit einem großen Magneten aus dem Heuhaufen herausziehen (unter der Annahme, die Nadel ist magnetisierbar)
- den Heuhaufen verbrennen, die Nadel sollte dann übrig bleiben (wenn auch durch das Feuer deformiert oder zusammengeschmolzen)
- den Heuhaufen durch natürliche Kompostierung über die Jahre zu Humus werden lassen und dann durch ein feines Sieb sieben, um die Nadel zu finden

- den Heuhaufen abtragen und in ein Schwimmbecken werfen, die Nadel sinkt auf den Boden ab, das Heu schwimmt oben auf der Wasseroberfläche
- das Heu auf einer großen Fläche verteilen (z. B. auf einem Fußballfeld), und dann an einem sonnigen Tag aus einiger Entfernung die Fläche beobachten; da die Nadel die Sonne reflektiert, lässt sie sich so orten
- mit einem leistungsstarken Ventilator das Heu wegblasen; die Nadel ist schwerer als das Heu und bleibt übrig
- den Heuhaufen durch spezielle, heufressende Mikroorganismen auflösen, die Nadel bleibt übrig
- einen Suchhund auf den Geruch von Nadeln abrichten und ihn dann die Nadel im Heuhaufen finden lassen

9. Uhr

Etwa um 19.05 Uhr bilden die Zeiger das nächste Mal eine Gerade, also rund 65 Minuten später.

10. Parkplatz

Hier empfiehlt es sich, mit einer Skizze zu arbeiten.

Gehen wir vom roten Auto aus, das das neunte von rechts ist, und bezeichnen es als Rot 1. Neben diesem roten Auto stehen rechts folglich acht weitere Autos. Nun kann das zweite rote Auto, Rot 2, entweder rechts von Rot 1 stehen (mit vier Autos dazwischen), oder links. In jedem Fall stehen sieben weitere Autos links von Rot 2.

Steht Rot 2 rechts von Rot 1, dann sind es insgesamt elf Autos.

Steht Rot 2 links von Rot 1, dann müssen es in der Summe 21 Autos sein.

11. Drei Türen

Hierbei handelt es sich um das berühmte „Ziegenproblem", über das schon mehrere Bücher veröffentlicht wurden. Die Lösung ist überraschend und zunächst für viele Menschen nicht intuitiv nachvollziehbar. Ja, man sollte wechseln: Die zuerst gewählte Tür hat die Gewinnchance ⅓, die verbleibende Tür von ⅔. Dies gilt unter der Annahme, dass ich immer, nachdem Sie Ihre Wahl getroffen haben, eine Tür mit einem Ziegelstein öffne und Ihnen dann noch einmal die Wahl lasse. Eine detaillierte Erklärung der Lösung findet sich auf Wikipedia („Ziegenproblem“).

12. Getränkedosen

Für diesen Klassiker unter den Brainteaser-Fragen gibt es mehrere mögliche Antworten, die der Kandidat benennen kann:

- Die Dose in Zylinderform liegt gut in der Hand.
- Um die Lagerung und Logistik zu vereinfachen: Runde Dosen können auf einem Förderband gerollt werden.
- Um scharfe Kanten zu vermeiden, an denen man sich scheiden könnte (z. B. bei einer rechteckigen Form).
- Die Form des Zylinders ermöglicht das meiste Volumen bei der geringsten Oberfläche, spart also Material. Effizienter ist nur noch die Kugel, die bei gegebenem Volumen die kleinste Oberfläche aller möglichen Körper besitzt.

13. Hände schütteln

Um diesen Brainteaser zu lösen, kann man die verschiedenen Möglichkeiten von Person eins bis Person zehn aufzeichnen und erhält somit folgendes Bild:

1-2	1-3	1-4	1-5	1-6	1-7	1-8	1-9	1-10	9 Möglichkeiten +
2-3	2-4	2-5	2-6	2-7	2-8	2-9	2-10		8 Möglichkeiten +
3-4	3-5	3-6	3-7	3-8	3-9	3-10			7 Möglichkeiten +
4-5	4-6	4-7	4-8	4-9	4-10				6 Möglichkeiten +
5-6	5-7	5-8	5-9	5-10					5 Möglichkeiten +
6-7	6-8	6-9	6-10						4 Möglichkeiten +
7-8	7-9	7-10							3 Möglichkeiten +
8-9	8-10								2 Möglichkeiten +
9-10									1 Möglichkeit
									= 45 Möglichkeiten

Die gesuchte Lösung beträgt daher $9 + 8 + 7 + 6 + 5 + 4 + 3 + 2 + 1 = 45$.

Auch ohne die Aufzeichnung aller 45 Möglichkeiten kommt man zum Ziel, wenn man überlegt, dass Person eins allen außer sich selbst die Hand schütteln kann, also neun Personen, Person zwei dann nur noch acht (allen außer Person eins und sich selbst) etc.

14. „Äpplerglas“

Im ersten Schritt wird die Außenfläche des Hochhauses berechnet, bevor man im zweiten Schritt die Dauer für die Reinigung der Fenster abschätzen kann.

Die Außenfläche kann als die Mantelfläche eines Zylinders berechnet werden. Diese berechnet sich als $2 \times \pi \times r \times h$, wobei r der Grundflächenradius ist, π die Kreiszahl Pi (~ 3,142) und h die Höhe.

Der Radius r ergibt sich aus dem Umfang. Das Verhältnis von Umfang eines Kreises zum Durchmesser d ist die Kreiszahl Pi ($d = u \div \pi$). Aus dem Umfang von 96 Metern ergibt sich ein Durchmesser von ca. 30,6 Metern und somit ein Radius von rund 15,3 Metern.

Mit einer Höhe von 60 Metern und einem Radius von ca. 15,3 Metern ergibt sich eine Mantelfläche von 5.760 m^2.

Bei einer angenommenen Reinigungsgeschwindigkeit von einer Minute pro Quadratmeter würde die Reinigung 5.760 Minuten dauern, was rund 96 Stunden entspricht. Bei einem Arbeitstag von zwölf Stunden würde es also knapp acht Tage dauern, die Fenster des Hochhauses von außen zu reinigen.

15. Seerosen

Zehn Tage, genau einen Tag schneller. Die Begründung ist, dass man den ersten Tag, mit dem Wachstum von einer auf zwei Seerosen, überspringt.

Katzen in Deutschland

von Dr. Fabian Gleisner

Aufgabenstellung

Wie viele Katzen gibt es in Deutschland?

Lösungsweg

Schritt 1: Haushalte in Deutschland
Ein guter erster Ansatzpunkt ist die Anzahl der Haushalte in Deutschland. Bei einer Bevölkerung von rund 80 Millionen kann der Bewerber von 40 Millionen Haushalten ausgehen (tatsächlich sind es 82,2 Millionen Deutsche und 40,8 Millionen Haushalte).

Schritt 2: Haushalte mit Haustieren bzw. Katzen in Deutschland
Als nächstes ist der Prozentsatz der Haushalte mit einem Haustier abzuschätzen, und davon wiederum der Anteil an Katzen-Haushalten. Bei einem Anteil von 20 Prozent der Haushalte, die ein oder mehrere Haustiere halten, ergeben sich acht Millionen Haushalte. Wenn davon etwa die Hälfte Katzen halten, dann ergeben sich vier Millionen Katzen-Haushalte.

Nun ist denkbar, dass einige Katzen-Haushalte mehr als nur eine Katze halten. Angenommen, jeder zweite Katzen-Haushalt hält eine zweite Katze, ergeben sich in der Summe sechs Millionen Katzen.

Schritt 3: Katzen, die nicht als Haustiere gehalten werden
Zusätzlich kann der Bewerber noch streunende bzw. wilde Katzen dazurechnen. Wenn auf jede zehnte Hauskatze eine wilde Katze kommt, dann ergibt das weitere 0,6 Millionen Katzen.

Schritt 4: Ergebnis
Insgesamt kommt man somit auf 6,6 Millionen Katzen, die es in Deutschland gibt.

Vergleicht man dazu Statistiken verschiedener Verbände, wonach es in Deutschland zwischen sieben und acht Millionen Katzen gibt, so zeigt sich auch hier, dass man mit einer groben Abschätzung der Wirklichkeit oft relativ nahe kommt.

Lackierte Fläche eines Pkw

von Bernd Leppla

Aufgabenstellung

Bestimmen Sie die lackierte Fläche eines Mittelklassefahrzeugs.

HINWEIS: Lassen Sie sich von dieser Aufgabe nicht aus der Fassung bringen. Von Ihnen wird nicht die exakte Lösung, sondern eine strukturierte Vorgehensweise und realistische Einschätzung der eigenen Lösung erwartet. Aufgrund der begrenzten Dauer eines Interviews gilt es bei der Lösung vor allem, Ihr Abstaktionsvermögen unter Beweis zu stellen. Im vorliegenden Fall erreichen Sie das durch das Zerlegen einer komplexen Fahrzeugkarosserie in einfache Geometrien.

Lösungsweg

Stellen Sie sich das Untersuchungsobjekt vor: geschwungene Formen, Scheiben, Radkästen, Anbauteile usw. Es zeigt sich, dass die Aufgabenstellung unpräzise ist. Nutzen Sie daher die Möglichkeit, Fragen zu stellen: Welche Außenmaße hat das Fahrzeug? Welche Flächen werden lackiert, und welche sollen im Ergebnis berücksichtigt werden?

Hinsichtlich der Ausgangslage, hier der Maße, werden Sie in der Regel die Antwort erhalten, dass Sie eine sinnvolle Annahme treffen sollen. Nutzen Sie die Gelegenheit, Ihre strukturierte Vorgehensweise zu präsentieren. Die Abmessungen sollten Sie im Gespräch mit Ihrem Interviewer beispielsweise anhand Ihnen bekannter Maße herleiten:

Sie sind 1,8 m groß, ein Mittelklassewagen ist niedriger. Gehen Sie von rund 1,5 m aus. Abzüglich einer Bodenfreiheit von 0,2 m ergibt sich eine Karosseriehöhe von 1,3 m. Auf der Rückbank können drei Personen mit einer Breite zu je 0,5 bis 0,6 m sitzen. Inklusive der Türen ist das Auto folglich ca. 1,5 m breit. Die Breite dient Ihnen als Maß zur Bestimmung der Länge des Fahrzeugs. Die Strecke von der Stoßstange über der Motorhaube bis zum Cockpit können Sie mit einer Fahrzeugbreite angeben. Der Innenraum vom Cockpit bis zum Kofferraum ist etwas länger als eine Fahrzeugbreite. Der Kofferraum ist erfahrungsgemäß weniger tief als breit. Eine grobe Annahme der Fahrzeuglänge wären ca. drei Fahrzeugbreiten. Mit einer Länge von 4,5 bis 5,0 m, einer Breite von 1,5 bis 1,7 m und einer Höhe von 1,2 bis 1,3 m der Karosserie liegen Sie nicht schlecht.

Bei der Lackierung sind Sie auf die Auskunft des Interviewers angewiesen. Grundsätzlich werden alle Flächen einer Karosserie lackiert. Die Grundierung aller Flächen geschieht in einer Tauchlackierung. Farbe und Klarlack werden anschließend auf sichtbare Flächen aufgetragen. Sie sollen nur die von Farblack bedeckte Fläche berechnen.

Überführen Sie hierzu die Gestalt eines Fahrzeugs in einfache, zum Beispiel rechteckige Geometrien gemäß der Abbildung und nutzen Sie Ihre hergeleiteten Maße. Sie erhalten zwei Seiten bestehend aus Kot- und Heckflügeln sowie Türen, ein Heck, eine Motorhaube, eine Heckklappe, ein Dach sowie sechs Säulen. Die Front besteht überwiegend aus Kühlergrill und einer Kunststoffverkleidung und kann vernachlässigt werden. Unterteilen Sie die Höhe der Karosserie in eine Höhe für Türen, Kot- und Heckflügel sowie in eine für die Säulen. Die Säulen können Sie als rechteckige Pfosten mit wenigen Zentimetern Breite ansetzen. Sie erhalten folgende Maße und Flächen, die jeweils innen und außen zu lackieren sind.

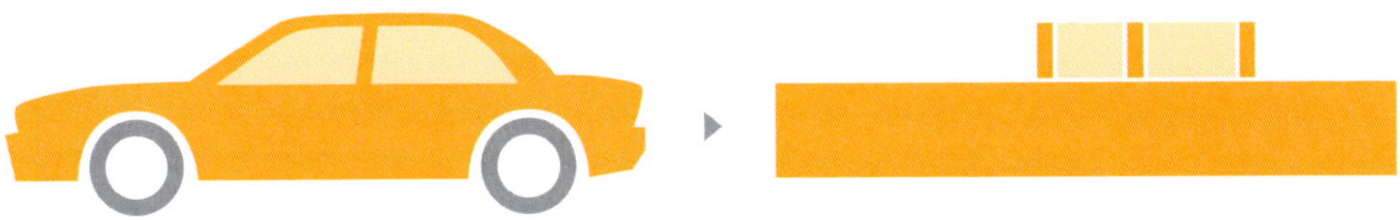

Abstraktion eines Fahrzeugs in einfache geometrische Formen

	Länge in m	Höhe in m	Breite in m	Fläche in m²
Seite links	4,50	0,70		**3,15**
Seite rechts	4,50	0,70		**3,15**
Motorhaube, Dach, Kofferraum	4,50		1,50	**6,75**
Heck		0,70	1,50	**1,05**
Fläche einfach				**14,10**
Fläche innen und außen lackiert				**28,20**
6 Säulen à 4 Seiten		0,50	0,05	**0,60**
Fläche gesamt				**28,80**

Berechnung der lackierten Fläche

Zum Abschluss jeder Fallstudie werden Sie gefragt, ob Sie das Ergebnis für valide halten. Aufgrund der Abstraktion ist das Ergebnis nicht korrekt. Zusätzlich sollten Sie die Richtung der Abweichung angeben können. Aufgrund von Aussparungen für Radkästen, Lichter oder Verkleidungen reduziert sich die Fläche. Auch wurden horizontale Flächen, wenn das Auto von oben betrachtet wird, als durchgehend angesehen. Dies ist aufgrund der schrägen Wind- und Heckschutzscheibe, die diese Flächen verbinden, nicht korrekt. Der wahre Wert liegt folglich unter dem von Ihnen errechneten.

Laufschuhe in Deutschland

von Regina Rieger

Aufgabenstellung

Welcher Händlerumsatz wird in Deutschland pro Jahr mit Laufschuhen erzielt?

Im weiteren Verlauf geht es nur um Schuhe, die unter der Bezeichnung Laufschuhe verkauft werden und die für die Straße oder fürs Laufband im Fitnessstudio genutzt werden.

Lösungsweg

Schritt 1: Zielgruppe der Läufer in Deutschland
Dieser Case kann als Bevölkerungs-Case betrachtet und auf dieser Basis bearbeitet werden. Einfachheitshalber gehen wir von 80 Millionen Bundesbürgern aus. Wir nehmen an, dass die Altersklassen in Deutschland gleichmäßig verteilt sind und die Lebenserwartung bei durchschnittlich 80 Jahren liegt.

Folgende Altersschichten werden ausgeschlossen: 0 bis 14 Jahre, weil in dieser Altersgruppe tendenziell Sportschuhe für den Schulsport gekauft werden; 65 bis 80 Jahre, da die Anzahl der Läufer gering ist und sich die regelmäßigen Läufer in dieser Altersklasse keine neuen Schuhe zulegen. Zudem wird der Leistungssport ausgeschlossen, da der Anteil von Leistungssportlern an der Gesamtbevölkerung weniger als 0,1 Prozent beträgt und davon ausgegangen wird, dass die Laufschuhe meist über Sponsoren bezogen werden. Somit bleibt als potenzielle Zielgruppe die Altersklasse der 15- bis 64-Jährigen. Es werden folgende Annahmen getroffen: Der Anteil der Läufer ist in der Altersklasse 15 bis 49 Jahre am höchsten. Hier besitzen ein Drittel der Bundesbürger mindestens ein Paar Laufschuhe. Bei den 50- bis 64-Jährigen besitzt aus orthopädischen Gründen nur ein Fünftel der Personen mindestens ein Paar Laufschuhe.

- Anzahl der Läufer in der Altersklasse 15 bis 49: 35 Millionen × 33,3 % = 11,66 Millionen (gerundet: 12 Millionen)

- Anzahl zwischen 50 und 64: 15 Millionen × 20 % = 3 Millionen

Schritt 2: Verschiedene Läufertypen = unterschiedliche Kauffrequenz und Preise
Läufer können nach Häufigkeit des Trainings und Anzahl der Trainingskilometer klassifiziert werden. So kann man unterscheiden, wie häufig und zu welchem Preis Laufschuhe gekauft werden. Gelegenheitsläufer laufen unregelmäßig oder besitzen Laufschuhe aus

anderen Gründen. Freizeitläufer laufen regelmäßig, z. B. auch in einer Laufgruppe. Wettkampfläufer trainieren mehrmals pro Woche und nehmen oft auch an Wettkämpfen teil.

Als Annahme gilt: Sowohl die Anzahl der gekauften Schuhe pro Jahr als auch der Preis, zu dem Laufschuhe gekauft werden, steigen mit der Häufigkeit/Intensität des Trainings (ein Laufschuh hat nur eine bestimmte Laufkilometer-Lebensdauer, und mit teureren Schuhen wird oftmals hohe Qualität verbunden). Läufer tragen ungerne bereits getragene Laufschuhe, d. h. der Gebrauchtmarkt ist zu vernachlässigen.

Alle Laufschuhe, die sich Läufer zulegen, werden somit neu gekauft. Einen guten Markenlaufschuh bekommt man im Fachgeschäft ab 80 Euro. Bei Gelegenheitsläufern kann man davon ausgehen, dass sie häufiger zu günstigeren Modellen greifen und die Schuhe nicht primär im Fachhandel erwerben. Daher gilt:

	Gelegenheitsläufer	Freizeitläufer	Wettkampfläufer
Anzahl Schuhe pro Jahr	1 Paar alle 5 Jahre = 0,2 pro Jahr	1 Paar alle 2 Jahre = 0,5 pro Jahr	1 Paar pro Jahr
Preis (in Euro)	50	80	100

Schritt 3: Anzahl und Verteilung der Läufer in den Altersklassen

Wie hoch ist der Anteil an Läufern in der jeweiligen Altersklasse, unter Berücksichtigung der Einteilung Gelegenheits-, Freizeit- und Wettkampfläufer? Annahmen: Die Verteilung ist unabhängig von der Altersklasse gleich hoch. In jeder Altersklasse sind jeweils die Hälfte der Läufer Gelegenheitsläufer, 40 Prozent Freizeitläufer und 10 Prozent Wettkampfläufer.

Altersklasse	Anzahl Läufer (Zwischenergebnis Schritt 1)	Gelegenheit (50 %)	Freizeit (40 %)	Wettkampf (10 %)
15 bis 49 Jahre	12 Mio.	6 Mio.	4,8 Mio.	1,2 Mio.
50 bis 64 Jahre	3 Mio.	1,5 Mio.	1,2 Mio.	0,3 Mio.
Summe		**7,5 Mio.**	**6 Mio.**	**1,5 Mio.**

Schritt 4: Umsatz

Nun kann die Anzahl der verkauften Schuhe und der Händlerumsatz ermittelt werden.

	Gelegenheit	Freizeit	Wettkampf	Summe
Anzahl Schuhe pro Jahr (aus Schritt 3+4)	7,5 Mio. x 0,2 = 1,5 Mio.	6 Mio. x 0,5 = 3 Mio.	1,5 Mio. x 1 = 1,5 Mio.	6 Mio.
Preis (in Euro) (aus Schritt 3+4)	1,5 Mio. x 50 = 75 Mio.	3 Mio. x 80 = 240 Mio.	1,5 Mio. x 100 = 150 Mio.	**465 Mio.**

Die Deutschen kaufen pro Jahr ca. sechs Millionen Laufschuhe. Mit Laufschuhen wird ein Händlerumsatz von 465 Millonen Euro erzielt.

Sekt oder Selters

von Dr. Karsten Engler und Dr. Fabian Gleisner

Aufgabenstellung

In diesem Abschätzungscase geht es um den Preis für ein menschliches Grundbedürfnis, den Durst. Die Fragen lassen sich auf Basis einiger weniger Annahmen und mit einfachen Rechnungen lösen. In einer Interviewsituation empfiehlt es sich, dass der Bewerber seine Annahmen und den Lösungsansatz transparent darlegt und die notwendigen Berechnungen fehlerfrei löst, natürlich gerne mit Stift und Papier oder am Flipchart/Whiteboard. Kopfrechnen wird nicht erwartet.

Angenommen, ein Erwachsener deckt den Flüssigkeitsbedarf seines Körpers ein Jahr lang vollständig über Leitungswasser ab. Das einzige Getränk, das er zu sich nimmt, wäre also Wasser. Wie viel günstiger wäre das im Vergleich zu (1) einem Markenmineralwasser bzw. (2) Sekt im mittleren Preissegment als einziger Flüssigkeitsquelle?

Lösungsweg

Der tägliche Flüssigkeitsbedarf eines Erwachsenen liegt bei zwei Litern, ein Teil davon wird über die Nahrung aufgenommen. Die empfohlene tägliche Trinkmenge für einen gesunden Erwachsenen ist mindestens 1,5 Liter. Abhängig von Körpergewicht, Außentemperatur und körperlicher Aktivität ist der Flüssigkeitsbedarf jedoch höher, wir rechnen also mit 2,5 Litern. Hochgerechnet auf ein Jahr entspricht dies 912,5 Litern (365 Tage × 2,5 Liter). Zur Vereinfachung der weiteren Berechnungen empfiehlt es sich stets, mit einer runden Zahl weiter zu arbeiten – in unserem Fall mit 900 Litern als jährlichem Flüssigkeitsbedarf.

Der Preis für Leitungswasser setzt sich aus den Kosten für Trink- und Abwasser zusammen. Vereinfacht kann ein Preis von fünf Euro je Kubikmeter Wasser angesetzt werden; ein Kubikmeter entspricht 1.000 Litern. Ein Bedarf von jährlich 900 Litern kostet demnach 4,50 Euro (5 Euro/1.000 Liter × 900 Liter).

Ein Mineralwasser kostet zwischen 20 Cent und einem Euro pro Liter. Für die Rechnung kann für ein Markenwasser der Mittelwert von 60 Cent je Liter angenommen werden. Wir lassen das Thema Flaschenpfand außen vor. Der Jahresbedarf von 900 Litern ergibt einen Preis von 540 Euro (0,6 Euro/Liter × 900 Liter).

Zwischenfazit: Die jährlichen Kosten für Leitungswasser im Vergleich zu einem Markenmineralwasser als Flüssigkeitsquelle sind um 535,50 Euro niedriger (540 Euro - 4,50 Euro). Dabei liegt die zusätzliche implizite Annahme zugrunde, dass bei der Verwendung des Leitungswassers keine Zusatzkosten durch Aufbereitungsmaßnahmen wie den Einsatz von Filtern anfallen.

Der Preis für einen Sekt im mittleren Preisniveau wird mit sechs Euro geschätzt. Achtung: Eine Sektflasche hat 0,75 Liter, daraus ergibt sich ein Preis je Liter von acht Euro. Für den Jahresbedarf von 900 Litern ergibt sich ein Preis von 7.200 Euro. Der Preisunterschied zum Leitungswasser beträgt somit 7.195,50 Euro (7.200 Euro - 4,50 Euro).

Anschlussfrage: Um diese Zahlen in Relation zu setzen: Würde die Ersparnis von Leitungswasser gegenüber Mineralwasser reichen, um den jährlichen Wasserverbrauch eines Zwei-Personen-Haushalts zu finanzieren? Zusatzinformation auf Nachfrage: Der Pro-Kopf-Verbrauch von Wasser liegt in Deutschland bei ca. 127 Litern pro Tag.

Die jährliche Ersparnis von gerundet 536 Euro entspricht bei einem Preis von fünf Euro je Kubikmeter einer Menge von 107,2 Kubikmetern. Dem Wasserverbrauch eines Zwei-Personen-Haushalts kann man sich über den durchschnittlichen täglichen Wasserverbrauch pro Person in Deutschland von 127 Litern nähern. Da es bei zwei Personen in einigen Bereichen Synergien gibt (z. B. Abwasch), kann für einen Zwei-Personen-Haushalt von täglich 200 Litern ausgegangen werden. Dies entspricht bei 365 Tagen 73 Kubikmetern pro Jahr.

Fazit: Der Konsum von Leitungswasser anstelle von Mineralwasser finanziert vollständig den Wasserverbrauch eines Zwei-Personen-Haushalts.

Sekundärverpackungen für Medikamente

von Muzaffer Yilmaz

Aufgabenstellung

Wie viele Quadratmeter Wald sind notwendig, um den Bedarf an Sekundärverpackungen der deutschen Pharmaindustrie abzudecken?

HINWEIS: Sekundärverpackungen sind Faltschachteln, in denen Medikamente eingepackt werden. Der Bestand an Medikamenten in Krankenhäusern/Kliniken, Arztpraxen und Apotheken soll unberücksichtigt bleiben.

Lösungsweg

Schritt 1: Abschätzung des jährlichen Bedarfs an Medikamenten in Deutschland
Der erste Teil dieses Cases kann als Bevölkerungs-Case eingestuft und entsprechend aufgebaut werden. Vereinfacht wird angenommen, dass Deutschland 80 Millionen Einwohner hat und diese über alle Altersklassen gleich verteilt sind, bei einer Lebenserwartung von durchschnittlich 80 Jahren.

Die Bevölkerung wird in folgende Altersklassen aufgeteilt: 0 bis 14 Jahre, 15 bis 39 Jahre, 40 bis 59 Jahre und 60 bis 80 Jahre. Für diese Altersklassen werden folgende Annahmen getroffen: In der Klasse 60 bis 80 Jahre ist der jährliche Bedarf aus Altersgründen mit 14 Medikamenten pro Person am höchsten, gefolgt von der Gruppe 40 bis 59 Jahre mit zehn Medikamenten pro Person. Die Altersklasse 0 bis 14 Jahre braucht aufgrund von Kinderkrankheiten und hoher Ansteckungsgefahr acht Schachteln Medikamente pro Person pro Jahr und die „gesündeste" Gruppe von 15 bis 39 Jahren nur sechs. Damit ergibt sich folgende Bedarfsverteilung mit einem Gesamtbedarf von 750 Millionen Medikamenten und somit auch 750 Millionen Sekundärverpackungen in Deutschland pro Jahr.

Altersklasse	Anzahl Menschen	Medikamente pro Person pro Jahr	Medikamente pro Jahr gesamt
0 bis 14 Jahre	15 Mio.	8	120 Mio.
15 bis 39 Jahre	25 Mio.	6	150 Mio.
40 bis 59 Jahre	20 Mio.	10	200 Mio.
60 bis 80 Jahre	20 Mio.	14	280 Mio.
Summe	**80 Mio.**		**750 Mio.**

Anzahl der Sekundärverpackungen pro Jahr

Schritt 2: Größe je Verpackung und Gesamtbedarf an Verpackungsmaterial
Ein DIN-A4-Blatt hat in etwa die Maße 30 mal 20 Zentimeter, was einer Fläche von 600 Quadratzentimetern bzw. 0,06 Quadratmetern entspricht. Es wird angenommen, dass eine durchschnittliche Medikamentenverpackung eine Oberfläche hat, die halb so groß wie ein DIN-A4-Blatt ist, also 0,03 Quadratmeter.

Bei 750 Millionen Medikamenten pro Jahr mit einer durchschnittlichen Verpackungsgröße von 0,03 Quadratmetern ergibt sich ein jährlicher Bedarf an Verpackungsmaterial von 22,5 Millionen Quadratmetern (750 Millionen × 0,03 m^2 = 22,5 Millionen m^2).

Schritt 3: Auswahl des Baumes und Abschätzung der notwendigen Waldfläche
Für die Herstellung von Verpackungsmaterial eignet sich vor allem eine schnell wachsende Baumsorte, z. B. Fichte oder Birke; Eiche dagegen eher nicht. An dieser Stelle könnte dem Bewerber helfen, wenn er an IKEA denkt, da bekanntlich viele Möbel beim schwedischen Möbelhaus aus Fichte sind.

Als nächstes wird die Annahme mit dem größten Spielraum in diesem Case getroffen: Wie viel „Blatt“ Verpackungsmaterial liefert ein Baum durchschnittlich? Wir nehmen an: 5.000 DIN-A4-Blätter. Das bedeutet, dass ein Baum durchschnittlich 300 Quadratmeter Verpackungsmaterial liefert (5.000 × 0,06 m^2).

Wenn man nun den Gesamtbedarf an Verpackungsmaterial von 22.500.000 Quadratmetern durch die 300 Quadratmeter pro Baum teilt, dann sind 75.000 Bäume nötig, um den Gesamtbedarf abzudecken. Unter der Annahme, dass zum Beispiel eine durchschnittliche Fichte fünf Meter mal fünf Meter, also 25 Quadratmeter Fläche braucht, entspricht dies einer Waldfläche von ca. 1,9 Millionen Quadratmetern (75.000 × 25 m^2 = 1.875.000 m^2).

Umgerechnet in Hektar (1 ha = 10.000 m^2) sind rund 190 Hektar Wald notwendig, um den Bedarf an Sekundärverpackungen der deutschen Pharmaindustrie abzudecken.

Pablo Picassos kunstvolle Wertschöpfung

von Lukas Thalhammer

Aufgabenstellung

Pablo Picasso möchte gerne seine künstlerische Leistung in Zahlen ausdrücken. Welche Wertschöpfung hat er beim Erstellen seines berühmten Werkes „Guernica“ erzielt?

Diese Fallstudie paart eine ungewöhnliche Aufgabenstellung mit den Herausforderungen eines Abschätzungs-Cases, die eine strukturierte Herangehensweise sowie kluges Rechnen erfordern.

Lösungsweg

Schritt 1: Zielsetzung definieren und strukturieren
Gerade bei ausgefallenen Inhalten ist eine klare Definition der Zielsetzung in Absprache mit dem Interviewer unabdingbar. So werden Irrfahrten in die mathematischen Tiefen einer Fragestellung vorab ausgeschlossen. In diesem Fall ist dabei die Analyse des Begriffs „Wertschöpfung“ von zentraler Bedeutung. Picasso ist letztlich Produzent eines künstlerischen Guts – eines Gemäldes. Er setzt Ressourcen für die Erstellung seines Werkes ein (Kosten), dem letztlich ein Verkaufs- oder Schätzwert (potenzieller Erlös) gegenübersteht. Die Aufschlüsselung der Aufwendungen führt zu einer Unterteilung in Material und Arbeitsaufwand oder -zeit. Auf der Erlösseite mag man anführen, dass beispielsweise etwaige zukünftige Besichtigungseinnahmen auf das Gemälde zurückgeführt werden können, deren richtige Kalkulation allerdings wirtschaftswissenschaftliche Kenntnisse erfordern, die wir hier nicht zwingend als gegeben sehen. Somit definieren wir als einzige „Erlösquelle“ den Verkaufswert nach Fertigstellung. Um zusätzliche finanzielle Bereinigungen zu vermeiden, wird angenommen, dass die Zeitpunkte des Erstellens und der Veräußerung in der Gegenwart und damit auch zeitlich nicht auseinanderliegen.

Schritt 2: Rechnen
Direkt im Produkt verwendetes Material umfasst bei diesem Kunstwerk das Holz für den Keilrahmen, die darüber gespannte Leinwand sowie eine Ölfarbschicht – Grundierung, Staffeleien oder Betriebsausgaben für ein Atelier werden in dieser Kurzfassung außen vor gelassen. Wesentlicher Einflussfaktor sind dazu die Gemäldedimensionen, die (gerundet) bei vier Metern Länge und acht Metern Breite liegen. Aus Statikgründen kann man mit jeweils zwei zusätzlichen Längs- und Querverstrebungen argumentieren, also insgesamt

48 Metern Holzlatten (je vier Mal Breite und Höhe). Eine Kosteneinschätzung anhand eines Vergleichs mit Fußbodenleisten oder auch Gartenhölzern (rund fünf Euro pro Meter) resultiert in 250 Euro für den Keilrahmen. Die benötigte Leinwand hat eine Fläche von 40 Quadratmetern. Auch hier eignet sich ein Vergleich mit Erfahrungswerten aus dem Alltag für Stoffbezüge, Vorhänge und dergleichen (etwa 10 bis 50 Euro pro Quadratmeter). Wir setzen eigennützig 25 Euro an und erhalten 1.000 Euro Leinwandkosten. In Tuben abgefüllte Ölfarben werden pro Volumen bepreist - ein Anhaltspunkt wäre zehn Euro pro Tube mit 100 Milliliter - also 100 Euro pro Liter. Bei der Annahme einer homogenen Farbschicht von 2,5 Millimeter auf 40 Quadratmeter erhält man 100 Liter (Achtung: Einheitenkontrolle!). Somit erhält man insgesamt 11.250 Euro (250 + 1.000 + 10.000) an Materialkosten. Zu guter Letzt verbleibt noch die einzuberechnende Arbeitszeit von Picasso. Als designierter Spezialist und selbstständiger Künstler vom Fach kann man ihm durchaus einen gehobenen, theoretischen Stundensatz von 50 bis 100 Euro (hier: 75 Euro) zubilligen. Auch eine zeitliche Rückrechnung über das Jahresgehalt wäre eine Möglichkeit. Jedenfalls hat er angeblich sechs Wochen an seinem Werk gearbeitet - bei einer 50-Stunden-Woche also rund 300 Stunden à 75 Euro. Seine Arbeitszeit hat also einen Wert von 22.500 Euro. Insgesamt schlagen also die „Herstellkosten" mit knapp 35.000 Euro zu Buche.

Wie kann man nun den (immateriellen) Wert eines Kunstwerks bemessen? Dies beschäftigt in der Branche nicht nur Experten, sondern auch Versicherungsgesellschaften, die den Wert bei etwaigen Gemäldetransporten quantifizieren müssen. Die Tatsache, dass sehr bekannte Bilder extrem selten den Besitzer wechseln, also kaum Kaufpreise bezahlt werden, macht diese Herausforderung noch komplizierter. Hier ist der Bewerber gut beraten, laut und strukturiert - und zusammen mit dem Interviewer - über mögliche Varianten nachzudenken. So könnte man nach bereits vorhandenen Schätzwerten fragen, ein Benchmarking mit Picassos oder Bildern anderer Künstler der gleichen Epoche durchführen oder Angebot und Nachfrage analysieren. Ebenso könnten Faktoren wie Dimensionen, Material, Zustand, Qualität der Verarbeitung etc. zur Bewertung herangezogen werden. In dieser Aufgabenstellung steht die Herangehensweise an diese nicht triviale Abschätzung im Vordergrund - nicht die quantitative Lösung. Im realen Interview-Fall sollte gegebenenfalls mitgeliefertes Datenmaterial richtig und schlüssig zur Lösung des Cases eingesetzt werden können.

Faktisch gehört „Guernica" - auch wenn es noch nie verkauft wurde - zu den wertvollsten Gemälden der Welt, denen neunstellige Werte (100 Millionen Euro und mehr) beigemessen werden. Somit hätte Picasso eine Wertsteigerung erzielt, die dem rund 3000-fachen der eingesetzten Werte entspricht. Wahrlich ein Kunstwerk!

Schritt 3: Resümieren und reüssieren

Am Ende darf auch ein Resümee nicht fehlen. Darin stellt man die Case-Lösung prägnant dar; man kann zusätzlich aber noch festhalten, welchen Einfluss einzelne Annahmen auf das Ergebnis haben, sowie einzelne inhaltliche Bereiche nennen, die man sich im Zuge einer tiefergehenden Analyse noch genauer ansehen würde.

Geburtstagsparadoxon

von Dr. Fabian Gleisner

Aufgabenstellung

1. Wie viele Kontakte muss man in einem sozialen Netzwerk mindestens haben, damit garantiert mindestens zwei Personen im eigenen Netzwerk zum selben Datum Geburtstag haben (ohne Beachtung des Jahrgangs)?
2. Wie wahrscheinlich ist es, dass zwei Personen in einem Netzwerk am selben Datum Geburtstag haben (ohne Beachtung des Jahrgangs)?
3. Wie hoch ist die Wahrscheinlichkeit, dass bei 23 bzw. 50 Kontakten mindestens zwei am selben Datum Geburtstag haben (ohne Beachtung des Jahrgangs)?

Wichtig für die Bearbeitung sind die vereinfachenden Annahmen, dass das Jahr 365 Tage hat, der Jahrgang der Personen nicht berücksichtigt wird, Geburtstage unabhängige, identisch verteilte Zufallsvariablen sind und die Wahrscheinlichkeit für einen bestimmten Tag gleich ist (diskrete Gleichverteilung). Durch diese Annahmen werden „Sondereffekte" wie Zwillinge, Schaltjahre etc. ausgeklammert. Noch ein Hinweis: Es wird in einer Interviewsituation nicht erwartet, dass die Berechnung mit Stift und Papier umgesetzt wird. Es geht in erster Linie um die Grundlogik und das richtige Aufstellen der Formel.

Lösungsweg

Aufgabe 1

Die erste Frage ist noch relativ einfach zu beantworten: Unter den getroffenen Annahmen muss man mindestens 366 Kontakte haben, damit mit Sicherheit wenigstens zwei Personen am selben Datum Geburtstag haben.

Begründung: Angenommen, im Extremfall haben alle Kontakte an einem anderen Tag des Jahres Geburtstag (der erste Kontakt am ersten Januar, der zweite Kontakt am zweiten Januar, der 365. Kontakt am 31. Dezember), dann hat der 366. Kontakt garantiert gemeinsam mit einem anderen Kontakt Geburtstag. Diese Argumentation nennt man in der Mathematik übrigens „Schubfachprinzip".

Aufgabe 2

Die Wahrscheinlichkeit dafür, dass zwei Personen in einem Netzwerk am selben Datum Geburtstag haben, lässt sich mittels Grundkenntnissen der Wahrscheinlichkeitsrechnung ausrechnen.

Man kann das Urnenmodell aus der Statistik heranziehen und die Fragestellung entsprechend als eine Ziehung von zwei Kugeln „mit Zurücklegen“ (zwei Geburtstage) aus einer Urne mit 365 Kugeln (365 Tage des Jahres) betrachten.

Für die Berechnung kann man die Laplace-Formel nutzen: Die Wahrscheinlichkeit für ein Ereignis P(E) entspricht der Anzahl der günstigen Ergebnisse im Verhältnis zur Anzahl der möglichen Ergebnisse.

$$P(E) = \frac{\text{Anzahl günstiger Ergebnisse}}{\text{Anzahl möglicher Ergebnisse}}$$

Der „Trick“ ist nun, mit der Laplace-Formel die Gegenwahrscheinlichkeit zu berechnen, also die Wahrscheinlichkeit dafür, dass zwei Kontakte an unterschiedlichen Tagen Geburtstag haben.

Im Zähler gibt es 365 × 364 mögliche Geburtstagskombinationen, bei denen der zweite Kontakt nicht am selben Datum Geburtstag hat wie der erste Kontakt. Im Nenner gibt es als mögliche Ergebnisse 365 × 365 mögliche Geburtstagsvariationen der beiden Kontakte.

Die Wahrscheinlichkeit dafür, dass zwei Kontakte am selben Tag Geburtstag haben, beträgt:

$$P(E) = 1 - \frac{365 \times 364}{365^2} \approx 0{,}3\,\%$$

Teilfrage 3

Erstaunlicherweise ist die Wahrscheinlichkeit, dass bei 23 Kontakten zwei oder mehr Personen am selben Tag Geburtstag haben, größer als 50 Prozent. Dies ist oftmals überraschend und wird als paradox wahrgenommen, denn intuitiv wird die Wahrscheinlichkeit häufig auf unter fünf Prozent geschätzt.

Die Berechnung erfolgt analog zur Aufgabe 2. Mit der Laplace-Formel wird die Gegenwahrscheinlichkeit dafür errechnet, dass alle 23 Kontakte an unterschiedlichen Tagen Geburtstag haben. Die Formel bei 23 Kontakten ist:

$$P(E) = 1 - \frac{365 \times 364 \times 363 \times \ldots \times 343}{365^{23}} \approx 50{,}7\,\%$$

Im Zähler gibt es für den zweiten Kontakt 364 Tage, an denen der erste Kontakt nicht Geburtstag hat, für den dritten Kontakt 363 mögliche Tage etc.

Bei 50 Kontakten beträgt die Wahrscheinlichkeit sogar über 97 Prozent.

Festzelt auf Oktoberfest

von Muzaffer Yilmaz

Aufgabenstellung

Sie nehmen an einer Auktion für einen Festzeltplatz auf dem Oktoberfest teil. Wer die höchste Standmiete bietet, erhält den Zuschlag. Wie viel Euro würden Sie als Standmiete bieten? Auf Rückfrage an den Interviewer nach der Größe des Zeltplatzes erfahren Sie, dass auf der Fläche ein Zelt mit 30 Metern Länge und 30 Metern Breite aufgebaut werden kann.

Lösungsweg

Es gilt, über die Kapazität des Zelts und den Getränkeverzehr zunächst den Umsatz zu berechnen und diesem die Kosten für Einkauf, Personal und Infrastruktur gegenüberzustellen. Im Anschluss kann man über den anvisierten Gewinn ermitteln, wie viel man bereit wäre, an Standmiete für einen Festzeltplatz zu bezahlen.

Schritt 1: Abschätzung der Platzkapazität im Zelt
Ein Zelt mit jeweils 30 Metern Seitenlänge hat eine Gesamtfläche von 900 Quadratmetern. Zieht man 100 Quadratmeter für Theke, Lager und Sonstiges ab, bleibt eine für Besucher verfügbare Fläche von 800 Quadratmetern. Angenommen, eine Biertischgarnitur ist zwei Meter lang und 2,5 Meter breit (inklusive Tischbreite, Breite der Sitzbänke und Platz für einen Gang pro Seite), dann hat ein Tisch einen Platzbedarf von fünf Quadratmetern. Auf die Gesamtfläche bezogen ergibt das insgesamt 160 Tische ($800\ m^2 \div 5\ m^2 = 160$). Wenn an jedem Tisch in der Regel acht Personen Platz nehmen können, macht das 1.280 Sitzplätze. Nimmt man noch Stehplätze hinzu, erhält man eine Kapazität von rund 1.500 Besuchern.

Schritt 2: Besucher pro Tag und Verzehr an Bier und Getränken
Um die Herleitung des Umsatzes zu vereinfachen, wird angenommen, dass kein Essen angeboten wird. Das Angebot beschränkt sich auf Bier und sonstige Getränke. Die Öffnungszeiten von 12 Uhr mittags bis 24 Uhr nachts werden in drei Zeiträume eingeteilt: 12 bis 16 Uhr, 16 bis 20 Uhr und 20 bis 24 Uhr. Für diese Zeiträume werden folgende Annahmen getroffen: In der Zeit von 12 bis 16 Uhr ist das Zelt aufgrund der frühen Uhrzeit durchschnittlich über alle Tage des Oktoberfests „nur“ zu 25 Prozent ausgelastet. Von 16 bis 20 Uhr sind 50 Prozent aller Plätze im Zelt belegt und ab 20 Uhr ist das Zelt voll ausgelastet, da an Werktagen auch Besucher nach der Arbeit vorbeikommen.

Es wird weiterhin angenommen, dass grundsätzlich zwei Drittel aller Besucher Biertrinker sind und ein Drittel sonstige Getränke konsumiert. Ebenso wird angenommen, dass pro Platz im Zelt ein Getränk (Bier oder sonstiges Getränk) pro Stunde verzehrt wird. Dadurch ergibt sich, dass pro Tag 7.000 Mass Bier und 3.500 sonstige Getränke konsumiert werden:

Zeitraum	Dauer	Auslastungsgrad der verfügbaren Plätze	Belegte Plätze	Davon Gäste, die Bier verzehren (2/3)	Davon Gäste, die sonstige Getränke verzehren (1/3)	Verzehr	Umsatzmenge an Mass Bier	Umsatzmenge an sonstigen Getränken
12–16 Uhr	4 Std.	25 %	25 % x 1.500 = 375	250	125	1 Getränk pro Stunde pro belegtem Platz	4 Std. x 250 x 1 = 1.000	4 Std. x 125 x 1 = 500
16–20 Uhr	4 Std.	50 %	50 % x 1.500 = 750	500	250		2.000	1.000
20–24 Uhr	4 Std.	100 %	100 % x 1.500 = 1.500	1.000	500		4.000	2.000
Summe	**12 Std.**						**7.000**	**3.500**

Schritt 3: Ermittlung des Umsatzes und der Kosten

Wenn man für eine Mass Bier zehn Euro und für ein sonstiges Getränk durchschnittlich fünf Euro ansetzt, ergibt sich ein Umsatz von 70.000 Euro (7.000 × 10 Euro) mit Bier bzw. 17.500 Euro (3.500 × 5 Euro) mit sonstigen Getränken. Das macht rund 90.000 Euro am Tag, und bei 16 Tagen Oktoberfest einen Gesamtumsatz von rund 1,4 Millionen Euro. Die Kosten setzen sich zusammen aus Kosten für Einkauf der Getränke, Personal und Zelt sowie Infrastruktur (Biergarnituren, Sicherheitsbestimmungen, Security, Musik, Toiletten etc.). Die Kosten für den Einkauf der Getränke werden mit pauschal 20 Prozent des Umsatzes angesetzt und ergeben somit 280.000 Euro. Unter der Annahme, dass sich eine Bedienung um fünf Tische kümmert, sind bei 160 Tischen 32 Bedienungen nötig. Dazu kann man noch acht sonstige Mitarbeiter für Theke, Lager etc. ansetzen, sodass man rund 40 Mitarbeiter beschäftigt. Bei einem angenommenen Stundenlohn von 15 Euro ergeben sich Personalkosten von 115.200 Euro (40 × 12h/Tag × 15 Euro/h × 16 Tage). Wir runden und rechnen mit 120.000 Euro weiter.

Die Kosten für das Zelt und die Infrastruktur sind schwer abzuleiten. Unter der Annahme, dass die Gesamtaufwendungen rund ein Drittel des Gesamtumsatzes ausmachen, kann man den letzten Kostenpunkt zum Beispiel mit rund 150.000 Euro ansetzen. Damit ergeben sich Gesamtkosten in Höhe von 550.000 Euro (280.000 + 120.000 + 150.000).

Schritt 4: Umsatzrendite, Standmiete und Gewinn

Zieht man vom Gesamtumsatz (1.400.000 Euro) die Kosten (550.000 Euro) ab, erhält man 850.000 Euro. Es wird angenommen, dass der Aufbau und Betrieb eines Festzelts mindestens eine Umsatzrendite von 50 Prozent, also einen Gewinn von 700.000 Euro, liefern soll. Daher kann man bei der Auktion für die Standmiete maximal 150.000 Euro bieten.

Glühweinstand auf dem Weihnachtsmarkt

von Dr. Dieter Kiesenbauer

Aufgabenstellung

Lohnt es sich, auf dem Ulmer Weihnachtsmarkt einen (reinen) Glühweinstand zu betreiben?

Lösungsweg

Schritt 1: Strukturierung des Problems
Es geht darum, die Einnahmen für einen solchen Glühweinstand den Ausgaben gegenüberzustellen. Die Einnahmenseite lässt sich in Preis mal Menge untergliedern, während man auf der Ausgabenseite fixe und variable Kosten unterscheiden sollte. Damit ergibt sich das Diagramm der Gewinngleichung.

Schritt 2: Einnahmenseite
Einnahmen werden durch den Verkauf des Glühweins generiert. Eine 0,2-Liter-Tasse Glühwein wird für 2,50 Euro verkauft.

Die verkaufte Menge muss man in geeigneter Form abschätzen. Eine Möglichkeit wäre beispielsweise, eine Annahme zum Glühweinkonsum jedes Marktbesuchers zu treffen. In Analogie zum Oktoberfest könnte man davon ausgehen, dass jeder Weihnachtsmarktbesucher im Schnitt eine Tasse Glühwein konsumiert. Der Ulmer Weihnachtsmarkt zieht jährlich rund eine Million Besucher an. Sofern man das nicht weiß, kann man es wie folgt ableiten: Auf die 1,4 Millionen Einwohner Münchens kommen ca. sieben Millionen Besucher des Oktoberfests, d. h. auf einen Einwohner kommen fünf Besucher. Ulm hat zusammen mit Neu-Ulm knapp 200.000 Tausend Einwohner, sodass man auf die eine Million Besucher des Weihnachtsmarkts kommt, wenn man dasselbe Verhältnis anwendet.

Wenn man weiter von 16 Glühweinständen auf dem Ulmer Weihnachtsmarkt ausgeht, ergibt dies für jeden Stand 62.500 Tassen Glühwein (Qualitäts- und Größenunterschiede der Stände werden vereinfachend nicht berücksichtigt). Zur Vereinfachung der folgenden Berechnungen wird im Weiteren mit 60.000 Tassen gerechnet.

Insgesamt ergeben sich damit Einnahmen von 150.000 Euro (60.000 Tassen × 2,50 Euro).

Schritt 3: Ausgabenseite

Es geht keineswegs darum, alle anfallenden Kosten vollumfänglich abzudecken, sondern vielmehr darum, die wesentlichen Kosten darzustellen.

Als Fixkosten fallen beispielsweise die Standmiete, Strom- und Wasserkosten sowie die Miete für die Tassen an:

- Unterstellt man, dass ein typischer Glühweinstand eine Größe von 15 Quadratmetern hat und die Standgebühren 20 Euro pro Quadratmeter und Tag betragen, ergeben sich bei einer angenommen Dauer von 25 Tagen Standkosten von 7.500 Euro.
- Die anfallenden Kosten für Strom und Wasser werden als weitgehend fix angesehen und pauschal mit zwei Drittel der Standmiete veranschlagt, d. h. 5.000 Euro.
- Für die Tassen nehmen wir einen Mietpreis von 20 Cent pro Tag und Tasse an. Bei 1.500 Tassen ergibt dies zusätzliche Kosten von 7.500 Euro (Kosten für Verlust bzw. Bruch der Tassen werden nicht weiter berücksichtigt).

Insgesamt betragen die Fixkosten somit 20.000 Euro.

Bei den variablen Kosten sind vor allem der Wein und die Gewürze zu nennen sowie die notwendigen Aushilfskräfte (natürlich kann man Personalkosten auch als Fixkosten ansehen; da es sich allerdings um Aushilfen handelt, sind diese in der Regel zeitlich vergleichsweise flexibel einsetzbar), um den Glühwein an den Mann bzw. die Frau zu bringen:

- Auch wenn die Zutaten bevorratet werden müssen, kann der nicht verbrauchte Wein – zumindest für ganze Kartons – wieder zurückgegeben werden. Der Wein wird mit zwei Euro pro Liter veranschlagt. Für die Gewürze fallen weitere 2,50 Euro je zehn Liter Glühwein an. 60.000 Tassen sind 12.000 Liter Glühwein. Für den Wein fallen somit Kosten von 24.000 Euro an, für die Gewürze 3.000 Euro (1.200 × 2,50 Euro).
- Für die Ableitung der notwendigen Aushilfskräfte muss man eine Annahme zur Dauer des Glühweinausschanks treffen. Diese wird vereinfachend mit acht Stunden pro Tag angesetzt (unabhängig, ob Wochentag oder Wochenende). Ausgehend von den 60.000 Tassen Glühwein ergeben sich bei 25 Verkaufstagen pro Stunde 300 Tassen, die ausgeschenkt werden müssen. Unterstellt man nun, dass jede Verkaufsperson max. 30 Tassen Glühwein pro Stunde verkaufen kann, werden zehn Verkaufspersonen benötigt. Da die Glühweinnachfrage im Tagesablauf variiert und nur eingeschränkt vorhersehbar ist, werden noch zwei weitere Personen einkalkuliert. Bei 15 Euro Stundenlohn ergeben sich Personalkosten von 36.000 Euro.

Insgesamt kommt man somit auf variable Kosten von 63.000 Euro, sodass sich die Gesamtausgaben für den Glühweinstand auf 83.000 Euro belaufen.

Schritt 4: Zusammenfassung

Insgesamt ergibt sich somit ein Gewinn von 67.000 Euro. Wenngleich sicherlich die ein oder andere Vereinfachung in diesem Case vorgenommen wurde und auch nicht sämtliche Kosten berücksichtigt wurden, scheint ein Stand auf dem Ulmer Weihnachtsmarkt ein durchaus lohnendes Geschäft zu sein.

Menschenkette auf Autobahnen

von Regina Rieger

Aufgabenstellung

Angenommen, es soll eine Menschenkette aus den Einwohnern Deutschlands auf den deutschen Autobahnen (alle Spuren außer Seitenstreifen) gebildet werden. Gibt es hierzu genügend Autobahnkilometer in Deutschland, oder reicht die Einwohnerzahl Deutschlands nicht aus?

Lösungsweg

Schritt 1: Länge der Menschenkette mit Einwohnern Deutschlands
Die Lösung zu diesem Schritt kann auf Basis eines Bevölkerungs-Cases strukturiert werden. Wir gehen von 80 Millionen Bundesbürgern aus. Der Einfachheit halber nehmen wir an, dass die Altersklassen gleichmäßig verteilt sind und die Lebenserwartung der Deutschen bei durchschnittlich 80 Jahren liegt. Damit können wir z. B. acht Altersklassen mit jeweils zehn Millionen Bundesbürgern oder 80 Altersklassen mit jeweils einer Million Bundesbürgern bilden.

Wir gehen davon aus, dass sich die Personen in der Menschenkette jeweils mit ausgestreckten Armen die Hände reichen. Legt man die Proportionsregeln der Zeichnungen Leonardo da Vincis aus dem 15. Jahrhundert zugrunde, entspricht die Körpergröße in etwa der Spannweite der ausgestreckten Arme.

Wir nehmen im Folgenden an, dass Babys mit einer durchschnittlichen Geburtsgröße von 50 Zentimetern auf die Welt kommen und (Klein-)kinder in den ersten zehn Lebensjahren pro Jahr jeweils zehn Zentimeter wachsen. Jugendliche zwischen dem elften und 20. Lebensjahr wachsen durchschnittlich alle zwei Jahre um fünf Zentimeter. Erwachsene Männer sind rund 1,80 Meter groß, Frauen 1,60 Meter. Da wir von einer Gleichverteilung bei Männern und Frauen ausgehen, sind Erwachsene ab 21 Jahren durchschnittlich 1,70 Meter groß. Mithilfe der daraus abgeleiteten Aufstellung können wir die Spannweite der Menschenkette aus den Einwohnern der Bundesrepublik Deutschland berechnen:

Jahre	Größe (cm)	Einwohner (Mio.)	Länge der Menschenkette (km)
1	60	1	600
2	70	1	700
3	80	1	800
4	90	1	900
5	100	1	1.000
6	110	1	1.100
7	120	1	1.200
8	130	1	1.300
9	140	1	1.400
10	150	1	1.500
11/12	155	2	3.100
13/14	160	2	3.200
15/16	165	2	3.300
17/18	170	2	3.400
19/20	175	2	3.500
21-80	170	60	102.000
			129.000

Geschätzte Länge der Menschenkette

Im Ergebnis können die Einwohner der Bundesrepublik Deutschland mit ausgestreckten Armen eine Strecke von 129.000 Kilometern bilden. Jetzt kann man noch berücksichtigen, dass bei einer Menschenkette dadurch, dass man sich an der Hand nimmt, nochmals jeweils 20 Zentimeter wegfallen. Bei 80 Millionen Menschen sind damit 16.000 Kilometer abzuziehen. Es ergibt sich folglich eine Länge der Menschenkette von 113.000 Kilometern.

Schritt 2: Die Autobahnkilometer in Deutschland

Die Autobahnkilometer (Autobahnen ohne Bundesstraßen) in Deutschland können anhand der Breite und Länge des Landes abgeschätzt werden. Für die Bundesrepublik Deutschland nehmen wir folgende Maße an: In der Vertikalen ist Deutschland 800 Kilometer lang und in der Horizontalen 400 Kilometer breit. Wohl wissend, dass es beim Autobahnnetz in Deutschland, zum Beispiel im Ruhrgebiet und im Rhein-Main-Gebiet, eine höhere Konzentration an Autobahnen gibt, während der Osten weniger ausgebaut ist, gehen wir vereinfachend von einer Gleichverteilung der Autobahnkilometer aus. Schätzungsweise verlaufen die Autobahnen mit einem Abstand von etwa 100 Kilometern parallel voneinander.

Wir gehen des Weiteren davon aus, dass es Autobahnen von Nord nach Süd, von Ost nach West (sowie jeweils umgekehrt) und diagonal verlaufende Strecken gibt.

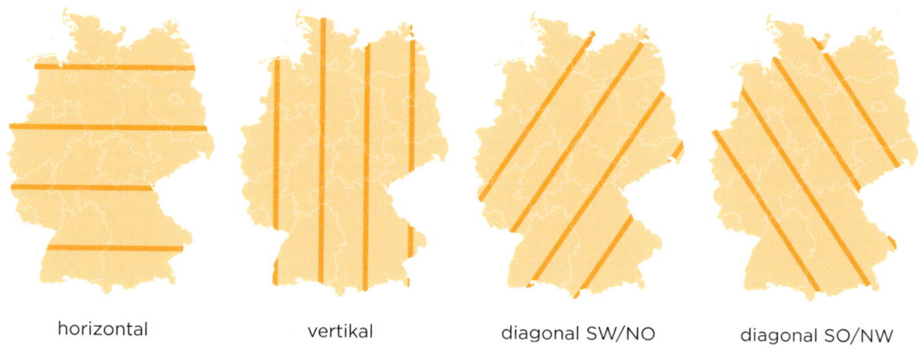

Verlauf der Autobahnen in Deutschland

Die Berechnung der Länge der horizontal und vertikal verlaufenden Autobahnen kann relativ einfach erfolgen. Bei den diagonal verlaufenden Autobahnstrecken kann das Ergebnis mithilfe des Satz des Pythagoras hergeleitet werden. Um die Berechnung hier möglichst einfach zu halten, kann anstelle der Berechnung der diagonal verlaufenden Strecken ein dichteres Netz an horizontal und vertikal verlaufenden Strecken unterstellt werden. Damit überschätzen wir das Autobahnnetz ein wenig, aber für eine näherungsweise Bestimmung ist diese Betrachtung ausreichend.

Da wir, wie gerade beschrieben, keine diagonal verlaufenden Strecken berücksichtigen, verdoppeln wir die vertikalen und horizontalen Strecken und nehmen an, dass es alle 50 Kilometer eine Autobahn gibt.

Daraus ergeben sich folgende Autobahnkilometer:

- Horizontal: Es gibt 17 horizontale Strecken, die jeweils 400 Kilometer lang sind. Im Ergebnis erhalten wir 6.800 Autobahnkilometer.
- Vertikal: Die vertikalen Strecken haben jeweils eine Länge von 800 Kilometern. Bei neun vertikal verlaufenden Autobahnen erhalten wir eine Länge von 7.200 Kilometern.

In Summe kommen wir bei dieser Berechnung auf ein Autobahnnetz mit 14.000 Kilometern. Dadurch, dass wir nicht die diagonalen, sondern lediglich die horizontalen und vertikalen Strecken berücksichtigt und damit das Autobahnnetz überschätzt haben, könnten wir diese Zahl großzügig abrunden, z. B. auf 13.000 Kilometer.

Die 13.000 Kilometer entsprechen einer Fahrtrichtung an Autobahnkilometern. Um auch die anderen Fahrtrichtungen zu berücksichtigen, verdoppeln wir diese Strecke. Des Weiteren gehen wir davon aus, dass es mehrere Fahrstreifen gibt. Wir gehen hier von durchschnittlich 2,5 Fahrstreifen je Richtung aus. In der Summe erhalten wir damit 65.000 Autobahnkilometer in Deutschland.

Schritt 3: Zusammenführen der Menschenkette und Autobahnkilometer
Der Vergleich der Ergebnisse aus den Schritten 1 und 2 zeigt, dass es knapp 48.000 Kilometer mehr an Autobahnkilometern bräuchte, damit alle Bundesbürger eine Menschenkette darauf bilden könnten. Selbst bei der zusätzlichen Benutzung des Seitenstreifens (plus 26.000 Kilometer) ist das aktuelle Streckennetz nicht ausreichend.

Alternativer Lösungsweg

Oftmals ist es in einem Case sinnvoll, zuerst eine grobe Abschätzung (unter Zuhilfenahme von „extremen" Werten) vorzunehmen, um sich ein erstes Bild von der Situation und der Aufgabenstellung zu machen. Liefert die Abschätzung bereits ein klares Ergebnis, ist der Interviewer gegebenenfalls damit zufrieden und erkennt die Lösung des Case an. Im Folgenden wird alternativ ein Lösungsweg mit einer gröberen Abschätzung vorgestellt, der schneller zu einer Lösung führt.

In einer groben Abschätzung nehmen wir in Schritt 1 beispielsweise an, dass die Spannweite der Arme zwischen einem und zwei Metern liegt. Bei 80 Millionen Menschen können damit zwischen 80.000 und 160.000 Kilometer abgedeckt werden.

In Schritt 2 gehen wir des Weiteren von durchschnittlich 2,5 Spuren je Richtung aus. Um die in Schritt 1 errechnete Menschenkette auf die Autobahnen zu verteilen, müssten zwischen 16.000 Kilometern (80.000 ÷ 5) und 32.000 Kilometern (160.000 ÷ 5) einfache Strecke vorhanden sein. Im Mittel wären das 24.000 Kilometer. Bei der angenommenen Fläche von Deutschland von 320.000 Quadratkilometern (800 Kilometer Länge × 400 Kilometer Breite) gilt es nun, eine Gleichverteilung von horizontalen und vertikalen Strecken in Deutschland zu bilden, um – anhand des Abstandes der Linien – eine Einschätzung abgeben zu können, ob dies dem durchschnittlichen Abstand der Autobahnen entspricht. Das Ergebnis erhält man nach Auflösen folgender Rechnung:

▶ $$\frac{800 \times 400}{y} + \frac{800 \times 400}{y} = 24.000$$

Danach müssten die deutschen Autobahnen mit einem durchschnittlichen Abstand von 23 Kilometern verlaufen, damit alle 80 Millionen Bundesbürger eine Menschenkette darauf bilden können. Es dürfte klar sein, dass das deutsche Autobahnnetz diese Dichte außer in Ballungszentren nicht besitzt und daher für eine Menschenkette aus den Einwohnern der Bundesrepublik nicht ausreicht.

Should I stay or should I go?

von Dr. Karsten Engler und Dr. Fabian Gleisner

Aufgabenstellung

Interviewer: Sie haben zwei schöne Urlaubswochen auf Fuerteventura verbracht. Am letzten Abend erzählt Ihnen der Manager der Ferienanlage, er suche schon seit längerer Zeit jemanden, der einen Fahrradverleih in der Anlage eröffnet. Eine passende Ladenzeile habe er momentan dafür auch zur Verfügung, und die Gäste würden ihn regelmäßig auf Leihräder ansprechen. Wie kommen Sie zu einer Entscheidung?

Lösungsweg

HINWEIS: Um schnell ein Gefühl für den unternehmerischen Erfolg eines Fahrradverleihs zu bekommen, kann man sich an der einfachen Struktur einer Gewinngleichung orientieren: Gewinn = Erlöse - Kosten (Details siehe Kapitel „Frameworks anwenden").

Bewerber: Ein interessantes Angebot. Um zu einer fundierten Entscheidung zu kommen, würde ich den Gewinn des Fahrradverleihs abschätzen, indem ich Erlöse und Kosten gegenüberstelle. Der Umsatz berechnet sich grundsätzlich aus der Anzahl der verliehenen Fahrräder und dem durchschnittlichen Preis dafür. Bei den Kosten würde ich fixe und variable Kosten betrachten. Wenn Sie mit diesem Vorgehen grundsätzlich einverstanden sind, möchte ich zunächst auf die Erlöse eingehen.

Interviewer: Das Vorgehen erscheint mir sinnvoll, fahren Sie gerne fort.

Bewerber: Für den Umsatz würde ich zunächst die Anzahl der verliehenen Fahrräder abschätzen. Hierzu würde ich gerne wissen, wie viele Zimmer es in der Anlage gibt, wie die jährliche durchschnittliche Auslastung ist und ob es um die Anlage herum noch weitere potenzielle Kunden gibt. Gibt es Wettbewerb in der Nähe, also noch andere Fahrradverleihe? Können Sie noch etwas zum Standort der Ferienanlage sagen?

Interviewer: Die Anlage hat 80 Appartements und ist ganzjährig relativ gleichbleibend gut ausgelastet. Da die Anlage in einem abgelegenen Teil der Insel mitten in einem Naturschutzgebiet liegt, gibt es nur die Gäste der Anlage als potenzielle Kunden. Bitte treffen Sie eine realistische Annahme bezüglich des Wettbewerbs.

Bewerber: Gut, danke. Aufgrund der abgelegenen Lage gehe ich davon aus, dass es keinen relevanten Wettbewerb für die Anlage gibt. Dies würde ich später dann noch einmal überprüfen. Wie viele Personen sind durchschnittlich in einem Appartement? Kann ich bei einer „guten Auslastung" der Appartements mit durchschnittlich 90 Prozent rechnen? Und ist es für die Gäste überhaupt attraktiv, in dem abgelegenen Teil der Insel ein Fahrrad zu leihen?

Interviewer: Es sind durchschnittlich eher 80 Prozent der Wohnungen vermietet. Ein Fahrrad zu leihen ist sehr attraktiv, man kann das Naturschutzgebiet erkunden und kommt auch gut zu den nächsten kleinen Orten und Stränden. Auch hier treffen Sie bitte wieder eine plausible Annahme zur durchschnittlichen Wohnungsbelegung.

Bewerber: Ich gehe von Appartements mit zwei Schlafzimmern bzw. vier Betten aus und im Durchschnitt 2,5 Gästen. Wir haben durchschnittlich 64 ausgelastete Appartements. Es befinden sich also immer 160 Gäste in der Anlage. Dann muss ich nun schätzen, welcher Anteil der Gäste sich ein Fahrrad leiht und zu welchem Preis. Da es für die Gäste sehr attraktiv ist, ein Fahrrad zu mieten, erscheint mir vertretbar, eine „Leihquote" von 50 Prozent anzusetzen bzw. 80 Fahrräder. Bei einer Gebühr von fünf Euro pro Tag ergibt sich daraus ein Jahresumsatz von 146.000 Euro.

Interviewer: Gut, lassen Sie uns nun auf die Kosten schauen.

Bewerber: Bei den variablen Kosten ist sicherlich der wichtigste Posten die Wartung einschließlich Ersatzteilen für die verliehenen Räder. Hier würde ich pauschal 20 Prozent des Umsatzes ansetzen bzw. aufgerundet 30.000 Euro jährlich.

HINWEIS: Zentrale Annahmen sollten begründet oder aber gegenüber dem Interviewer als Arbeitshypothese gekennzeichnet werden, sonst macht man sich angreifbar.

Interviewer: Normalerweise würde ich Sie nun bitten, mir zu erklären, warum Sie hier 20 Prozent annehmen. Aufgrund der knappen Zeit rechnen Sie erst einmal damit weiter. Bitte berücksichtigen Sie bei den variablen Kosten auch das Thema Diebstahl.

Bewerber: Ein guter Punkt. Auch auf einer relativ kleinen Insel kommt es sicherlich immer wieder vor, dass einem Kunden ein Rad gestohlen wird. Gegen dieses Risiko würde ich mich aber versichern. Versicherungen betrachte ich im nächsten Block „fixe Kosten".

Interviewer: So können Sie es machen. Welche fixen Kosten würden Sie betrachten?

Bewerber: Bei den fixen Kosten schaue ich auf vier wesentliche Positionen: Es gibt erstens die Miete für den Laden, zweitens witterungs- und abnutzungsbedingte Ersatzinvestitionen für neue Räder, drittens Aufwand für ein Darlehen sowie viertens die Versicherungen. Als Miete für die Ladenzeile nehme ich monatlich 2.000 Euro an. Wenn ich durchgängig 80 Fahrräder vermiete, habe ich 100 Räder erworben und im Bestand, da immer ein Teil in Reparatur ist bzw. auch, um eine temporär erhöhte Nachfrage zu bewältigen. Über wie viele Jahre kann auf Fuerteventura ein Leihfahrrad genutzt werden?

Interviewer: Aufgrund der extremen klimatischen Bedingungen sind fünf Jahre Nutzungsdauer für ein Leihfahrrad realistisch.

Bewerber: Okay. Wenn ich 100 qualitativ hochwertige Fahrräder gekauft habe zu 1.000 Euro je Fahrrad, ergibt sich 100.000 Euro Investition und somit durchschnittlich 20.000 Euro Ersatzinvestition für die Räder jährlich. Als fixe Kosten würde ich auch noch den Aufwand für ein Darlehen für die Anfangsinvestition einbeziehen. Bei einer Finanzierung zu zehn Prozent wären das jährlich 10.000 Euro. Weiterhin setze ich je 500 Euro monatlich für die Versicherungen an. Wenn ich nun Erlöse und Kosten gegenüberstelle, bleiben vor Steuern 56.000 Euro jährlich (146.000 Euro Umsatz - 30.000 Euro Wartung - 12 × 2.000 Euro Miete - 20.000 Euro Ersatzinvestition - 10.000 Euro Darlehen - 12 × 500 Euro Versicherung). Bei einem Steuersatz von 20 Prozent bleiben dann noch 44.800 Euro als Bruttoeinkommen durch den Fahrradverleih.

Interviewer: Angenommen, alle Ihre Annahmen treffen zu und der Gewinn würde Ihnen nicht ausreichen. Mit welchen drei Maßnahmen würden Sie die Profitabilität steigern?

Bewerber: Ich könnte mir vorstellen, dass man den Umsatz erhöhen kann durch den Verleih von besseren Fahrrädern zu einem höheren Tagessatz - beispielsweise Mountainbikes oder Pedelecs. Oder man verleiht die Fahrräder online auf der ganzen Insel und vergrößert so seinen potenziellen Kundenkreis. Sicherlich kann man auch noch die Kosten optimieren, beispielsweise für Wartung und Reparaturen, indem man nur sehr standardisierte, preisgünstige Komponenten verwendet.

Smart Meter in den USA

von Ken Hofmann

Ausgangssituation

Ein Energieversorger in den USA beauftragt eine Strategieberatung, das Marktvolumen für die bevorstehende Einführung von Smart Meter sowie die potenziellen Einführungsstrategien und Gefahren für den Versorger zu diskutieren und zu analysieren. Der Energieversorger bietet Strom, Gas und Wasser an.

Bei Smart Meter, auch bekannt als intelligente Zähler, handelt es sich um eine neue Form der Verbrauchserfassung von Strom, Gas und Wasser. Diese voll- oder teilelektronischen Zähler ermöglichen es Energieversorgern, Zählerstände über die Ferne und zu jeder Zeit ablesen zu können. Zudem soll der Kunde anhand eines Displays über seinen gegenwärtigen Verbrauch informiert werden und einen Überblick über seine laufenden Kosten erhalten. Der Energieversorger kann durch Smart Meter ein variables Tarifsystem einführen, das zu einer Minimierung von Spitzenlastzeiten und einer gewissen Steuerung des Konsums beitragen kann. Mittel- bis langfristig sollen Smart Meter die bisherigen, meist einfachen elektronischen oder mechanischen Zähler in Nordamerika und Europa ersetzen.

Aufgabenstellung

- Wie hoch ist das gegenwärtige Volumen der Strom-, Gas- und Wasserzähler in den USA im privaten Sektor?
- Welche strategischen Optionen stehen dem Energieversorger bei der Einführung der Zähler zur Verfügung, und was sind deren Vor- und Nachteile?
- Inwieweit beeinflussen die von Porter eingeführten Five Forces den Energiedienstleister bei der Einführung von Smart Meter?

HINWEIS: Es gilt die Annahme, dass die Energieversorger in den USA per Gesetz verpflichtet sind, ihren gesamten Zählerpark für Strom, Gas und Wasser bis 2020 auf Smart Meter umzustellen. Bis zum heutigen Tag hat allerdings noch kein Energieversorger Smart Meter eingeführt. Der Energieversorger ist Eigentümer der Zähler. Es gibt einen Wasserzähler pro Haus.

Lösungsweg

Exemplarische Berechnung des Marktvolumens
Zunächst erscheint es sinnvoll, den Markt in die drei Segmente Stromzähler, Gaszähler und Wasserzähler zu untergliedern. Zudem sollte der Bewerber feststellen, dass solche Zähler sowohl im privaten Sektor als auch bei Unternehmen Anwendung finden. Basierend auf der Aufgabenstellung soll jedoch im Folgenden lediglich der private Sektor berücksichtigt werden.

Um das gesamte Stromzählervolumen der USA zu berechnen, sollte man mit der Annahme beginnen, dass es je einen Stromzähler pro Haushalt gibt. Die USA hat ca. 300 Millionen Einwohner. Der Bewerber sollte erkennen, dass die Bevölkerung dabei grundsätzlich in die zwei Kategorien Stadt- und Landbevölkerung untergliedert werden kann. Eine grobe Aufgliederung dieser beiden Bereiche in 20 Prozent Land- und 80 Prozent Stadtbevölkerung erscheint realistisch. Dies bedeutet, dass 60 Millionen Einwohner der USA auf dem Land und 240 Millionen in der Stadt leben.

In einem nächsten Schritt muss nun die durchschnittliche Anzahl der Einwohner je Haushalt bestimmt werden. Es kann unterstellt werden, dass der Anteil an Familien in ländlichen Gebieten deutlich höher ist als der Anteil an Single- oder Zweipersonenhaushalten. Daher kann eine durchschnittliche Anzahl von drei Einwohnern je Haushalt auf dem Land angesetzt werden. Dies führt zu insgesamt 20 Millionen Haushalten auf dem Land.

Die Stadtbevölkerung wird einen deutlich höheren Anteil an Single- und Zweipersonenhaushalten haben, weshalb hierfür eine durchschnittliche Anzahl von zwei Einwohnern je Haushalt angenommen werden kann. Folglich gibt es 120 Millionen Haushalte in der Stadtbevölkerung.

Insgesamt errechnet sich somit eine Gesamtzahl von 140 Millionen Haushalten in den USA. Bei einem Stromzähler je Haushalt kommt man daher zu einem Gesamtvolumen von 140 Millionen Zählern.

Bei Gaszählern kann der Bewerber ebenfalls annehmen, dass es einen Gaszähler pro Haushalt gibt. Demzufolge ergibt sich für Gaszähler ein Gesamtvolumen von 140 Millionen Zählern.

Bei Wasserzählern gilt es nun, die Hilfestellung von einem Zähler je Haus zu berücksichtigen. Hierbei kann auf der Aufteilung der Bevölkerung in Land- und Stadtbevölkerung weiter aufgebaut werden. Für die Landbevölkerung lässt sich die vereinfachte Annahme treffen, dass es aufgrund der hohen Dichte von Einfamilienhäusern 1,5 Haushalte je Haus gibt. Dies führt bei 20 Millionen Haushalten zu gerundeten 13 Millionen Häusern auf dem Land. Bei der Stadtbevölkerung wird hier eine durchschnittliche Anzahl von vier Haushalten je Haus angenommen. Bei 120 Millionen Haushalten ergeben sich somit 30 Millionen Häuser bei der Stadtbevölkerung. Insgesamt existieren somit 43 Millionen Häuser in den USA. Dies führt zu einer Gesamtanzahl von 43 Millionen Wasserzählern.

Zusammenführend lässt sich festhalten, dass jeweils 140 Millionen Strom- und Gaszähler und 43 Millionen Wasserzähler in den USA existieren, was zu einem Gesamtvolumen von 323 Millionen Zählern führt.

Implementierungsoptionen für einen Energieversorger

Im zweiten Schritt soll der Bewerber nun die Möglichkeiten diskutieren, die dem Energieversorger bei der Markteinführung der beschriebenen Smart Meter zur Verfügung stehen. Hierbei lassen sich verschiedene Alternativen in Betracht ziehen. Im Folgenden werden drei grundlegende Optionen diskutiert.

Die zeitlich kürzeste Möglichkeit ist das gleichzeitige Ersetzen des gesamten Zählerparks. Hierzu würde der Energieversorger seine Strom-, Gas- und Wasserzähler in einer gesammelten Aktion ersetzen. Dies hätte den Vorteil, dass der Energieversorger seinen Zählerpark sofort ersetzt hätte und allen Kunden den gleichen Service unverzüglich anbieten kann. Des Weiteren würde das System komplett umgetauscht werden, und es müssten nicht zwei Systeme parallel geführt werden.

Als wesentliche Nachteile sind besonders die großen Kosten sowie der personelle und organisatorische Aufwand zu nennen, der für einen solchen Komplettaustausch notwendig wäre. Der Energieversorger müsste hierfür voraussichtlich auch neues Personal einstellen und/oder eine oder mehrere Drittfirmen mit dem Austausch beauftragen. Zudem könnte das System nicht in einzelnen Haushalten vorab getestet werden. Eventuelle Probleme in der Einführung würden den gesamten Kundenstamm negativ beeinflussen.

Eine zweite Möglichkeit ist der stufenweise Austausch der Zähler nach Clustern. Diese können unterschiedlich segmentiert und dargestellt werden. Beispiele für eine solche Cluster-Bildung sind:

- Differenzierung nach Zählertyp: Die Zähler werden nach Klassifizierung ausgetauscht, zum Beispiel zunächst alle Stromzähler, darauffolgend alle Gaszähler und letztlich alle Wasserzähler.
- Eine geographische Aufteilung, die zum Beispiel vorsehen würde, dass zunächst alle Zähler einer bestimmten Stadt oder Region ausgetauscht werden, bevor der Austausch in einer zweiten Stadt bzw. Region beginnt.

Die Cluster-Bildung ist voraussichtlich die logischste und aus Kostensicht beste Alternative, die dem Energieversorger zur Verfügung steht. Diese Option ermöglicht auch, dass das neue System vorab an einer begrenzten Gruppe getestet werden kann. Potenzielle Nachteile sind die längere zeitliche Dauer der Umrüstung und das parallele Betreiben zweier verschiedener Systeme, was zu einem hohen logistischen Aufwand und potenzieller Kundenunzufriedenheit führen könnte.

Eine dritte Alternative tut sich auf, wenn man berücksichtigt, dass Zähler als mechanische Produkte einer begrenzten Lebensdauer unterliegen. Der Energieversorger hat dadurch die Möglichkeit, die Zähler jeweils am Ende ihrer Lebensdauer durch neue zu ersetzen.

Diese Option würde zu relativ geringen Produktkosten, aber hohen Logistik- und Systemkosten führen. Auch die Dauer, bis ein Gesamtumschlag aller Zähler erreicht würde, wäre am längsten. Des Weiteren ist diese Option aufgrund der gesetzlich vorgegebenen Einführungsfrist bis 2020 nur beschränkt umsetzbar.

Einführung von Smart Meter unter Berücksichtigung von Porters Five Forces

Der Bewerber sollte zunächst die grundlegende Rahmenstruktur von Porters Five Forces aufzeigen und jede Kraft danach einzeln diskutieren.

- Die Rivalität unter existierenden Wettbewerbern nimmt aufgrund der Einführung von Smart Meter stark zu. Die Energieversorger können sich durch das Angebot noch weiter von Konkurrenten differenzieren, die diese Technologie noch nicht haben und somit eventuell auch Kunden durch ein erweitertes Service-Angebot leichter abwerben. Insgesamt ist diese Kraft als hoch einzustufen.
- In Bezug auf den Markteintritt neuer Konkurrenten ist es fraglich, ob ein neuer Anbieter lediglich aufgrund der Einführung von Smart Meter die hohen notwendigen Investitionen in Infrastruktur und Energieversorgung tätigen wird. Daher ist der Eintritt eines neuen Versorgers als mittel bis gering anzusehen.
- Beim Einfluss der Kunden ist zu berücksichtigen, dass diese in einem liberalisierten Energiemarkt relativ leicht zwischen Anbietern wechseln können. Ist der Energieversorger beispielsweise noch nicht fähig, einen Smart Meter anzubieten, während dieser vom Kunden aber bereits gewünscht wird, so kann der Kunde zu einem Anbieter mit Smart Meter wechseln. Kunden haben aber voraussichtlich nur geringen Einfluß auf die zu installierende Technologie, die Art des Smart Meter, dessen Kosten etc. Daher ist die gesamte Verhandlungsmacht der Kunden als mittel einzustufen.
- Zulieferer für die Einführung von Smart Meter eines Energieversorgers sind die Hersteller dieser Geräte und der notwendigen Infrastruktur. Da der Energieversorger gezwungen ist, seinen Zählerpark bis 2020 auf Smart Meter umzustellen, lässt sich annehmen, dass die Lieferanten eine gewisse Verhandlungsmacht gegenüber dem Versorger haben. Allerdings hängt diese stark von der Anzahl der im Markt tätigen Anbieter von Smart Meter ab. Eine Bewertung dieser Force ohne eine detaillierte Kenntnis des Lieferantenmarkts ist daher nicht vollständig möglich.
- Die letzte Force, die Bedrohung durch Ersatzprodukte, ist aufgrund der Notwendigkeit von Zählern zur Messung des Energieverbrauchs und der Regulierung zur Einführung dieser Zähler als gering anzusehen.
- Zusätzlich kann die in der Literatur oft als sechste Force definierte Kraft „Politik und Regulierungen" berücksichtigt werden. Diese ist im vorliegenden Fall sehr stark ausgeprägt, basierend auf der notwendigen Einführung von Smart Meter bis 2020.

Ertragssteigerung der Sägezahn GmbH

von Alexander Jacobs

Ausgangssituation, November 2011

Gegründet 1825, ist die Sägezahn GmbH einer der führenden Anbieter von Werkzeugmaschinen zur Stahlbearbeitung. Schwerpunkt bilden Band- sowie Kreissägen und Bohranlagen. Grundstrategie ist die Positionierung als Systemanbieter für halb- und vollautomatische Anlagen in den Branchen Stahlbau, Stahlhandel und Stahlverarbeiter.

Die deutsche Muttergesellschaft wird im laufenden Geschäftsjahr ihr Umsatzziel von 98 Millionen Euro verfehlen und ein negatives Unternehmensergebnis ausweisen. Ferner hat sich der Cash-Bestand seit Beginn des Jahres von acht auf drei Millionen Euro reduziert.

Nach dem überraschend hohen Barmittelabfluss der vergangenen Monate beauftragt der geschäftsführende Gesellschafter ein Beraterteam mit der Erstellung eines Ertragssteigerungskonzepts. Er erhofft sich von dem Konzept einen detaillierten Maßnahmenplan, der ihm aufzeigt, wie die Sägezahn GmbH eine branchenübliche Rendite erwirtschaften kann. Die branchenübliche EBIT-Rendite beziffert der Geschäftsführer auf rund fünf Prozent.

Nach den ersten Tagen vor Ort haben die Berater eine Informationsbasis geschaffen, auf deren Grundlage Sie nun die wesentlichen Punkte des Konzepts ableiten sollen.

Wirtschaftliche Ausgangslage

Der Umsatz der Sägezahn GmbH entwickelt sich von 2006 bis 2008 entlang den Planvorgaben des Unternehmens. Seit Ausbruch der Weltwirtschaftskrise hat das Unternehmen jedoch das ruhige Fahrwasser verlassen. Vor Maßnahmen rechnet das Unternehmen mit einem Verlust von 3,3 Millionen Euro – gegenüber einem ursprünglich geplanten Jahresüberschuss in Höhe von einer Million Euro. Nachfolgende Abbildung verdeutlicht den Verlauf der Unternehmensentwicklung.

	Ist 2007		Ist 2008		Ist 2009		Ist 2010		Ist per Okt. 2011	
	abs.	in %	abs.	in %	abs.	in %	abs.	in %	abs.	in %
Brutto-Umsatzerlöse	92.008	99	114.665	99,1	78.116	108	75.873	96	65.578	94
Erlösschmälerungen	-438	-0,5	-829	-0,7	-480	-0,7	-256	-0,3	-290	-0,4
Netto-Umsatzerlöse	91.570	98,2	113.835	98,4	77.636	107,4	75.618	95,2	65.289	93,6
Bestandsveränderungen FE/UFE	1.673	1,8	1.862	1,6	-5.363	-7,4	3.818	4,8	4.447	6,4
Aktivierte Eigenleistungen	0	0	0	0	0	0	0	0	0	0
Gesamtleistung	**93.243**	**100**	**115.697**	**100**	**72.274**	**100**	**79.435**	**100**	**69.735**	**100**
Materialaufwand	-34.799	-37,3	-44.770	-38,7	-27.597	-38,2	-35.064	-44,1	-30.800	-44,2
Fremddienstleistungen	-9.085	-9,7	-8.805	-7,6	-5.793	-8,0	-6.376	-8,0	-6.335	-9,1
Externe Kosten	-43.884	-47,1	-53.575	-46,3	-33.390	-46,2	-41.440	-52,2	-37.135	-53,3
Rohertrag 1	49.359	52,9	62.122	53,7	38.884	53,8	37.995	47,8	32.600	46,7
Sonstige betriebliche Erträge	1.777	1,9	1.664	1,4	3.216	4,4	2.465	3,10	932	1,3
Rohertrag 2	51.137	54,8	63.786	55,1	42.099	58,3	40.461	50,9	33.533	48,1
Personalaufwand	-27.492	-29,5	-30.361	-26,2	-24.891	-34,4	-23.946	-30,1	-23.834	-34,2
Abschreibungen	-1.179	-1,3	-1.508	-1,3	-1.998	-2,8	-2.076	-2,6	-1.722	-2,5
Sonstige betriebliche Aufwendungen	-18.077	-19,4	-23.005	-19,9	-13.559	-18,8	-12.122	-15,3	-12.239	-17,6
Interne Kosten	-46.749	-50,1	-54.875	-47,4	-40.447	-56,0	-38.144	-48,0	-37.796	-54,2
EBIT	4.388	4,7	8.911	7,7	1.652	2,3	2.316	2,9	-4.263	-6,1
EBITDA	5.568	6,0	10.419	9,0	3.650	5,0	4.392	6,0	-2.541	-3,0
Finanzergebnis	-200	-0,2	5	0	-662	-0,9	-1407	-1,8	-719	-1,0
Operatives Ergebnis	4.188	4,5	8.916	7,7	990	1,4	909	1,1	-4.982	-7,1
Neutrales Ergebnis	0	0	0	0	0	0	0	0	0	0
A.o. Ergebnis	-6	0	-2.397	-2,1	-534	-0,7	151	0,2	-30	0
EBT	4.182	4,5	6.519	5,6	456	0,6	1.061	1,3	-5.012	-7,2
Steuern	-679	-0,7	-954	-0,8	-115	-0,2	-569	-0,7	-112	-0,2
Jahresüberschuss/ -fehlbetrag	3.503	3,80	5.566	4,80	341	0,5	492	0,6	-5.125	-7,3

Gewinn- und Verlustrechnung (alle ausgewiesenen Beträge auf Tausend Euro gerundet)

Markt und Wettbewerb

Die Sägezahn GmbH produziert im Wesentlichen zwei Produktgruppen: Universalmaschinen (halbautomatische, kleinere Stand-Alone-Maschinen) und Projekte (vollautomatische, verkettete Großmaschinen). Zusätzlich bietet das Unternehmen für beide Produktgruppen Ersatzteile, Inbetriebnahmen sowie Reparaturleistungen an.

Eine Kundenumfrage hat ergeben, dass im Vergleich zum stärksten Wettbewerber bei Sägezahn insbesondere die Faktoren Qualität, Verfügbarkeit und Zuverlässigkeit der Maschinen sowie Betreuung durch das Service-Team positiv bewertet wurden.

Kurz- bis mittelfristig ist der Ausblick auf die zukünftige Geschäftsentwicklung negativ. Die Kundeneinschätzung der Sägezahn GmbH hinsichtlich deren Beschaffungsbedarf, ebenso wie die allgemeine Geschäftserwartung der Branche, sind rückläufig. Aufgrund der europäischen Staatsschuldenkrise wird speziell der Umsatz mit Projekten weiter zurückgehen.

Eine Marktanalyse ergab, dass langfristig Wachstumsimpulse vor allem aus der zunehmenden Mechanisierung und Automatisierung von Produktionsabläufen kommen werden. Diese bieten langfristig internationale Wachstumsperspektiven, wenn Prozessstabilität und -kontrolle gewährleistet werden können.

Produktprofitabilität per Oktober 2011

In der Betrachtung der Produktprofitabilitäten wurden die internen Aufwände für Entwicklungsprojekte herausgerechnet, um die operative Leistungsfähigkeit der einzelnen Produktgruppen transparenter darzustellen.

	Gesamtleistung (GL) in Mio. Euro	Rohertrag in % der GL	Interne Kosten in % der GL	EBIT in Mio. Euro	EBIT in % der GL
Universalmaschinen (PG A)	12,7	58,8	69,9	-1,4	-11,1
Projekte (PG B)	47,1	40,0	44,6	-2,2	-4,6
Parts	7,8	65,5	33,7	2,5	31,8
After Sale Services	2,1	101,0	124,0	-0,5	-23,0
Entwicklungsprojekte	0,0	-	-	-2,7	-
	∑ 69,7	ø 48,1	ø 54,2	∑ -4,3	ø -6,1

Profitabilität der Produkte (per Oktober 2011)

Prozesse

Eine erste Prozessanalyse ergab, dass die historisch gewachsene Organisationsstruktur komplex und stark fragmentiert ist. Ein Viertel der Mitarbeiter sind im strukturellen Overhead gebunden und führen keine auftragsbezogenen Aufgaben durch. In Summe ist der administrative Bereich für 55 Prozent der Personalkosten verantwortlich.

Im Einkauf ist die bestehende Lieferantenstruktur historisch gewachsen. Einerseits besteht bei einzelnen Warengruppen eine hohe Lieferantenabhängigkeit aufgrund von Single-Sourcing-Strategien, andererseits würden andere Warengruppen von einer stärkeren Bündelung profitieren.

Als Reaktion auf die Krise und freiwerdende Kapazitäten in der Auftragskonstruktion wurden 2009 eine Vielzahl von Konstruktions- und Entwicklungsprojekten lanciert. Ziel der Geschäftsführung war es, nach der Krise mit einem besseren Produktportfolio dazustehen. Jedoch gibt es in der Konstruktion und Entwicklung keinen abgestimmten Produktentwicklungs- und -entstehungsprozess.

Eine hohe Variantenvielfalt der Endprodukte bindet organisationsweit Kapazitäten.

Aufgabenstellung

- Identifizieren Sie die wesentlichen Ursachen für die aktuelle Ertragslage.
- Welche kurz- und mittelfristigen Maßnahmen sind zur Renditeverbesserung sowie Wahrung der Liquidität notwendig?
- Wie kann die strategische Neuausrichtung des Unternehmens aussehen?

Lösungsweg

Erwartet wird vom Bearbeiter in erster Linie das Verständnis der Zusammenhänge aus den oben genannten Informationen und die Herleitung der Maßnahmen. Die Bearbeitungszeit beträgt 30 Minuten. Mit Blick auf die Aufgabenstellung empfiehlt sich eine klare Unterteilung des Lösungswegs in Ursachenforschung und Maßnahmenableitung.

Ursachen der aktuellen Unternehmenssituation

Die Gewinn- und Verlustrechnung bildet die ergebnisrelevante Entwicklung zahlenmäßig ab. Der Bearbeiter sollte sich daher primär hieran orientieren und anhand der weiteren Informationen die Hintergründe der Entwicklung herausarbeiten. Es empfiehlt sich, in erster Linie auf die quotale, nicht die absolute Entwicklung der Positionen zu schauen. Ein absolut steigender Materialaufwand kann durchaus gerechtfertigt sein – je nachdem, wie stark die Leistung des Unternehmens steigt. Auffälligkeiten lassen sich am besten anhand der Quotenentwicklung der wesentlichen Kostenblöcke erfassen.

Bei Sägezahn hat sich der Rohertrag um 7,1 Prozent verschlechtert. Von 2009 zu 2010 kam es zu einem sprunghaften Anstieg des Materialaufwands. Zeitgleich kam es von 2009 zu 2010 zu einem Umsatzwachstum, das sich 2011 fortsetzt. Die rückläufige Entwicklung des Rohertrags trägt dazu bei, dass sich das Unternehmensergebnis seit 2008 stetig verschlechtert hat. Der Bewerber sollte mögliche Einflussfaktoren auf die Materialquote nennen.

Zu den Einflussfaktoren zählen insbesondere Verschiebungen im Produktmix zugunsten von Produkten mit einer hohen Materialeinsatzquote, konstante bzw. sogar sinkende Verkaufspreise oder alternativ steigende Nachlässe auf Listenverkaufspreise, bei zeitgleich steigenden Umsätzen. Alternativ könnten auch steigende Ausschussquoten in der Produktion zu einer Zunahme des Materialaufwands führen. Neben dem Aufwand für Material stieg ebenfalls der für Fremddienstleistungen. Die Problematik bei Materialaufwand und Fremddienstleistungen wird durch drei Indizien bestätigt:

- Steigende Umsätze sind in der Regel durch Produkt-Innovationen, geografische Markterschließung oder Verdrängungswettbewerb zu erzielen. Die Kombination aus steigenden Umsätzen und Materialkosten könnte bedeuten, dass Produkte in den Krisenjahren 2009 bis 2011 nur mittels Preiszugeständnissen vertrieben werden konnten.
- Ferner geht aus der Prozessanalyse hervor, dass die Organisation sehr komplex und fragmentiert ist. Dies führt zu Ineffizienzen, die einen steigenden Bedarf an Fremddienstleistungen plausibel begründen lassen.
- Abschließend zeigte die Prozessanalyse erhebliche strategische Mängel im Einkauf auf, die zu der Hypothese führen, dass für Kaufteile (im Vergleich zum Wettbewerb) überhöhte Einkaufspreise bezahlt werden.

„Unterhalb" des Rohertrags bestätigt sich die These der komplexen Organisation. Der Personalaufwand ist aktuell acht Prozentpunkte höher als im Rekordjahr 2008. Zwar wurden 2009 Maßnahmen zur Reduktion des Personalaufwands ergriffen, jedoch wurden diese 2011 wieder zurückgedreht. Im Oktober 2011 hat der Personalaufwand schon nahezu das Gesamtjahresniveau aus 2010 erreicht.

Maßnahmen

Aus den Erkenntnissen über die Ursachen der aktuellen Ertragslage sollte der Bewerber Ansatzpunkte zur Steigerung des Ergebnisses ableiten. Des Weiteren sollte er Vorschläge zur Beendigung des akuten Cash Drains präsentieren.

Zur Quantifizierung des Handlungsbedarfes ist es hilfreich, sich an der branchenüblichen Rendite von fünf Prozent zu orientieren. Unter Berücksichtigung des aktuellen Umsatzes sowie der gegenwärtigen Ergebnislage leitet sich ein notwendiger Maßnahmenhebel von 7,5 Millionen Euro ab.

Maßnahmen zur Liquiditätssicherung

Hier ist Kreativität gefragt. Welche Hebel bieten sich einem Unternehmen, um einen akuten Barmittelabfluss zu verlangsamen bzw. umzukehren? Ansatzpunkte könnten sein:

- Ausreizen der Zahlungsziele bei Kreditoren
- Neuverhandlung der Zahlungsziele und gegebenenfalls Anzahlungsstrukturen bei Debitoren

- sofortiger Ausgabenstopp: Ausgaben werden nur noch durch Bereichsleiter oder Geschäftsführung freigegeben, und nur dann, wenn sie unbedingt erforderlich sind für die Fertigstellung bzw. Auslieferung der Endprodukte
- unmittelbare Beendigung von befristeten Verträgen
- sofortige Rückgabe von Leasing-Kräften
- Einführung von Factoring
- Überstunden werden nicht mehr ausbezahlt
- soweit möglich Vorratsabbau und Abverkaufsaktionen
- Verkauf von nicht betriebsnotwendigem Vermögen

Maßnahmen zur Renditeverbesserung

a) Portfoliobereinigung

Wie die Profitabilitätsanalyse ergab, ist die Sägezahn GmbH in ihren beiden Produktsparten defizitär. In einem ersten Schritt wäre die detaillierte Betrachtung der beiden Sparten auf Produktebene erforderlich. Aufbauend auf der Analyse muss das Produktportfolio signifikant reduziert werden, um durch Streichung von Produktvarianten die Gesamtkomplexität zu verringern und Verlustbringer schnellstmöglich abzukündigen.

b) Einkauf

Steigende externe Kosten und mögliche Sourcing-Nachteile durch ineffiziente Beschaffungsstrategien wurden als wesentliche Ursachen für die Ertragslage identifiziert. Der Materialaufwand beträgt year-to-date 30,8 Millionen Euro. Hinzu kommen Aufwände für Fremddienstleistungen in Höhe von 6,3 Millionen Euro, die ebenfalls im Verantwortungsbereich des Einkaufs liegen (sollten). Das Einkaufsvolumen an externen Kosten beläuft sich also im Betrachtungszeitraum insgesamt auf 37,1 Millionen Euro oder 53,3 Prozent der Gesamtleistung. Einkaufsseitige Maßnahmen zur Senkung der externen Kosten sind insbesondere Nachverhandlungen bestehender Lieferantenverträge, Bündelungen von Einkaufsvolumina oder die regionale Ausweitung von Sourcing-Aktivitäten. Durch alle drei Maßnahmen können Preiseffekte erzielt werden.

Der Bewerber sollte den beeinflussbaren Teil des Einkaufvolumens bestimmen und die realisierbare Einsparung quantifizieren. Der nicht beeinflussbare Teil kann z. B. durch von Kundenseite vorgegebene Lieferanten festgelegt sein. Bei Sägezahn kann von einem nicht beeinflussbaren Anteil von 20 Prozent ausgegangen werden. Im Umkehrschluss bedeutet dies also ein beeinflussbares Einkaufsvolumen von 80 Prozent. Ein konservatives Ziel für Einsparungen wäre ein Verhandlungserfolg von drei Prozent auf das beinflussbare Einkaufvolumen. Dadurch entsteht ein Einspareffekt von rund 0,89 Millionen Euro (37,1 Millionen Euro externe Kosten × 0,8 Prozent × 0,03).

c) Ausbau Ersatzteil- und Service-Geschäft

Das Ersatzteilgeschäft leistet mit einer Rohertragsquote von 65,5 Prozent und einer EBIT-Marge von 31,8 Prozent als einzige Produktgruppe einen positiven Beitrag. Um das Geschäft umfangreich auszuweiten, müssen eventuell Kapazitäten erweitert werden. Der Bearbeiter kann vereinfachend davon ausgehen, dass eine Steigerung des Ersatzteilumsatzes um 20 Prozent ohne weitere Investitionen möglich ist, indem der Vertrieb und technische Service den Abschluss von Ersatzteilgeschäften forcieren. Der zusätzliche Rohertrag von 1,02 Millionen Euro fließt damit vollumfänglich dem Ergebnis zu (7,8 Millionen Euro Umsatz × 65,5 Prozent × 0,2).

d) Effizienzsteigerung

Gegenüber dem Spitzenjahr 2008 ist die Produktivität der Mitarbeiter um 33 Prozent zurückgegangen - gemessen am erwirtschafteten Rohertrag 1 je eingesetztem Euro Personalaufwand. Ansatzpunkte zur Schließung dieser Produktivitätslücke sind entweder eine Umsatzsteigerung mit gleicher Belegschaft oder gleichbleibender Umsatz bei kleinerer Belegschaft. Der Bearbeiter sollte an dieser Stelle die in der Ursachenanalyse geäußerte Vermutung zur Qualität der Verkaufspreise aufgreifen, denn Umsatz entspricht dem Produkt aus Menge und Preis. Entsprechend muss der Bearbeiter eine Annahme treffen, inwieweit der Rohertragsverlust von 2008 auf 2011 auf den Verdrängungswettbewerb zurückzuführen ist. Vereinfachend kann ein Effekt in Höhe von fünf Prozent angenommen werden.

Eine Produktivitätssteigerung setzt in jedem der beiden Fälle zwingend eine Anpassung der internen Prozesse voraus, um die Effizienzsteigerung nachhaltig realisieren zu können. Da der Marktausblick für die kurz- und mittelfristige Zukunft getrübt ist, ist hier die Anpassung der Belegschaft an den zurzeit erzielbaren Umsatz erforderlich. Die Größenordnung des Effizienzpotenzials kann nur eine erste Indikation sein. Anhand welcher Prozessverbesserungen welche konkreten Effekte erzielt werden können, muss durch eine ausführliche Prüfung der Unternehmensstrukturen und -abläufe detailliert erarbeitet werden. Ein daraus resultierender Personalabbau kann wie folgt skizziert werden:

1. Ist-Rohertrag (Okt. 2011) je Personalkosten: 1,37 Millionen
2. Ist-Rohertrag (korrigiert) je Personalkosten: 1,44 Millionen
3. Benchmark Rohertrag (2008) je Personalkosten: 2,05 Millionen
4. Ist-Personalkosten (Okt. 2011): 23,83 Millionen
5. Benchmark-Personalkosten: 16,7 Millionen (korrigierter Rohertrag ÷ 2,05)
6. Annahme durchschnittliche Personalkosten pro Mitarbeiter: 0,06 Millionen
7. Ist: 397 Mitarbeiter, Ziel: 279 Mitarbeiter
8. Annahme durchschnittliche Abfindungskosten je Mitarbeiter: 0,02 Millionen
9. einmalige, gegenläufige Abfindungskosten: 2,36 Millionen

Die Differenz zwischen dem aktuellen und dem Ziel-Personalbestand entspricht der korrigierten Produktivitätslücke von 30 Prozent. Zur Sicherheit kann man annehmen, dass die Umsetzung der Prozessverbesserungen nicht sofort greifen werden, sodass man einen Sicherheitsabschlag in Höhe von 30 Prozent anwendet. Entsprechend liegt der Effekt der Maßnahme bei 4,96 Millionen Euro. Dem entgegen stehen einmalige Aufwendungen für Abfindungen in Höhe von 2,36 Millionen Euro, die 2011 zurückgestellt werden.

e) Pricing

Preisgestaltung ist der effektivste Ertragshebel. Bei gleichbleibenden Umsatzwerten bedeutet ein Prozent Preiserhöhung sofort ein Prozent höheren Umsatz, der unmittelbar ins Ergebnis fließt. Pricing ist damit ein mächtiger, wenn auch oft vernachlässigter Ansatzpunkt zur Ertragssteigerung. Daher ist der Vertrieb zu schulen, dass er nicht mehr über das Argument des Anschaffungspreises verkauft, sondern mittels einer ganzheitlichen Betrachtung der Maschine und ihres Nutzens für den Käufer. Hierzu sollen Return-on-Investment-Tools oder auch Total-Cost-of-Ownership-Kalkulationen für den Vertrieb erstellt werden, damit dieser in seinen Verkaufsverhandlungen die Preisqualität steigern kann. Legt man eine Steigerung der Verkaufspreise um zwei Prozent zugrunde, entspricht dies einem Umsatz- und Ergebniseffekt von 1,3 Millionen Euro (65,29 Millionen Euro Umsatz per Oktober 2011 × 0,02).

Zusammenfassung der Ergebnishebel

Die Ertragssteigerung beträgt insgesamt 8,2 Millionen Euro. Die Vorgabe, eine marktübliche Rendite zu erreichen, wird mit den dargestellten Maßnahmen übertroffen. In einem realen Fall ist jede der genannten Maßnahmen einer tieferen Plausibilisierung zu unterziehen. Im Hinblick auf die knappe Bearbeitungszeit gilt es, den Fokus auf die Erreichung der Zielrendite zu legen und sich nicht zu verzetteln.

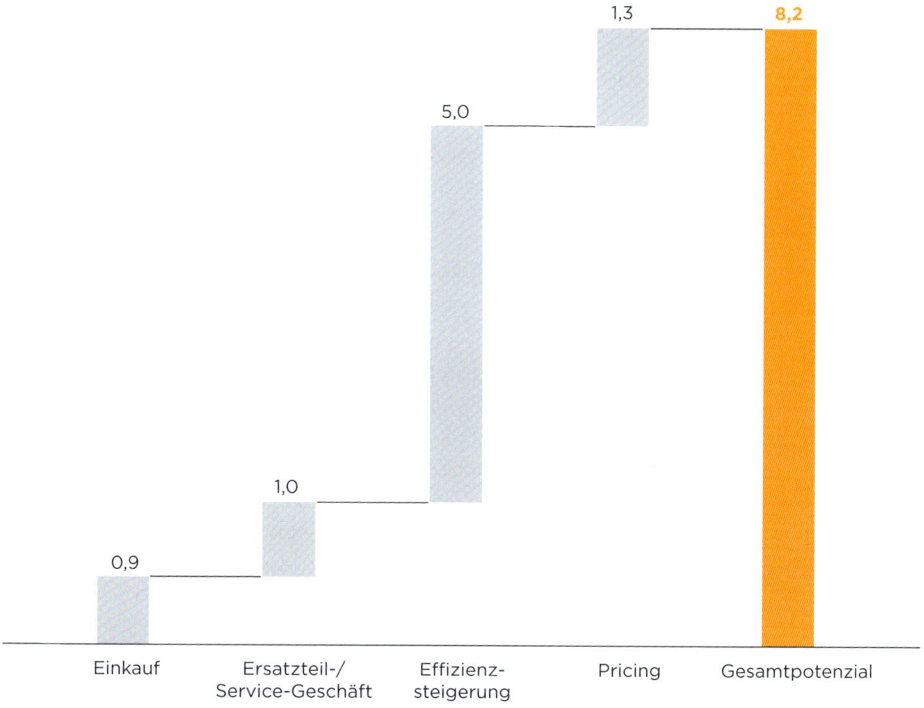

Zusammensetzung des Gesamtpotenzials (Angaben in Millionen Euro)

Imbissbude im Frankfurter Bankenviertel

von Dr. Fabian Gleisner

Vorbemerkung

In der nachfolgenden Case Study wird der Bewerber mit einem einfachen Geschäftsmodell, einem Currywurst-Imbiss, konfrontiert und soll dieses in seinen Grundzügen verstehen, strukturieren und bewerten. Diese Art von Case Study wird, in unterschiedlichen Variationen, gerne in Bewerbungsgesprächen genutzt, um ein betriebswirtschaftliches Grundverständnis des Kandidaten zu prüfen.

Alternative, in der Praxis genutzte Varianten sind unter anderem: „Ist der Buchladen um die Ecke profitabel?“, „Macht es Sinn, sich mit einem Handelsgeschäft für Perlenschmuck selbstständig zu machen?“, oder „Was verdient der Friseur am Frankfurter Flughafen?“ Für die Interview-Vorbereitung kann es also hilfreich sein, sich in einer ähnlichen Logik mit anderen Geschäftsmodellen auseinanderzusetzen.

Ausgangssituation und Aufgabenstellung

Der folgende Case ist aus dem Leben gegriffen: Ein Investmentbanker verliert in der Finanzkrise seinen Job und gründet mitten im Frankfurter Bankenviertel eine Currywurstbude. Der Standort scheint gut gewählt, denn neben mehreren Banktürmen liegt auch die Messe in der Nähe des Imbisswagens. Zusätzlich zu den Bankern kommen immer wieder auch Messebesucher als potenzielle Kunden infrage, die auf dem Fußweg zwischen Hauptbahnhof und Messe etwas essen möchten.

Die Grundlogik des eher unkonventionellen Karriereschritts des Ex-Bankers ist schnell nachvollzogen: Zwischen den Bankentürmen mit ihren „Schickimicki-Bistros“ fehlt noch eine anständige Wurstbude. Aber wie gut ist die Idee wirklich?

Aufgabenstellung

- Wie bewertet man grundsätzlich ein Unternehmen, welche alternativen Möglichkeiten gibt es, und für welche Methode würden Sie sich in diesem Beispiel entscheiden? Bitte stellen Sie am Flipchart eine kompakte Übersicht über verschiedene, Ihnen bekannte Bewertungsverfahren dar, einschließlich der jeweiligen Vor- und Nachteile.
- Was ist der Imbiss wert, wenn Sie auf der Suche nach einer guten Geschäftsidee sind und überlegen, den Imbiss zu kaufen? Bitte stellen Sie eine indikative Bewertung auf.

HINWEIS: Für die erste Frage sollte der Bewerber idealerweise das nötige Hintergrundwissen parat haben. Die Unternehmensbewertung ist eine Wissenschaft für sich und wird im Detail schnell komplex – hier soll jedoch nur ein kompakter Überblick vermittelt werden. Selbstverständlich darf der Bewerber sich einen Augenblick Zeit nehmen, um sich vorzubereiten. Sollte der Bewerber mit der Unternehmensbewertung noch nicht vertraut sein, dann wird der Interview-Partner die unterschiedlichen Ansätze in einem Dialog gemeinsam mit dem Bewerber entwickeln.

Um die zweite Frage zu beantworten, gilt es, die für die Abschätzung notwendigen Informationen für sich zu strukturieren und diese dann systematisch zu erfragen bzw. abzuschätzen. Hierzu ein Tipp: Wie für andere Case-Situationen auch, sollte der Bewerber sich das Leben so einfach wie möglich machen durch vereinfachende Annahmen, glatte Zahlen etc.

Lösungsweg

Frage 1: Verfahren zur Unternehmensbewertung

Für die Bewertung eines Unternehmens gibt es mehrere Verfahren, die gängigsten sind:

1) Substanzwertorientierte Verfahren

- Substanzwertverfahren: Der Wert des Unternehmens ermittelt sich aus der vorhandenen Substanz (Marktwert der Maschinen, Gebäude etc.).
- Liquidationswertverfahren: Wert der Substanz unter der Prämisse, dass das Unternehmen liquidiert wird (Liquidationswert der Maschinen, Gebäude etc.).

Grundlage für das Substanzwertverfahren ist der aktuelle Marktwert der Unternehmensgegenstände – also der Betrag, der erforderlich ist, um das Unternehmen auf der grünen Wiese wieder zu errichten (Reproduktionswert). Vom ermittelten Substanzwert werden die (betriebsnotwendigen) Verbindlichkeiten abgezogen. In der Praxis spielt das Substanzwertverfahren kaum eine Rolle, da es lediglich das zu investierende Kapital für eine Neuerrichtung des Unternehmens betrachtet. Die Zukunftsperspektiven des Unternehmens bleiben ebenso unberücksichtigt wie z. B. die Qualität des Personals, der Stand der Technologie, der Kundenstamm etc. Fazit: Für die Imbissbewertung nicht ideal, da die Zukunftsperspektive mit berücksichtigt werden soll.

Der Liquidationswert ist der Erlös, der durch Auflösung des Unternehmens und Veräußerung aller Vermögensgegenstände (Bewertung zu voraussichtlichen Veräußerungspreisen) erzielt werden kann. Der nach Abzug von Verbindlichkeiten verbleibende Wert muss zudem noch durch die Kosten der Liquidation (z. B. Sozialplanverpflichtungen) gemindert werden. Der Liquidationswert ist fast immer die absolute Untergrenze der Unternehmensbewertung und hat eher in Sanierungsfällen Bedeutung. Fazit: Für die Imbissbewertung nicht geeignet, da eine Liquidation nicht gefragt ist.

2) Marktwertorientierte Verfahren

Bei Multiple-Verfahren/Comparable Company Analysis wird der Unternehmenswert auf Basis der (Börsen-)Bewertung bzw. aus Transaktionen vergleichbarer Unternehmen abgeschätzt; Multiples der Vergleichsunternehmen werden aus Kennzahlen (z. B. EBITDA) berechnet.

Marktwertorientierte Bewertungsverfahren werden häufig auch als „Praktikerverfahren" bezeichnet, weil sie relativ leicht handhabbar und intuitiv nachvollziehbar sind. Die Nachteile sind die oftmals angreifbare Vergleichbarkeit der Vergleichsunternehmen und der Vergangenheits- und Stichtagsbezug der Multiplikatoren. Zudem sind die Verfahren für klein- und mittelständische Unternehmen, die über ein hohes Maß an Individualität verfügen, eher nicht geeignet. Fazit: Für die Imbissbewertung nicht anwendbar.

3) Ertragswertorientierte Verfahren

Der Unternehmenswert ergibt sich aus den zukünftigen Erfolgen des Unternehmens durch die Diskontierung zukünftiger Gewinne bzw. zukünftiger Zahlungsüberschüsse (Discounted Cashflow/DCF).

Ertragswertorientierte Verfahren stellen auf die (voraussichtliche) zukünftige unternehmerische Entwicklung ab und sind die gängigsten Verfahren zur Ermittlung des Unternehmenswertes. Der Unternehmenswert entspricht dem Barwert, der sich aus der Diskontierung künftiger Gewinne auf den Bewertungsstichtag ergibt. Die Herausforderung hierbei ist die Prognose der künftigen Gewinne sowie des für die Diskontierung herangezogenen Zins- und Risikozuschlags.

Eine Variante des Ertragswertverfahrens ist die Discounted-Cashflow-(DCF-)Methode, bei der nicht die zukünftigen Gewinne, sondern die zukünftigen Cashflows betrachtet werden. Die Wahl der Cashflow-Größe und des Diskontierungszinssatzes hängen bei den DCF-Methoden zusammen (u. a. Brutto-/Netto-Methode). Vorteil der DCF-Methode ist, dass die betrachtete Größe „Cashflow" international anerkannt, gebräuchlich und auch über die einzelnen länderspezifischen Jahresabschlussverfahren hinweg vergleichbar ist. Fazit: Im Ergebnis werden ertragswertorientierte Verfahren, und speziell das DCF-Verfahren, als am besten geeignet für die Imbissbewertung eingeschätzt.

Eine Darstellung am Flipchart kann wie folgt aussehen:

		Vorteile	Nachteile
Substanzwert-orientierte Verfahren	**Substanzwert**	• relativ einfache Ermittlung des Ergebnisses	• Zukunftsperspektiven unberücksichtigt
	Liquiditionswert	• relativ einfache Ermittlung des Ergebnisses	• praktisch nur in Sanierungsfällen von Bedeutung
Marktwertorientierte Verfahren	**Marktwertorientierte Verfahren**	• „Praktikerverfahren", einfach anzuwenden • „Faustformel"	• für KMU eher nicht geeignet bzw. oftmals nicht anwendbar mangels Vergleichsunternehmen
Ertragswertorientierte Verfahren	**Ertragswert**	• verbreitet und akzeptiert • Beurteilung der Zukunft (Gewinne)	• Prognose der Gewinne • adäquater Risikozuschlag zum Zins
	Discounted Cashflow (DCF)	• verbreitet und akzeptiert • Beurteilung der Zukunft • Cashflow weniger anfällig für Bilanzpolitik	• notwendige Datenbasis (Plan-Kapitalflussrechnung)

Übersicht der Bewertungsverfahren

Frage 2: Bewertung des Imbiss

Für die Imbissbewertung mit dem DCF-Verfahren ist in zwei Schritten vorzugehen. Im ersten Schritt sind die Cashflows des Imbisses abzuschätzen, im zweiten Schritt sind diese abzudiskontieren. Hierbei ist es für eine erste Grob-Indikation in Ordnung, wenn vereinfachende Annahmen getroffen werden.

Die Cashflows sind die zahlungswirksamen Erträge und Aufwendungen. Diese sind zu strukturieren und dann in ihrer Größe abzuschätzen bzw. beim Interview-Partner zu erfragen.

Erträge umfassen den Umsatz mit Currywürsten, Pommes Frites und Getränken. Der Umsatz setzt sich zusammen aus der Anzahl der Kunden (Menge) und deren durchschnittlicher Bestellung (Preis).

Angenommen, es gibt zehn Bürogebäude im Einzugsgebiet, in jedem arbeiten 250 Banker. Von den insgesamt 2.500 Bankern essen 80 Prozent Currywurst, das entspricht 2.000 potenziellen Kunden pro Jahr. Wenn jeder Banker etwa alle zwei Wochen den Imbiss frequentiert, entspricht das rund 25 Imbissbesuchen im Jahr bzw. in Summe 50.000 Kunden jährlich.

Zusätzlich sind die Messebesucher zu berücksichtigen. Wie eingangs angedeutet, verirrt sich immer wieder ein Messebesucher auf dem Fußweg zwischen Bahnhof und Messe zum Imbiss. Angenommen, einer von 100 Frankfurter Messebesuchern nutzt den Imbiss, dann macht das bei rund 1,5 Millionen Messegästen im Jahr weitere 15.000 Kunden.

Wenn jeder Kunde für eine Currywurst, eine Portion Pommes Frites und ein Getränk fünf Euro ausgibt, ergeben sich daraus in Summe jährliche Einzahlungen von 325.000 Euro (65.000 Kunden x 5 Euro je Bestellung).

Bei den Aufwendungen sind insbesondere folgende zu berücksichtigen:

- Kosten der verkauften Waren (Würste, Brötchen, Pommes Frites, Getränke, Servietten, Schälchen und Plastikbesteck, Ketchup, Currypulver etc.)
- laufende Kosten des Imbisses (Strom, Wasser, Öl für die Fritteuse, Versicherung etc.)
- Miete/Pacht für Imbiss-Wagen und Stellplatz
- Personalkosten
- Steuern

Die Kosten der verkauften Ware können vereinfacht und pauschal auf 40 Prozent des Umsatzes geschätzt werden, woraus jährlich 130.000 Euro an Aufwendungen resultieren.

Die laufenden Kosten des Imbisses können mit 1.000 Euro im Monat oder 12.000 Euro im Jahr berücksichtigt werden.

Die Mieten für den Imbisswagen und den Stellplatz in der Frankfurter Innenstadt werden mit 5.000 Euro im Monat bzw. 60.000 Euro im Jahr berücksichtigt.

Personalkosten belaufen sich (bei einem angemessenen Stundenlohn, einschließlich Nebenkosten) auf 20 Euro die Stunde. Bei 50 Wochen im Jahr, sechs Tagen die Woche und acht Stunden pro Tag ergeben sich 48.000 Euro an Personalkosten.

In der Summe ergeben sich Auszahlungen von 250.000 Euro im Jahr (130.000 + 12.000 + 60.000 + 48.000). Saldiert mit den Einzahlungen von jährlich 325.000 Euro ergibt sich ein Cashflow vor Steuern von 75.000 Euro im Jahr.

Angenommen, Umsatz-, Einkommens- und Gewerbesteuer machen davon pauschal 50 Prozent aus, verbleibt ein Cashflow nach Steuern von 37.500 Euro.

Für die Diskontierung im zweiten Schritt ist es zur Vereinfachung durchaus zu vertreten, den Cashflow für ein Jahr abzuschätzen und den als „ewige Rente“ fortzuschreiben. Dahinter steht die Annahme, dass das Geschäft nicht wächst und ewig weiterläuft. Dann kann vereinfacht der für ein Jahr berechnete Cashflow durch den Kalkulationszinssatz dividiert werden, um den Unternehmenswert zu erhalten. Sollte der Bewerber nicht von sich aus darauf kommen, wird der Interview-Partner entsprechende Hinweise geben.

Der Kalkulationszinssatz besteht aus einem risikolosen Basis-Zinssatz und einem Risikozuschlag. Hier kann auf den derzeit sehr geringen Zinssatz für sichere Geldanlagen (zehnjährige deutsche Staatsanleihen) ein deutlicher Risikozuschlag aufgeschlagen werden, sodass insgesamt ein Kalkulationszinssatz von z. B. zehn Prozent angemessen erscheint.

Auf Basis des geschätzten jährlichen Cashflows nach Steuern von 37.500 Euro ergibt sich somit ein Wert des Imbisses von 375.000 Euro (37.500 ÷ 10 Prozent).

Lösungsskizze

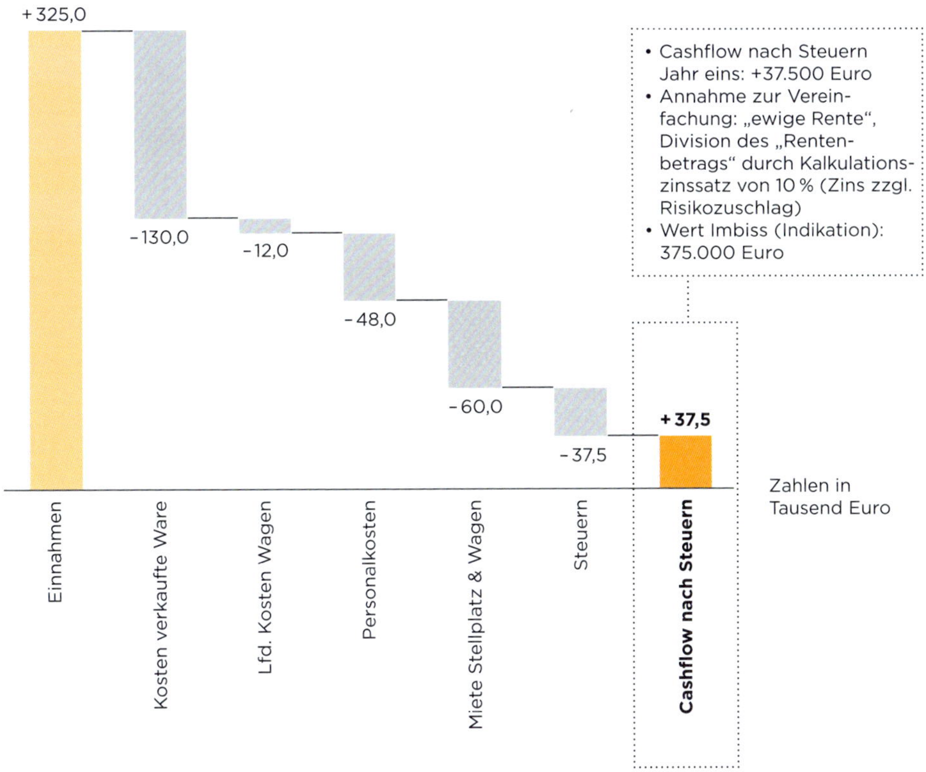

Implementierung und Messung einer viralen Marketingstrategie

von Michael Waltinger

Ausgangssituation

Interviewer: Unser Kunde betreibt einen Onlineshop, der sich auf den Verkauf von englischsprachiger Fachliteratur und Belletristik spezialisiert hat. Er möchte dessen Performance gern verbessern. Neben den großen bekannten Anbietern, die eine dominierende Stellung am Markt innehaben, positioniert sich der Onlineshop gemäß Porter in der Nische. Der Kunde möchte von Ihnen konkrete Empfehlungen, wie er das genannte Ziel erreichen kann.

Bewerber: Dem Wunsch nach einer verbesserten Performance kann durchaus Folge geleistet werden, er bedarf aber als Sachziel eines erhöhten Konkretisierungsgrades. Können Sie mir nähere Auskünfte zur angesprochenen Positionierung des Shops sowie zu den Alleinstellungsmerkmalen geben?

Interviewer: Alleinstellungsmerkmale sind vor allem:

- eine Community mit Geodaten, welche die Profile (v. a. Verknüpfungen zu Freunden) und Literaturinteressen in einer Netzwerkübersicht plastisch sehr gut darstellt,
- eine stets kostenfreie Lieferung,
- das Führen von schwer erhältlichen Publikationen,
- eine erstklassige Recommendation-Engine (sprich eine Software, die auf Basis bereits getätigter Transaktionen weitere Transaktionsmöglichkeiten aufzeigt, die für den Kunden potenziell interessant sein könnten),
- und ein ansprechendes Design der Seite und vieler Web-2.0-Funktionen wie persönliche Empfehlungen, Kommentarfunktionen, Wunschlisten und ausführliche Rezensionen.

Um Lagerkosten zu sparen und sich nicht mit Umschlagshäufigkeiten auseinandersetzen zu müssen, läuft der Vertrieb „on demand", d. h. ein Produkt wird nur dann von dem Onlineshop selbst bestellt bzw. zum Druck in Auftrag gegeben, wenn auch tatsächlich eine Kundenorder vorliegt. Das führt teilweise zu etwas längeren Lieferzeiten. Das nehmen die Kunden aufgrund der guten Vernetzung innerhalb der Community und der Vorteile der anderen angebotenen Merkmale jedoch gern in Kauf.

Damit baut der Onlineshop also nicht auf wenige erfolgreiche Titel, sondern auf Long-Tail-Effekte. Ziel ist es also, mit weniger gängigen Produkten Umsatz zu generieren. Online wird dies möglich, da eine Vorhaltung von Regalplätzen nicht nötig ist. Offline ist dies aufgrund hoher Lagerhaltungskosten nicht möglich. Das Gegenstück zum Long-Tail-Ansatz ist die klassische Strategie, meist stark nachgefragte Produkte mit höchstmöglicher Lagerumschlagshäufigkeit zu verkaufen.

Welche konkrete Handlungsempfehlung würden Sie dem Kunden auf der Basis dieses Hintergrundwissens geben?

Lösungsweg

Bewerber: Das Ziel „Performance steigern" muss messbar sein und sich auf einen konkreten Rahmen beziehen. So können beispielsweise Preis-, Produkt-, Distributions- oder Kommunikationspolitik im Zentrum des Interesses stehen. Aber auch in der jeweiligen Kategorie muss der Fokus nochmals geschärft werden. Ich bräuchte vom Kunden weitere Informationen zu der von ihm angedachten Zielsetzung.

Interviewer: Der CEO und Gründer der Plattform ist mit der Preisgestaltung seiner Produkte zufrieden und sieht durch die Buchpreisbindung hier – außer bei Gebrauchtware – auch keinen Handlungsspielraum. Bündelpreise sind bereits realisiert. Die Produktpolitik ist durch den Fokus auf die Nische ebenfalls strategisch vorgegeben, ebenso der Distributionsweg.

Bewerber: Ich habe herausgehört, dass der Kunde, basierend auf dem Ausschlussprinzip und den 4 Ps, das Ziel einer verbesserten Performance zunächst durch eine bessere Kommunikationsstrategie erreichen möchten? Habe ich Sie hier richtig verstanden?

Interviewer: Das ist richtig. Das Unternehmen ist allerdings ein Start-up, was bedeutet, dass die Firma lediglich begrenzte Mittel zur Zielerreichung zur Verfügung hat. Die Haupteinnahmequellen sind derzeit der Absatz der Bücher sowie die kontextsensitive Werbung (Video-Ads, Bannerschaltung und Affiliate Commerce, d. h. Umsatzbeteiligung für Transaktionen, die durch Verlinkung zustande gekommen sind). Eigentlich ist der Kunde für den Anfang ganz zufrieden. Der Grund für die ausbaufähigen Um- und Absätze liegt allerdings im mangelnden Bekanntheitsgrad der Plattform und den folglich noch zu wenigen Kunden sowie zu wenigen Klicks bei der kontextsensitiven Werbung. Daher hat der Kunde auch noch kein Geld, um im Bereich des klassischen Kommunikationsmixes (TV, Print, Radio) zu investieren. Er ist im Internet jedoch schon auf kleine Filme gestoßen, die sich wohl epidemisch weiterverbreiten. Auch von Kollegen hat er schon vom Erfolg solcher Spots gehört. Nun fragt er Sie, ob dies nicht eine kostengünstige Lösung seines Kommunikationsproblems sein könnte und inwiefern er dies möglicherweise für sich einsetzen könnte.

Bewerber: Der Kunde zielt also wohl auf virales Marketing ab, eine im Vergleich zu klassischen Medien kostengünstigere Ausweichstrategie. Der Launch einer viralen Kampagne ist natürlich grundlegend und mit den finanziellen Ressourcen des Start-ups auch machbar. Die Basis einer solchen Kampagne ist jedoch die Formulierung klarer Ziele sowie die eindeutige Identifikation einer Zielgruppe. Darauf basiert dann, wie im klassischen Marketingmix auch, die Ausgestaltung der Kampagne.

Durch den mangelnden Bekanntheitsgrad der Plattform würde ich als Primärziel die Erhöhung der Markenbekanntheit des Onlineshops ansetzen. Sekundärziele können die Steigerung der Abverkäufe sowie eine Erhöhung der Klicks im Bereich der kontextsensitiven Werbung sein. Durch die höhere Markenbekanntheit steigt die Chance, dass mehr User auf die Plattform gezogen werden. Dadurch erhöhen sich die Page Impressions, was einen höheren Preis zur Folge hat, den man für Werbung verlangen kann. Auch die Produktverkäufe können sich potenziell steigern.

Der Kunde sollte allerdings auf eine inhaltliche und formale Integration der viralen Kampagne in den restlichen Kommunikationsmix des Unternehmens achten. Eine wertvolle Idee und eine gut umgesetzte virale Kampagne tragen wenig zur kommunikativen Zielerreichung bei, wenn entweder die Botschaft nicht verstanden wird, die Kampagne nicht zur restlichen visuellen und inhaltlichen Kommunikation des Unternehmens passt oder der Kommunikator nicht als solcher erkennbar wird.

Interviewer: Wie kann der Kunde sicherstellen, dass seine virale Kampagne so erfolgreich wie möglich wird? Was genau gilt es zu beachten?

Bewerber: Eine virale Kampagne ist von einigen Erfolgsfaktoren abhängig und kann über diese auch gesteuert werden. Ich denke hierbei vor allem an ein adäquates Kampagnengut, sprich den Inhalt der Kampagne als solchen sowie das technische Medium der Umsetzung. Dies kann z. B. ein MPEG- oder Flash-Film, aber auch eine HTML-Seite sein. Weitere Faktoren sind die richtigen Rahmenbedingungen, ausreichende Weiterempfehlungsanreize sowie ein wirkungsvolles Streuen (Seeding) des Kampagnengutes.

Interviewer: Gehen Sie nochmals genauer auf die genannten Erfolgsfaktoren ein und darauf, wie eine Strategie für virales Marketing konkret aussehen könnte.

Bewerber: Die richtigen Rahmenbedingungen setzen sich zunächst aus einem Kampagnengut zusammen, das unterhaltend sein soll, inhaltlich neu ist oder sich zumindest von bestehenden Kampagnen absetzt. Es muss inhaltlich zur Weiterverbreitung anregen und einen wahrnehmbaren Nutzen stiften.

Darüber hinaus hatte ich die Bedeutung der richtigen Rahmenbedingungen betont. Hier sollte der Kunde insbesondere darauf achten, ausreichende Server-Kapazitäten und eine stetige Verfügbarkeit des Kampagnenguts zu gewährleisten. Ansonsten besteht die Gefahr, dass Flaschenhälse entstehen, die die Verbreitung des viralen Guts unterbinden oder verlangsamen können.

Weiterhin ist der Inhalt der Kampagne so zu gestalten, dass er einfach weiterverbreitet werden kann. Insbesondere sollte man komplizierte und wenig gängige technische Formate vermeiden. Auch darf der Erhalt oder die Weiterverbreitung des Kampagnengutes keine direkten Kosten für den Empfänger oder den Empfehlenden verursachen.

Der Kunde sollten dem Empfänger des Kampagnenguts ausreichend Anreize schaffen, seine virale Verbreitung aktiv voranzutreiben. Das kann geschehen, indem Bonuspunkte oder Gutscheine vergeben werden, die wiederum im Onlineshop eingelöst werden können.

Der Vorteil für das Unternehmen liegt hier klar auf der Hand: Das Geld bleibt im Unternehmen, und es werden über die Ausgabe der Bonuspunkte oder Gutscheine gleichzeitig Neukunden generiert. Darüber hinaus könnte der Shop-Betreiber als Belohnung für eine bestimmte Zahl von erfolgreichen Weiterleitungen des Kampagnengutes Premium-Funktionen der Plattform zeitlich begrenzt freischalten.

Zu guter Letzt, und dies ist einer der wichtigsten Punkte, muss der Kunde ein wirkungsvolles Seeding gewährleisten. Die Erststreuung des Kampagnenguts soll zielgruppenspezifisch gestalten werden, wobei darauf zu achten ist, dass anfangs möglichst viele Meinungsführer und Multiplikatoren erreicht werden (beispielsweise wichtige Blogger, hoch frequentierte Communities oder Portale, exklusive Mail-Verteiler), die die Message wiederum kostenfrei und effektiv weiterverbreiten.

Interviewer: Sehr gut. Sie haben eingangs davon gesprochen, dass die Messbarkeit der Ziele von Bedeutung sei. Wie kann man sich diese in Bezug auf die virale Kampagne vorstellen?

Bewerber: Dem Kunden liegt mittels der Server-Logfiles bereits ein kostengünstiges und hochwertiges quantitatives Instrument zur Auswertung vor. Damit können die Besuche und Downloads nachvollzogen werden. Kennzahlen sind Seitenaufrufe, erfolgte Klicks sowie erfolgreiche oder begonnene Downloads.

Da der Kunde den Wunsch nach einer filmischen Umsetzung des Kampagnenguts erwähnt hat, bietet sich zusätzlich ein sogenanntes Online Video Tracking an. Nicht wahrnehmbar in das Video eingebaut und losgelöst von der Internetseite, auf der der Film zum Download stand, kann im Anschluss an einen Download der Entwicklungszyklus und die Response-Rate des Films nachvollzogen werden, also die erfolgten Klicks im oder auf den Film, die auf die Website des Onlineshops führen.

Zusätzlich sollte die quantitative Auswertung zur Erhöhung der Aussagekraft um eine qualitative Auswertung des Kampagnenerfolgs ergänzt werden. Die Erhebung des Net Promoter Score (NPS) wäre ein verhältnismäßig leicht und kostengünstig einzusetzendes Tool. Der NPS ist ein Index zur Messung der Weiterempfehlungswahrscheinlichkeit eines Gutes oder einer Dienstleistung und lässt sich damit auch auf die virale Kampagne anwenden. Hierbei werden Personen gebeten, auf einer Skala von null bis zehn zu bewerten, wie wahrscheinlich es ist, dass sie eine Kampagne an Freunde oder Kollegen weiterempfehlen.

Der eigentliche NPS wird damit aus der Summe der Befürworter abzüglich der Summe der Kritiker errechnet und mit Benchmarks verglichen. Liegt der errechnete Wert oberhalb der Benchmark bzw. eines bestimmten Zielwertes, so ergibt sich eine erhöhte Weiterempfehlungswahrscheinlichkeit des Bezugsobjektes. Dies kann entweder der Onlineshop selbst oder das Kampagnengut sein.

Interviewer: Sehr schön. Kommen wir zu einem anderen Aspekt: Der Onlineshop führt englischsprachige Literatur und weist damit ein internationales Absatzpotenzial auf. Kann sich der Shop auch im Rahmen seiner Internationalisierungsstrategie auf diese Kennzahl stützen, sprich, soll der NPS aus strategischer Sicht auch hier eingeführt werden?

Bewerber: Hier gilt es, die kulturellen Unterschiede hinsichtlich des Entscheidungsverhaltens zu beachten. Unterschiedliche Kulturen gehen verschieden mit der Bewertung von Ereignissen auf Skalen um. Werden solche Skalen Mitgliedern unterschiedlicher Kulturen vorgelegt, so wählen Anhänger bestimmter Kulturen nie aus den vorgegebenen Extremen, sondern ordnen sich eher moderat ein, was die Aussagekraft des NPS verzerrt. Damit sind erzielte Net Promoter Scores länderübergreifend weniger vergleichbar und haben eine unterschiedliche Aussagekraft.

Zudem sollte man beachten, dass der NPS als Index zunächst nur eine Weiterempfehlungswahrscheinlichkeit misst, nicht aber tatsächliche Weiterempfehlungen. Auch die Treiber dessen, warum etwas weiterempfohlen würde oder aber auch nicht, werden nicht miterhoben. Es handelt sich also eher um eine theoretisierte Kennzahl, die die quantitative Erhebung ergänzen kann, die das tatsächliche Verhalten misst.

Interviewer: Ihre Aussagen klingen stringent. Können Sie Ihre Empfehlung an den Kunden nochmals prägnant zusammenfassen?

Bewerber: Ich würde dem Kunden aus strategischer Sicht empfehlen, dass der NPS unter Berücksichtigung seiner liquiden Mittel durchaus als operatives Tool im Sinne einer Indikatorkennzahl genutzt werden kann, um Trends und Tendenzen zu erkennen. Er dient auch als erweiterte Kennzahl zur Messung des Erfolgs viraler Effekte.

Zur Steigerung der Effizienz muss der NPS aufgrund seiner Schwachstellen jedoch unter allen Umständen mit anderen Kennzahlen oder Kennzahlsystemen kombiniert werden, um nachhaltige Ergebnisse liefern zu können. So ist der NPS sicherlich zunächst ein geeignetes Instrument, um operativ zu arbeiten. Aufgrund der genannten Kritikpunkte ist von einem langfristigen Einsatz zur Messung der Kundenzufriedenheit bzw. viralem Marketing allerdings abzusehen – vor allem in internationalem Kontext.

Interviewer: Welche klassischen Tools wären noch denkbar, um den Erfolg zu messen?

Bewerber: Ich könnte mir langfristig klassische Tools der Marktforschung vorstellen, wie beispielsweise die Implementierung einer 360-Grad-Entscheidungsanalyse. Oder die zusätzliche Erhebung von Kennzahlen, die das tatsächliche Verhalten genauer erfassen.

Sinkende Kundenbasis eines Mobilfunkanbieters

von Mathias Bertele und Dr. Nicolas Haas

Aufgabenstellung

Interviewer: Unser Kunde ist der drittgrößte Mobilfunkanbieter in Deutschland, wie Sie beiliegendem Chart entnehmen können. Er verlor im vierten Quartal deutlich mehr Kunden als seine Konkurrenten. Trotzdem stieg der Gewinn um 20 Prozent. Bitte analysieren Sie diesen Zusammenhang.

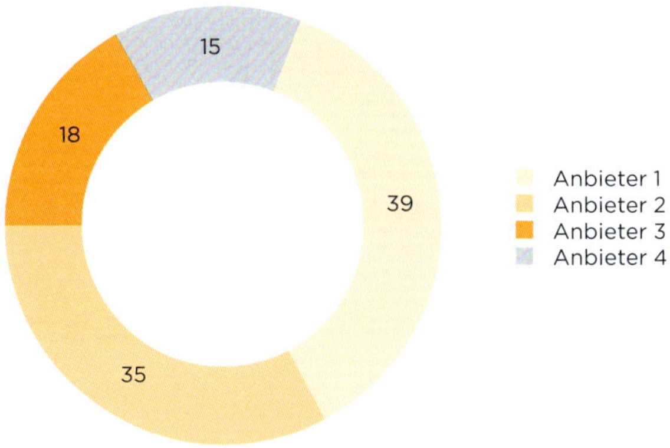

Mobilfunkmarkt (in Millionen Kunden)

Lösungsweg

Bewerber: Nur damit ich dies richtig verstanden habe: Die Anzahl der Kunden sinkt bei steigenden Gewinnen. Es gilt nun herauszufinden, warum dies so ist.

Interviewer: Genau so ist es.

Bewerber: Wie viele Kunden verlor Anbieter 3 im vierten Quartal?

Interviewer: Wie Sie dem Chart entnehmen können, hatten wir Ende des Jahres 18 Millionen Kunden. Dabei ist schon der Verlust von 2,5 Prozent bzw. 450.000 Kunden mitberücksichtigt.

Bewerber: Auf das Jahr gerechnet wären dies zehn Prozent unserer Kunden. Gibt es neben dieser Problematik noch andere Punkte, über die der Kunde besorgt ist?

Interviewer: Nein, im Moment nicht.

Bewerber: Gut. Wie sieht denn der Mobilfunkmarkt im Allgemeinen aus, verlieren unsere Konkurrenten auch Kunden?

Interviewer: Ja, aber nicht in diesem Ausmaß. Normalerweise verlieren Mobilfunkbetreiber pro Quartal ca. ein Prozent ihrer Kunden. Generell gewinnen sie aber immer mehr Kunden hinzu als sie verlieren.

Bewerber: Ist dies denn bei uns auch der Fall?

Interviewer: Ja. Wir haben im vierten Quartal 600.000 neue Kunden gewonnen.

Bewerber: Dann gilt es nun zu klären, warum wir so viele Kunden verlieren.

Interviewer: An was könnte dies liegen?

Bewerber: Dies könnte mehrere Gründe haben: Unsere Wettbewerber haben eine bessere Netzabdeckung, effektivere Werbung, neuere Telefone, bessere Angebote oder einen besseren Kundenservice.

Interviewer: Das wären alles mögliche Gründe, sind aber nicht für die hohen Verluste verantwortlich.

Bewerber: Hatten wir in letzter Zeit eine Problem mit dem Netzwerk und war dieses für eine längere Zeit nicht verfügbar?

Interviewer: Nein. Was wäre, wenn wir bewusst einige Kunden verlieren wollten?

Bewerber: Ich bin mir nicht sicher, ob ich das richtig verstanden habe.

Interviewer: Eine unserer größten Sorgen ist eine schlechte Zahlungsmoral. Wir investieren viel Geld, Zeit und Anstrengungen, um offene Rechnungen einzutreiben. Wir verwenden so viel Zeit darauf, neue Kunden zu gewinnen, dass wir oftmals die Kreditwürdigkeit unserer Kunden nur ungenügend überprüfen. Hier haben Sie ein Chart, das die Situation veranschaulicht. Was schließen Sie daraus?

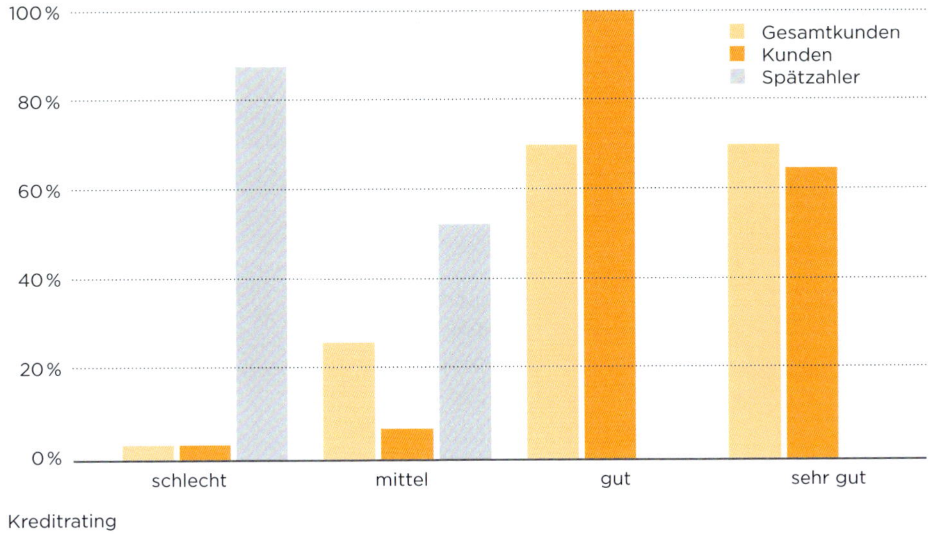

Bewerber: Das Schaubild zeigt, dass die Kunden mit schlechtem oder mittlerem Kreditrating das Problem sind. Es wäre gut zu wissen, um wie viele Kunden es sich handelt. Laut dem ersteren Chart haben wir 18 Millionen Kunden. Rund sechs Prozent davon, also 1,08 Millionen, haben ein schlechtes oder mittleres Kreditrating. Diese begleichen ihre Rechnungen in 30 Prozent bis 50 Prozent der Fälle nicht rechtzeitig. Aus Vereinfachungsgründen sagen wir, dass im Schnitt 40 Prozent der Rechnungen verspätet bezahlt werden. Bezahlen immer dieselben 40 Prozent ihre Rechnungen zu spät?

Interviewer: Nein, nicht unbedingt.

Bewerber: Ich würde nun gerne wissen, wie hoch der durchschnittliche Rechnungsbetrag der betroffenen Personengruppen ist.

Interviewer: Der durchschnittliche Rechnungsbetrag liegt bei 75 Euro im Monat. Es kostet uns etwa 50 Euro, säumige Rechnungen einzufordern.

Bewerber: Also geben wir 50 Euro aus, um 75 Euro einzutreiben. Ist denn unsere Gewinnspanne hoch genug, dass wir damit immer noch Geld verdienen?

Interviewer: Nein. Die Gewinnspanne liegt bei 25 Prozent.

Bewerber: Verlangen wir Säumniszuschläge oder Mahngebühren?

Interviewer: Nein.

Bewerber: Wie hoch ist denn die Anzahl der Kunden, die einfach nie bezahlen?

Interviewer: Angaben dazu liegen uns gerade nicht vor, aber wir können diesen Aspekt vernachlässigen. Was würde denn passieren, wenn wir allen 1,08 Millionen Kunden kündigen würden? Welchen Effekt hätte dies?

Bewerber: Wir haben in der zu analysierenden Gruppe 1,08 Millionen Kunden mit einer durchschnittlichen Rechnung von 75 Euro. Dies generiert einen Umsatz von 81 Millionen Euro. Bei einer Gewinnspanne von 25 Prozent machen wir einen Gewinn von 20,25 Millionen Euro.

Im Durchschnitt zahlen 40 Prozent dieser Kunden zu spät, also 432.000 Kunden. Dafür geben wir 50 Euro aus, um die nicht pünktlich bezahlten Rechnungen einzutreiben. Das macht 21,6 Millionen Euro Kosten für das Forderungsmanagement. Wir verlieren 1,35 Millionen Euro pro Monat.

Interviewer: Was schlagen Sie also vor?

Bewerber: Man könnte mehrere Dinge versuchen: Man könnte den spät zahlenden Kunden kündigen. Bei Neukunden sollte die Kreditwürdigkeit genauer überprüft werden. Die Erhebung von Mahngebühren oder Säumniszuschlägen wären weitere Maßnahmen. Eine weitere Überlegung wäre es, das Mahnwesen für zwei Monate zusammenzufassen. Dadurch würde man 50 Euro ausgeben, um einen Rechnungsbetrag von 150 Euro einzufordern.

Interviewer: Das stimmt. Wie hoch müssten denn die Mahngebühren sein, um den monatlichen Verlust auf eine „schwarze Null" auszugleichen?

Bewerber: Der monatliche Verlust betrug 1,35 Millionen Euro, diese fallen für die Rechnungen von 432.000 Kunden an, die ihre Rechnungen zu spät bezahlen. Um den Verlust auszugleichen, müssten wir rund drei Euro pro überfälliger und angemahnter Rechnung erheben.

Interviewer: Wie bewerten Sie die Einführung eines solchen Säumniszuschlags?

Bewerber: Drei Euro pro überfälliger Rechnung dürfte für Kunden zumutbar sein, da es nur knapp fünf Prozent des durchschnittlichen Rechnungsbetrags von 75 Euro wären. Wenn die Kunden den Mahnbetrag nicht akzeptieren, würden sie von selbst ihre Verträge kündigen. Auch dies hätte den mittelfristig positiven Effekt, dass der Profit des Mobilfunkanbieters besser wird.

Obstplantage vs. Unternehmensberatung

von Daniel Rothfuß

Aufgabenstellung

Interviewer: Ein entfernter Onkel ist leider verstorben; in seinem Nachlass hat er jedoch geregelt, dass Sie seine Obstplantage samt Maschinen erben sollen. Sie sind am Ende Ihres Studiums angelangt und fragen sich nun, ob Ihr angestrebter Job als Unternehmensberater oder das Betreiben der Obstplantage lukrativer ist.

Lösungsweg

HINWEIS: Der Lösungsweg lässt sich sehr schön anhand eines Logikbaumes darstellen. Ausgehend von der Hauptfrage (Jahresgehalt eines Unternehmensberaters größer/kleiner Jahresgewinn der Obstplantage) werden weitere Fragen gestellt: Wie hoch ist der Jahresgewinn der Obstplantage? Wie wird der Jahresgewinn berechnet (Umsatz – Kosten)? Wie lassen sich Umsatz und Kosten der Obstplantage berechnen? usw. Der Logikbaum sollte aufgezeichnet werden und als Strukturierungshilfe während des Gesprächs genutzt werden.

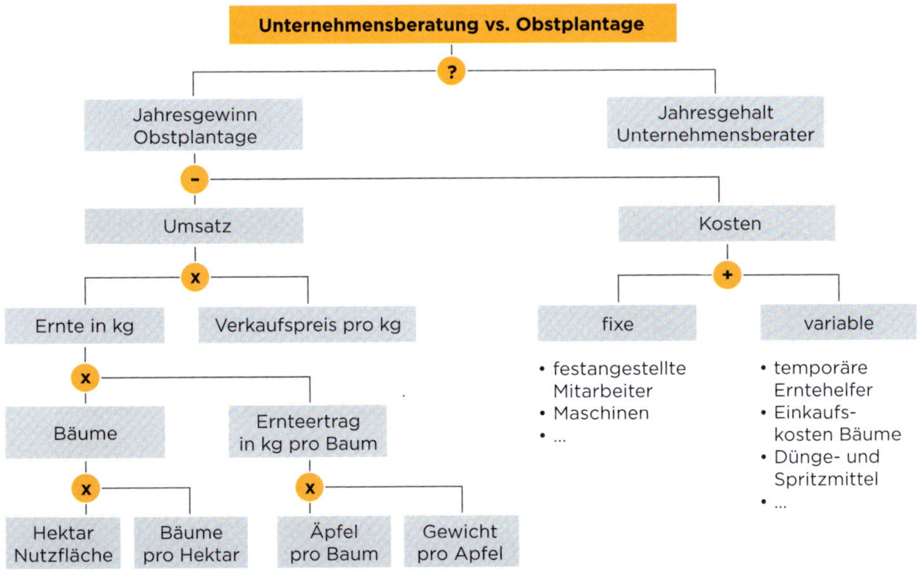

Logikbaum zur besseren Strukturierung und Berechnung

Bewerber: Um bewerten zu können, welche der beiden Möglichkeiten lukrativer ist, muss der Jahresgewinn der Obstplantage mit dem Jahresgehalt eines Unternehmensberaters verglichen werden. Um den Jahresgewinn der Obstplantage zu ermitteln, werde ich Umsatz und Kosten gegenüberstellen. Der Umsatz kann über die verkaufte Menge und den durchschnittlichen Verkaufspreis berechnet werden. Bei den Kosten wäre es sinnvoll, zwischen fixen und variablen Kosten zu unterscheiden, um die Kosten in Abhängigkeit der produzierten Menge modellieren zu können. Wenn Sie keine Einwände zu diesem Vorgehen haben, dann würde ich nun auf der Umsatzseite beginnen.

Interviewer: Ihr Vorgehen leuchtet mir so weit ein; fahren Sie bitte fort.

Bewerber: Sehr gut. Zuerst einmal wäre es natürlich interessant zu wissen, um welche Art Obst es sich bei der Plantage handelt und ob Informationen über die jährlich verkaufte Menge und den durchschnittlichen Verkaufspreis vorliegen.

Interviewer: Bei den Plantagen handelt es sich um Apfelplantagen mit kleinstämmigen Bäumen bis 2,5 m Höhe. Die Verkaufsmenge ist unbekannt. Ich weiß allerdings, dass die Plantage Ihres Onkels 20 Hektar groß ist und auf 20 nicht aneinandergrenzende Felder verteilt ist. Der genaue Verkaufspreis liegt mir ebenfalls nicht vor, jedoch ist es üblich, dass der Großhandel etwa 40 Euro pro 100 kg Äpfel zahlt.

Bewerber: Okay. Dann würde ich die jährliche verkaufte Menge über die Anzahl der Bäume auf den Plantagen und den Ernteertrag in Kilogramm pro Baum bestimmen. Ich betrachte zunächst ein Feld mit einem Hektar. Ein Hektar sind 10.000 m². Nehmen wir an, das Grundstück ist quadratisch mit einer Seitenlänge von 100 m. Die Apfelbäume werden in Reihen gepflanzt bei etwa 1 m Abstand zwischen den Bäumen und einem Reihenabstand von ca. 3,5 m, um mit geeigneten Maschinen hindurchfahren zu können. Unter der Annahme von jeweils 5 m Rangierabstand an den Enden der Reihen und 1 m Abstand zur seitlichen Grundstücksbegrenzung ergeben sich somit etwa 2.700 Bäume pro Hektar (91 bzw. gerundet 90 Bäume × 29 bzw. gerundet 30 Reihen).

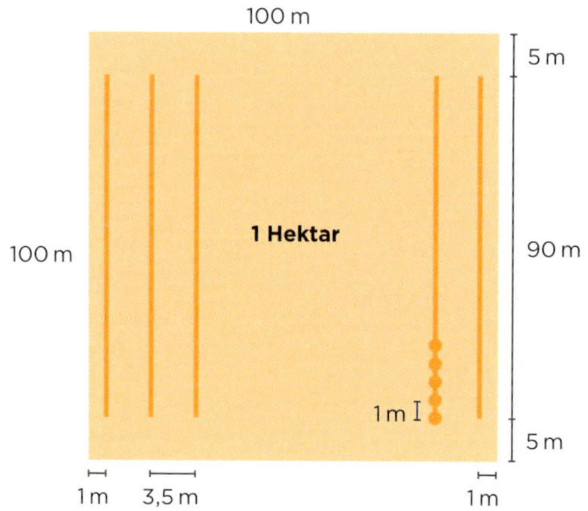

Grundstücksfläche und Anzahl der Bäume

HINWEIS: Angenommen, der Rangierabstand soll bis zum Stamm 5 m betragen, so passen 91 Bäume in jede Reihe. Bei 5 m Rangierabstand bis zum äußeren Ende des Baumes (mit 1 m Durchmesser) wären es nur 90 pro Reihe. Man sollte sich dieses Unterschieds bewusst sein. Zur Veranschaulichung hilft eine Skizze.

Bewerber: Nun habe ich die Baumanzahl. Jetzt gilt es noch herauszufinden, wie viel Kilogramm Äpfel ein Baum pro Jahr hervorbringt. Gibt es da einen Richtwert?

Interviewer: Er schwankt je nach Sorte. Angaben in Kilogramm liegen mir nicht vor, aber bei Ihrem Onkel bringt ein Apfelbaum pro Ernte zwischen 50 und 100 Äpfel hervor. Auf eine Unterscheidung nach den jeweiligen Sorten wollen wir verzichten.

Bewerber: Die Erntemenge in Kilogramm pro Baum könnte ich somit aus der durchschnittlichen Anzahl Äpfel pro Baum und dem Durchschnittsgewicht eines Apfels errechnen. Ich würde sagen, ein Apfel wiegt ca. 200 g. Der durchschnittliche Jahresertrag eines Baumes liegt also bei 15 kg (200 g pro Apfel × 75 Äpfel). Bei einer Gesamtfläche von 20 Hektar mit 2.700 Bäumen pro Hektar ergibt sich somit ein jährlicher Gesamternteertrag von ca. 800.000 kg (genau 810.000 kg). Bei einem Verkaufspreis an den Großhandel von 40 Euro pro 100 kg ergibt sich ein Jahresumsatz von 320.000 Euro, wenn alle geernteten Äpfel tatsächlich verkauft werden.

Interviewer: Klingt so weit plausibel. Wie verhält es sich mit den Kosten?

Bewerber: Wie gesagt würde ich hier gerne zwischen variablen und fixen Kosten unterscheiden. Bei den variablen Kosten sehe ich vor allem temporäre Erntehelfer und die auf die Jahre umgelegten Kosten der gepflanzten Bäume. Auf Fixkostenseite stehen festangestellte Mitarbeiter und Abschreibungen auf Maschinen (eigentlich sprungfix, jedoch hier zur Vereinfachung als Fixkosten angenommen).

Interviewer: Sind das bereits alle Kosten, oder fallen Ihnen noch weitere ein?

Bewerber: Hmm... Da wären noch Abschreibungen auf Gebäude und Kühlräume, Kosten für Dünge- und Spritzmittel, Geländebegrenzung (Zäune etc.), Baumbefestigung (Pfähle etc.), Hagelversicherung etc.

Interviewer: Okay. Nehmen wir an, für diese letztgenannten Kosten fallen ca. 20.000 Euro pro Jahr an. Außerdem kann ich Ihnen noch Folgendes zu den erstgenannten Kosten sagen: Der Maschinenpark Ihres Onkels hat einen Neuwert von 300.000 Euro; es gibt eine Vollzeitkraft zur Unterstützung; ein neuer Baum (der zur nächsten Ernte Früchte trägt) kostet ca. 25 Euro, und ein Erntehelfer braucht zur Ernte pro Baum ca. zehn Minuten.

HINWEIS: Die Erntezeit könnte der Interviewer auch schätzen lassen.

Bewerber: Liegen Ihnen noch Daten vor zu den Erneuerungszyklen der Maschinen und Bäume?

Interviewer: Die Maschinen werden im Schnitt alle 15 Jahre, die Bäume alle 10 bis 15 Jahre erneuert.

Bewerber: Das ergibt dann Kosten für Abschreibungen auf Maschinen in Höhe von 20.000 Euro und bei den Bäumen 108.000 Euro pro Jahr (54.000 Bäume × 25 Euro pro Baum ÷ 12,5 Jahre pro Baum). Das Gehalt für eine Vollzeitkraft würde ich bei 35.000 Euro ansetzen. Etwas genauer müssen wir bei den Erntehelfern hinschauen. Bei den angenommenen 54.000 Bäumen und zehn Ernteminuten pro Baum fallen insgesamt 540.000 Ernteminuten und somit 9.000 Erntestunden an. Nehmen wir an, den Erntehelfern wird der gesetzliche Mindestlohn von 8,50 Euro gezahlt, dann würden sich die Kosten für mich als Arbeitgeber auf ca. zehn Euro pro Stunde belaufen, wenn man ca. 20 Prozent Sozialabgaben berücksichtigt. Die Kosten für Erntehelfer betragen somit rund 90.000 Euro und die Gesamtkosten ca. 273.000 Euro pro Jahr.

Abschreibungen für Gebäude und Kühlräume sowie Kosten für Material, Versicherungen etc.	20.000 Euro
Abschreibungen für Maschinen	20.000 Euro
Kosten für neue Bäume	108.000 Euro
Gehalt für Vollzeitkraft	35.000 Euro
Gehälter für Erntehelfer	90.000 Euro
Gesamtkosten	**273.000 Euro**

Gesamtkosten der Obstplantage

Alles in allem ergibt dies nun also einen Gesamtgewinn der Obstplantage pro Jahr in Höhe von 47.000 Euro (320.000 Euro – 273.000 Euro). Das liegt unter dem üblichen Einstiegsgehalt eines Unternehmensberaters, deshalb erscheint es lukrativer, Berater zu werden.

Interviewer: Alles klar, vielen Dank für Ihre Einschätzung.

HINWEIS: Mögliche Anschlussfragen könnten sein: Wie viel Hektar müssten Sie bei sonst gleichen Voraussetzungen zusätzlich bewirtschaften, damit die Obstplantage finanziell Ihre erste Wahl wird? Welche Maßnahmen würden Ihnen zur Gewinnerhöhung des Betriebes Ihres verstorbenen Onkels einfallen?

Hier einige Ideen zur zweiten Frage: Nutzung anderer Vertriebswege (z. B. Direktverkauf, Marktstände, Kooperationen mit Schulen), andere Verarbeitung (z. B. Apfelsaft oder Apfelwein), anderer Anbau (z. B. biologisch), Erhöhung der Effizienz (z. B. durch Zusammenlegung der Felder) usw.

Optimierung von Qualifizierungskosten

von Dr. Karsten Engler und Dr. Fabian Gleisner

Aufgabenstellung

Interviewer: Stellen Sie sich vor, Sie sind Teil eines Beraterteams, und Ihr aktueller Mandant ist ein deutscher Großkonzern. Im Rahmen eines konzernweiten Projekts zur Senkung der Sachkosten haben Sie bereits sehr erfolgreich zahlreiche Einsparpotenziale in mehreren Warengruppen identifiziert. Der Vorstand bittet Ihr Projektteam nun darum, sich die Ausgaben für die Mitarbeiterqualifizierung anzusehen, wo weitere Optimierungspotenziale vermutet werden. Wie würden Sie dabei vorgehen, was würden Sie sich anschauen, und wo vermuten Sie die größten Optimierungspotenziale?

HINWEIS: Für die Bearbeitung dieser bewusst offen formulierten Fragestellung ist kein Hintergrundwissen zur Mitarbeiterqualifizierung bzw. zur Sachkostenoptimierung nötig. Es geht primär um die Strukturierungsfähigkeit des Bewerbers. Daher zwei Tipps zur Bearbeitung: Der Bewerber sollte zunächst weitere Informationen zur Aufgabenstellung und zur Ausgangssituation erfragen und sich dann einen Moment Zeit nehmen, um seinen Lösungsansatz zu strukturieren.

Lösungsweg

Bewerber: Ein interessanter Case! Erlauben Sie mir vorab einige Verständnisfragen zu unserem Auftraggeber und zum Thema Mitarbeiterqualifizierung.

Interviewer: Sehr gerne.

Bewerber: Zu unserem Auftraggeber würde ich gerne wissen: Was ist der Geschäftszweck des Konzerns, in welchen Branchen ist er aktiv? Wie viele Mitarbeiter gibt es, wie viele davon in Deutschland und im Ausland? Und bei der Mitarbeiterqualifizierung geht es um die Ausgaben für die Aus- und Weiterbildung der Mitarbeiter, also um Schulungen und Seminare?

Interviewer: Der Konzern mit Produktion und Handel in mehreren Branchen ist breit diversifiziert. Es gibt rund 100.000 Mitarbeiter, etwa die Hälfte davon in Deutschland. Und Sie haben es richtig erfasst, es geht um die Ausgaben für die Aus- und Weiterbildung der Mitarbeiter.

Bewerber: Sollen die weltweiten Ausgaben betrachtet werden oder nur die für Deutschland? Werden die Qualifizierungsmaßnahmen intern erbracht oder extern eingekauft? Gibt es einen besonders hohen Qualifizierungsbedarf, vielleicht durch regulatorische Vorschriften?

Interviewer: Es sollen die Ausgaben für Qualifizierungsmaßnahmen in Deutschland untersucht werden. Es gibt sowohl interne als auch externe Maßnahmen; es gibt keinen außergewöhnlichen Qualifizierungsbedarf. Im Durchschnitt erhält jeder Mitarbeiter in Deutschland eine Qualifizierungsmaßnahme im Jahr. Lassen Sie uns zur Vereinfachung ausschließlich auf die externen Maßnahmen schauen.

Bewerber: Ich würde mir gerne einen Moment Zeit nehmen und den Case strukturieren.

Interviewer: Sehr gerne.

Bewerber: Danke für Ihre Geduld. Die Frage war, wie ich bei einer Analyse der Kosten der Mitarbeiterqualifizierung vorgehen würde und was ich dabei untersuchen würde. Ich würde im Rahmen des Projekts in drei Schritten vorgehen:

1. Kostentreiber: Was verursacht im Zusammenhang mit Qualifizierung Kosten?
2. Produktangebot: Welche Kosten-Cluster werden für unterschiedliche Qualifizierungsmaßnahmen sinnvollerweise gebildet? Zu welchen Kosten werden Maßnahmen im jeweiligen Cluster eingekauft?
3. Angebotsnutzung: Welche Maßnahmen werden wie intensiv genutzt? Welche Bereiche des Konzerns nutzen welche Qualifizierungsmaßnahmen?

Interviewer: Ein sehr guter erster Ansatz; das Vorgehen ergibt für mich Sinn. Angenommen, Sie hätten diese drei Schritte nacheinander sauber abgearbeitet und hier jeweils Transparenz geschaffen – was würde Ihnen dann in der Betrachtung noch fehlen?

HINWEIS: Der Interviewer signalisiert, dass ihm noch etwas fehlt. Der Bewerber sollte sich davon nicht aus der Ruhe bringen lassen. Eine gute Strategie ist manchmal, sich die Aufgabenstellung noch einmal präsent zu machen und mit dem eigenen Lösungsansatz abzugleichen.

Bewerber: Lassen Sie mich mein Vorgehen noch einmal zusammenfassen: Ich wüsste nun, welche Maßnahmenarten angeboten werden, zu welchem Preisniveau und welche Gesamtkosten entstehen. Und ich hätte analysiert, wie sich die Nachfrage nach Qualifizierungsmaßnahmen im Konzern grob darstellt, also welche Bereiche welche Maßnahmen nachfragen. Nun müsste ich für den Vorstand noch die Optimierungspotenziale abschätzen, um die Frage zu beantworten, wo die größten Potenziale liegen.

Interviewer: Ja, richtig. Eine Abschätzung der Potenziale ist ein wichtiges Ergebnis des Projekts. Aber was würden Sie sich noch anschauen, wenn Sie das Kostenmanagement von Qualifizierungsmaßnahmen betrachten? Ich will auf eine Analyse des Prozesses hinaus.

Bewerber: Danke für den Hinweis. Ich würde analysieren, wie der interne Prozess genau abläuft, um eine Qualifizierungsmaßnahme zu bestellen. Also wer darf bestellen, wo wird bestellt, wie wird das später abgerechnet. Und wer ist im Konzern für den externen Einkauf von Qualifizierungsmaßnahmen zuständig? Wie läuft dieser Prozess genau ab?

Interviewer: Gut, diese Betrachtung ist wichtig. Der Beschaffungsprozess bietet oftmals auch zahlreiche Optimierungspotenziale, beispielsweise wenn Rollen und Verantwortlichkeiten nicht klar definiert sind. Nun möchte ich mit Ihnen in ein Thema tiefer einsteigen: Angenommen, Sie erfahren bei Ihren Untersuchungen, dass es im vergangenen Jahr, wie auch in den Vorjahren, zu einer sehr hohen Stornierungsquote bei den Qualifizierungsmaßnahmen kam. Es wurden also Seminare zum Teil sehr kurzfristig abgesagt. Was schätzen Sie: Welche Kosten entstanden im letzten Jahr dadurch?

Bewerber: Um die Stornierungskosten abzuschätzen, müsste ich die Anzahl der Stornierungen kennen und die jeweils mit einer Stornierung verbundenen Kosten. Zur Anzahl der Seminare sagten Sie vorhin, die Hälfte der weltweit 100.000 Beschäftigten sind in Deutschland angestellt, und dass diese im Durchschnitt jeweils eine Qualifizierungsmaßnahme pro Jahr erhalten. Das wären also 50.000 Qualifizierungen. Aber was bedeutet eine sehr hohe Stornierungsquote?

Interviewer: Bitte treffen Sie eine Annahme.

Bewerber: Aus eigener Erfahrung, zum Beispiel bei Kursen an der Fachhochschule oder im Sportverein, würde ich 10 bis 15 Prozent als normale Stornierungsquote betrachten, eine sehr hohe Quote würde ich demnach mit 20 Prozent ansetzen. Das wären also bei 50.000 Qualifizierungen entsprechend 10.000 Stornierungen in einem Jahr.

Interviewer: Wie würde es dann mit den Kosten aussehen?

Bewerber: Bei den durchschnittlichen Kosten für eine Qualifizierungsmaßnahme bin ich mir unsicher. Die Kosten für eine Stornierung sind meiner Einschätzung nach abhängig von der jeweiligen vertraglichen Vereinbarung und sehr wahrscheinlich auch vom Zeitpunkt der Stornierung, das heißt, oftmals fallen bei sehr kurzfristigen Absagen die vollen Kosten an.

Interviewer: Treffen Sie auch hier bitte Annahmen. Eine kleine Hilfestellung: Bitte berücksichtigen Sie, dass die Stornierungen nicht alle kurzfristig erfolgt sind.

HINWEIS: Der Bewerber sollte nun plausible Annahmen treffen und seine Überlegungen dazu offen kommunizieren. Es empfiehlt sich allgemein, möglichst runde Zahlen zu wählen, um die weiteren Berechnungen möglichst einfach zu gestalten.

Bewerber: Ich habe Werbung für Seminare, Tagungen und Coachings gesehen und würde mich an diesen Preisen orientieren. Die Bandbreite meiner Referenzpreise für eine eintägige Veranstaltung geht von ca. 500 bis 1.500 Euro. Ich würde also zunächst mit dem Mittelwert von 1.000 Euro weiterrechnen und diese Annahme später noch einmal prüfen wollen. Weiterhin würde ich annehmen, dass ein Drittel der Stornierungen kurzfristig erfolgt. Damit wären die vollen Kosten entstanden. Bei zwei Drittel der Stornierungen wäre die Hälfte der Kosten fällig geworden. Diese Aufteilung entspricht meinen Erfahrungswerten bei Veranstaltungen, die ich selbst mitorganisiert habe.

Interviewer: Das klingt erst einmal plausibel, aber bitte rechnen Sie mit durchschnittlich 1.500 Euro für eine Qualifizierungsmaßnahme.

Bewerber: Für ein Drittel der 10.000 Stornierungen fallen die vollen 1.500 Euro an, das multipliziert sich zu fünf Millionen Euro. Bei zwei Drittel der 10.000 Stornierungen wird nur die Hälfte der Kosten fällig, also 750 Euro, das sind ebenfalls fünf Millionen Euro. In Summe sind im vergangenen Jahr also zehn Millionen Euro an Stornierungskosten entstanden.

Interviewer: Das ist korrekt. Wie steht das im Verhältnis zum Gesamtaufwand für Qualifikation in Deutschland?

Bewerber: Der Konzern würde bei 50.000 Mitarbeitern und durchschnittlich je einer Qualifizierungsmaßnahme zu 1.500 Euro in Summe 75 Millionen Euro ausgeben. Hier ist jedoch noch zu berücksichtigen, dass das Unternehmen bei einem Teil der Stornierungen die Hälfte der Kosten wieder erstattet bekommt. Bei 10.000 Stornierungen wären Kosten von ursprünglich 15 Millionen Euro entstanden, es wurden Stornierungskosten von nur zehn Millionen Euro fällig, die Differenz sind fünf Millionen Euro. Somit hatte der Konzern noch 70 Millionen Euro Gesamtaufwand für Qualifizierung. Die zehn Millionen Euro entsprechen somit etwa einem Siebtel oder 14 Prozent des Gesamtaufwands.

Interviewer: Vielen Dank. Stellen Sie sich nun zusätzlich vor, Sie möchten dem HR-Vorstand Ihres Kunden ein Projekt für die Reduzierung der Stornierungskosten anbieten. Wie würden Sie argumentieren?

Bewerber: Sie haben recht: Die Kostensicht interessiert eher den Finanzvorstand. Aus Sicht des Personalverantwortlichen würde ich sagen, dass wir bei einer Reduzierung der Stornokosten um 50 Prozent deutlich über 3.000 zusätzliche Trainingstage für die Mitarbeiter ermöglichen könnten.

Interviewer: Sehr gut. Eine letzte Frage habe ich noch. Aber bitte beantworten Sie mir diese möglichst schnell und rechnen Sie im Kopf. Angenommen, das Unternehmen könnte ein IT-gestütztes Planungstool implementieren, um den konzernweiten Bedarf für Qualifizierungsmaßnahmen noch besser zu steuern. Die Kosten hierfür liegen bei 100.000 Euro. Um wie viel Prozent müsste das neue Tool die Stornierungskosten unmittelbar senken, damit sich das Investment bereits innerhalb eines Jahres rechnet?

Bewerber: 100.000 Euro Einsparungen entsprechen einem Prozent der Stornierungskosten von zehn Millionen Euro.

Interviewer: Prima! Herzlichen Dank.

Commercial Due Diligence: Identifikation von Markttreibern und Marktabschätzung

von Dr. Peter von Snitkin

Ein Private Equity Fund beauftragt Ihr Beratungsunternehmen mit der Erstellung einer Commercial Due Diligence für die potenzielle Übernahme eines Sanitär- und Heizungsbauunternehmens. Die Produktpalette erstreckt sich von kompletten Heizungsanlagen bis hin zu Waschbecken, Bade- und Duschwannen und den dazugehörigen Wasserarmaturen für Bad und Küche.

Relevante Treiber für die Marktentwicklung und Wirkungszusammenhang

Ein Teilmodul dieser Commercial Due Diligence beinhaltet die Benennung und Analyse der Treiber für den deutschen Wasserarmaturenmarkt, wofür Sie verantwortlich sind. Ihr Projektleiter bittet Sie zunächst um eine kurze und einfache Skizzierung der relevanten Markttreiber sowie deren Wirkungszusammenhang in Hinblick auf das Marktvolumen. Die Verwendung von Zahlen ist zu diesem Zeitpunkt noch nicht notwendig, allerdings sollten Ihre ersten Ergebnisse auf einer Seite anschaulich dargestellt sein. Eine handschriftliche Ausführung genügt für den Anfang. Die Besprechung Ihrer ersten Gedanken muss innerhalb der nächsten 20 Minuten stattfinden, da im Anschluss eine längere Telefonkonferenz mit dem Klienten terminiert wurde.

Zunächst gilt es, die Grundformel „Marktvolumen = Absatzmenge × Preis“ auf den Wasserarmaturenmarkt zu übertragen. Für die Menge wird zunächst strukturiert gesammelt, wo die Produkte des potenziellen Übernahmeziels überall zum Einsatz kommen könnten: Häuser, Wohnungen, Hotels, Restaurants, Krankenhäuser, Bürogebäude, Geschäfte und sonstige Gebäude und Spezialanwendungen (z.B. Flugzeuge, Schiffe). Diese Liste kann man schließlich grob in zwei Gruppen einteilen: Wohnungsbau (Häuser, Wohnungen) und Nichtwohnungsbau (Hotels, Restaurants, Krankenhäuser etc.).

Für die Bestimmung der Menge ist weiterhin relevant, in welchem Zusammenhang die Wasserarmaturen verbaut und somit auch gekauft werden – hierzu gibt es drei Möglichkeiten: Neubau, Renovierung und Ersatz der Armatur ohne Renovierungstätigkeit.

Zusätzlich zu den bisherigen Ergebnissen ist für die abgesetzte Menge an Wasserarmaturen zu bedenken, dass es auch auf die Anzahl an eingebauten Armaturen je Gebäude ankommt. Die Anzahl von Wasserarmaturen je Gebäude hängt von der Gebäudeart (Haus vs. Bürogebäude) sowie dessen Ausstattung ab. Beispiele für Ausstattungstreiber sind:

- Anzahl Bäder je Haushalt/Gebäude (z. B. Familienbad, Kinderbad oder Gästebad, Saunabereich etc.)
- Ausstattung der Bäder (z. B. Anzahl Waschbecken je Bad, Dusche und/oder Badewanne im Bad, Bidets)

Neben der Absatzmenge ist für das Marktvolumen auch der Preis relevant, da dessen Veränderung über die Zeit ebenso einen bedeutenden Einfluss haben kann. Methodisch können drei Preissegmente definiert werden, nämlich Hoch-, Mittel- und Niedrigpreissegment. Die gesammelten Gedanken lassen sich für eine erste Besprechung in folgender Grafik zusammenfassen, um die identifizierten Treiber sowie deren Interaktion zu diskutieren:

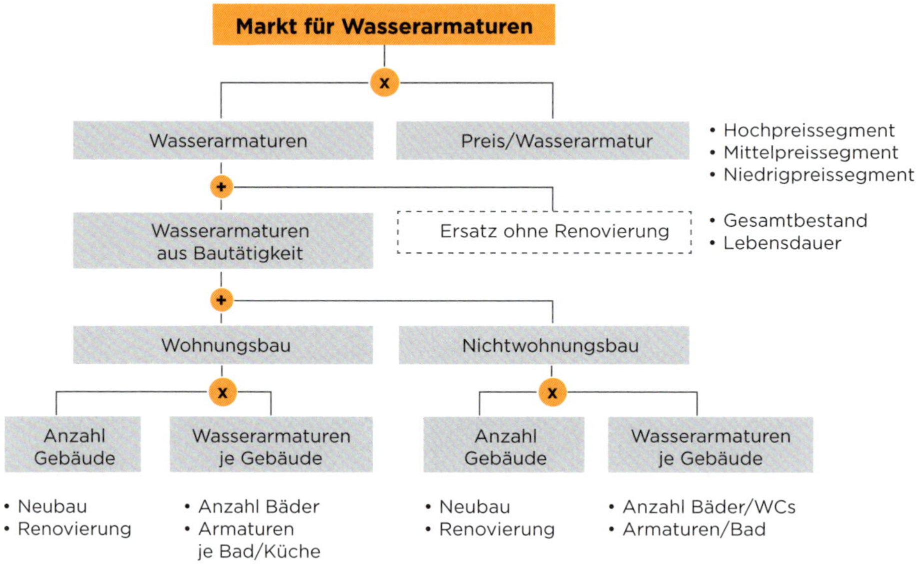

Man kann also festhalten, dass der Wasserarmaturenmarkt in Deutschland vor allem durch die Bautätigkeit und durch die Ausstattung der Gebäude getrieben wird. Auch Ersatz ohne Renovierung hat eine gewisse Bedeutung für den Markt, allerdings muss die Abgrenzung zur Renovierung geprüft werden. Bedenkt man, dass die Armaturenausstattung pro Kopf in Wohngebäuden generell deutlich höher ist als in Nichtwohngebäuden wie Büros oder öffentlichen Gebäuden, dann liegt die Hypothese nahe, dass der Hauptteil des Marktes für Wasserarmaturen dem Wohnungsbau zuzuschreiben ist. Zwar könnten Hotels als ein Gegenbeispiel für die genannte Hypothese aufgeführt werden, diese fallen jedoch aufgrund der vergleichsweise geringen Anzahl voraussichtlich nicht derart ins Gewicht, um die Aussage umzudrehen. Innerhalb des Wohnungsbaus wird in Deutschland der Renovierungstätigkeit eine größere Bedeutung zukommen als den Neubauten. Gründe hierfür sind beispielsweise die demografische Entwicklung und der hohe Bestand an renovierungsbedürftiger Bausubstanz in Städten und Gemeinden.

Schätzung des gegenwärtigen jährlichen Marktvolumens in Deutschland

Ihr Projektleiter erwartet nun eine grobe Abschätzung des gegenwärtigen jährlichen Marktvolumens für Wasserarmaturen in Deutschland. Sie wissen aus ersten Informationsquellen, dass der Wohnungsbau ca. 80 Prozent des Marktvolumens ausmacht, dass in Deutschland im Schnitt ca. zwei Personen pro Haushalt leben und dass die Neubautätigkeit bei ca. zwei Gebäuden pro 1.000 Einwohner und Jahr liegt. Vereinfachend sei das Ersatzgeschäft in den Renovierungen enthalten. Für einen durchschnittlichen Armaturenpreis entnehmen Sie aus ersten Quellen eine Spanne zwischen 90 und 120 Euro, was allerdings noch weiter einzugrenzen ist. Bitte treffen Sie geeignete Annahmen, falls weitere Angaben fehlen. Zwischenergebnisse können auf eine Nachkommastelle der Millioneneinheit gerundet werden. Das Marktvolumen wird aus der Formel „Absatzmenge × Preis" berechnet. Die Absatzmenge für Wasserarmaturen ergibt sich vereinfacht aus:

- Wohnungsbau (Neubauten + Renovierungen/Ersatz) = ca. 80 Prozent des Marktes
- Nichtwohnungsbau (Neubauten + Renovierungen/Ersatz) = ca. 20 Prozent des Marktes

Absatzmenge von Wasserarmaturen im Wohnungsbau

Neubauten

Bei einer deutschen Bevölkerung von 82 Millionen Einwohnern und ca. zwei Neubauten (Haushalte) je 1.000 Einwohner pro Jahr ergeben sich geschätzt 164.000 Neubauten pro Jahr. Nun ist eine erste Annahme zur Armaturenausstattung der neu gebauten Haushalte notwendig: Jeder Haushalt verfügt zumindest über eine Küche und ein Bad, einige haben ein zweites Bad (Annahme: 30 Prozent), die Hälfte der Bäder hat zwei Waschbecken, und 20 Prozent der Bäder haben sowohl eine Badewanne als auch eine Dusche mit je einer Wasserarmatur.

- Küche: 1 Küche pro Haushalt × 1 Armatur pro Küche = 1 Armatur pro Haushalt
- Bad: 1,3 Bäder pro Haushalt × (1,5 Armaturen für Waschbecken + 1,2 Armaturen für Wanne und Dusche) pro Bad = 3,51 Armaturen pro Haushalt, gerundet 3,5
- Armaturen pro Haushalt gesamt: 1 (Küche) + 3,5 (Bad) = 4,5

Somit gilt für die Absatzmenge in Wohnungsneubauten: 164.000 Neubauten pro Jahr × 4,5 Armaturen pro Neubau = 738.000 Armaturen pro Jahr, gerundet ca. 0,7 Millionen Armaturen pro Jahr

Renovierungen/Ersatz

Aus 82 Millionen Einwohnern und ca. zwei Personen pro Haushalt ergeben sich ca. 41 Millionen Haushalte. Vereinfachend kann eine gleichmäßige Verteilung des Alters über die Bausubstanz angenommen werden. Für die Ausstattung eines Haushalts mit Wasserarmaturen wird die Annahme getroffen, dass diese für die bestehende Bausubstanz leicht unterhalb des für Neubauten geschätzten Werts liegt, etwa bei vier Armaturen je Haushalt.

Somit ergibt sich als Schätzung für den Bestand an Wasserarmaturen in Deutschland: 41 Millionen Haushalte × 4 Armaturen/Haushalt = 164 Millionen Armaturen

Weiterhin kann davon ausgegangen werden, dass eine Wasserarmatur im Mittel (Ersatz und Renovierung) eine Lebensdauer von ca. 25 Jahren hat, was ausgehend vom Bestand für den Renovierungsmarkt folgendes Volumen bedeuten würde: 164 Millionen Armaturen ÷ 25 Jahre = 6,56 Millionen Armaturen pro Jahr, gerundet ca. 6,6 Millionen

Im Zuge von Renovierungen steigt bei manchen Haushalten auch die Ausstattung mit Armaturen. Nimmt man an, dass umfassendere Renovierungen alle 30 Jahre getätigt werden, und dabei bei einem Viertel der Haushalte die Armaturenausstattung das Niveau von Neubauten erreicht, ergibt sich folgende Rechnung:

- 41 Millionen Haushalte ÷ 30 Jahre = 1,3667 Millionen Renovierungen, gerundet ca. 1.4 Millionen
- 1,4 Millionen Renovierungen × 0,25 × 0,5 zusätzliche Armaturen/Renovierung = 175.000 zusätzliche Armaturen, gerundet ca. 0,2 Millionen zusätzliche Armaturen

Der Renovierungstätigkeit im Wohnungsbau sind also ca. 6,8 Millionen Wasserarmaturen pro Jahr zuzuschreiben. Für den Wohnungsbau ergibt sich folgende geschätzte Absatzmenge:

- Neubauten: ca. 0,7 Millionen Wasserarmaturen pro Jahr
- Renovierungen: ca. 6,8 Millionen Wasserarmaturen pro Jahr
- Wohnungsbau gesamt: ca. 7,5 Millionen Wasserarmaturen pro Jahr

Absatzmenge von Wasserarmaturen im Nichtwohnungsbau

Nachdem der Wohnungsbau ca. 80 Prozent der Absatzmenge abdeckt, bedeutet dies für die geschätzte Absatzmenge im Nichtwohnungsbau: 7,5 Millionen Armaturen pro Jahr × 0,2 ÷ 0,8 = 7,5 Millionen Armaturen pro Jahr ÷ 4 = 1,875 Millionen Armaturen pro Jahr, gerundet ca. 1,9 Millionen Armaturen pro Jahr

Gesamtmarkt Deutschland – Absatz und Marktvolumen

Die geschätzte jährliche Absatzmenge lautet zusammengefasst:

- Wohnungsbau: ca. 7,5 Millionen Wasserarmaturen pro Jahr
- Nichtwohnungsbau: ca. 1,9 Millionen Wasserarmaturen pro Jahr
- Gesamt: ca. 9,4 Millionen Wasserarmaturen pro Jahr

Aus dem bisher angegebenen Preisintervall von 90 bis 120 Euro ergibt sich mit der geschätzten Absatzmenge von ca. 9,4 Millionen Wasserarmaturen für Deutschland eine erste Marktvolumenschätzung von 846 bis 1.128 Millionen Euro, also rund 0,85 bis 1,2 Milliarden Euro.

Inhouse Consulting
Selbstvertrauen bringt uns voran.
Uns in Frage zu stellen, bringt uns weiter.
Das Vertrauen in die eigenen Stärken hilft, Projekte anzugehen, die eigentlich unmöglich erscheinen. Weil sich aber die Herausforderungen und Methoden ständig ändern und verbessern, ist es notwendig, die eigene Arbeitsweise immer wieder zu hinterfragen. Darum rekrutiert thyssenkrupp Management Consulting kontinuierlich die besten Nachwuchskräfte, die gemeinsam mit unserem erfahrenen Team ständig neue Methoden entwickeln, die thyssenkrupp immer in die erste Reihe pushen. Wenn Sie glauben, dass Sie das Zeug haben, dazu beizutragen, bewerben Sie sich unter
www.thyssenkrupp-management-consulting.com
engineering. tomorrow. together.
thyssenkrupp

Nachhaltigkeit in der Lebensmittelindustrie

von Mathias Bertele und Samanthi Luisa Silva

Ausgangssituation

Der global tätige Nahrungsmittelkonzern Sweet-Tooth vertreibt in seiner Sparte „Snacks und Süßwaren" insbesondere Schokoriegel. Der Konzern sah sich in den letzten Wochen vermehrt schlechten Schlagzeilen ausgesetzt.

Seine Schokoladenriegel, die in Aluminiumpackungen vertrieben werden, wurden von Greenpeace wegen der hohen Abfallanteile pro Portion kritisiert. Einige Medien haben diese Nachricht aufgenommen, in den sozialen Medien wird zunehmend negative Kritik gegenüber Sweet-Tooth geübt.

Fragestellung 1 und Lösungsweg

Aufgabe: Der Senior Manager Ihres Teams bittet Sie, eine Übersicht über mögliche Problemfelder zu erstellen.

Falls der Bewerber im Studium keinen Fokus auf Nachhaltigkeit gelegt hat, kann der Interviewer einen Tipp auf die Bewertung anhand der drei Säulen der Nachhaltigkeit geben:

- Umwelt
- Soziales
- Ökonomie

Folgt man nun jeder der Dimensionen getrennt, lässt sich feststellen, dass sich die drei Treiber überlappen.

Um die Bewertung der einzelnen Dimensionen im Detail vorzunehmen, können vom Bewerber verschiedene Vorgehensweisen gewählt werden. Es muss nicht die dargestellte fachspezifische sein. Nachdem der Bewerber eine Analysestruktur festgelegt hat, gilt es schlicht, diese konsequent weiterzuverfolgen.

Am Beispiel des hohen Abfallanteils könnte die Analyse folgendermaßen aussehen:

Betrachten wir die Kritik um die Schokoladenriegel, die in Aluminiumpackungen vertrieben werden, so sehe ich alle drei Bereiche berührt:

a. Erstens ist dies natürlich problematisch für die Umwelt. Das Unternehmen produziert am Ende der Wertschöpfungskette besonders viel Abfall. Zudem sehe ich auch zu Beginn der Wertschöpfungskette Probleme, denn das Unternehmen hat einen höheren Bedarf an Ressourcen in Form von Bauxit, da mehr Verpackungen produziert werden. Dies gilt auch für weitere Rohstoffe, die zur Aluminiumgewinnung benötigt werden, wie Energie und Wasser.

b. Der hohe Ressourcenbedarf führt zu finanziellen Nachteilen, da die Nachfrage nach mehr Rohstoffen auch höhere Kosten verursacht. Hier zeigt sich also im ersten Moment klar ein Business Case für das Unternehmen, da es durch die Reduktion von Verpackung Kosten sparen kann.

c. Zuletzt spielen jedoch auch soziale und gesellschaftliche Themen eine wichtige Rolle. Der erhöhte Ressourcenverbrauch belastet die Gesellschaft. Aluminium wird in einem aufwendigen Verfahren gewonnen, das viel Wasser und Energie verbraucht. Die Knappheit der Ressourcen, die für die kommenden Jahre prognostiziert wird, und der fehlende Trinkwasserzugang in einigen Aluminium-/Bauxit-Abbaugebieten führt daher zu einem gesellschaftlichen Diskurs.

In Konsequenz zeigt eine erste Analyse, dass alle drei Dimensionen der Nachhaltigkeit berührt werden und dass dem Unternehmen finanzielle Einbußen entstehen – ausgelöst durch die Umwelt- und Sozialkritik.

Fragestellung 2 und Lösungsweg

Aufgabe: Gerade in der Nachhaltigkeit stellt sich oft die Frage zum Business Case – daher werden Sie gebeten, diesen anhand einer der Kritikpunkte zu analysieren.

Der Bewerber kann sich hier durchaus kurz Zeit nehmen, um eine Skizze anzufertigen und sein Vorgehen zu strukturieren. Die Skizze kann wie auf der folgenden Seite aussehen:

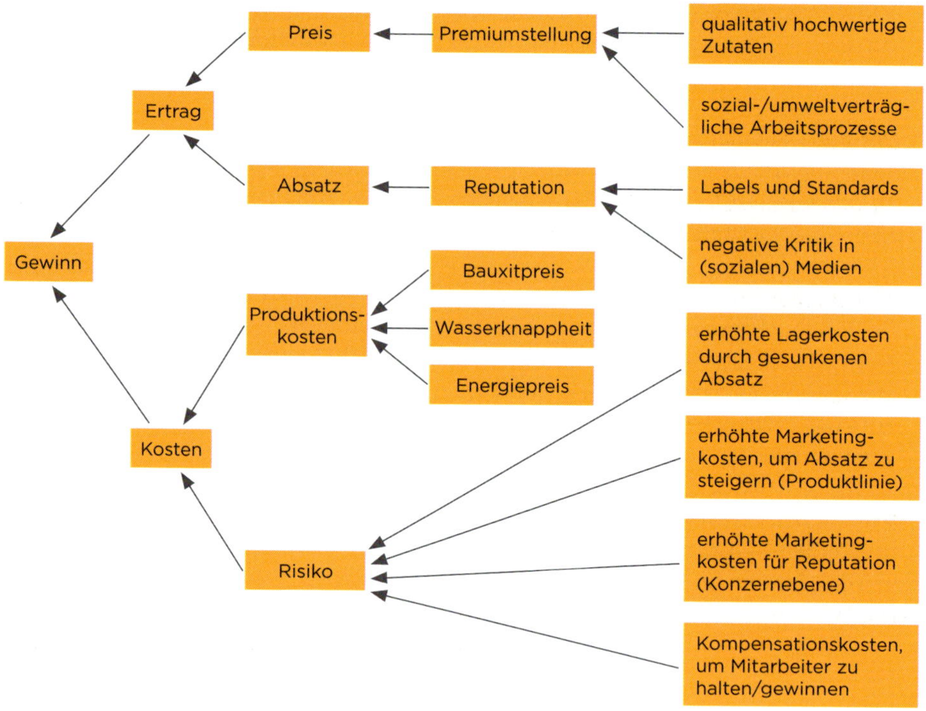

Übersicht der Werttreiber

Nach einer kurzen Überlegungsphase kann er den Interviewer dann anhand seiner Skizze durch seine Überlegungen leiten. Er könnte Folgendes sagen:

Um den Business Case zu analysieren, werde ich mir die Werttreiber genauer ansehen. Als nachhaltiges Unternehmen ist es wichtig, in der ökonomischen Dimension gut abzuschneiden. Daher beschreibe ich den Business Case anhand des Gewinns und betrachte dabei die sozialen Aspekte und Umwelteinflüsse.

Auf den Gewinn wirken Ertrag und Kosten.

Kosten

Bei Betrachtung der Kosten sehe ich zwei erhebliche Einflüsse:

Rohstoff- und Produktionskosten wie Bauxit, Wasser und Energie: Diese natürlichen Ressourcen werden knapper und damit teurer – durch das weltweite Wirtschaftswachstum, den Anstieg der Weltbevölkerung und andere globale Trends. Im Umkehrschluss gilt: Wenn das Unternehmen hier einsparen kann, da es weniger verbraucht, verringert es seine Kosten. Diese Kosteneinsparung kann das Unternehmen entweder ganz oder teilweise an den Kunden weitergeben, oder im Unternehmen behalten, wodurch der Gewinn steigt. Gleichzeitig schont es die Umwelt, da der Ressourcenverbrauch sinkt.

Risiken basierend auf der aktuellen Kritik: Diese sind weitere Treiber für die Kosten. Hierzu gehören beispielsweise erhöhte Lagerkosten. Brechen die Absätze für Schokoriegel ein oder weg, wird sich die produzierte Menge in den verschiedenen Lagerstellen sammeln und zusätzliche Lagerkosten verursachen. Zudem fallen eventuell Marketingmaßnahmen an, um der Negativpresse entgegenzuwirken. Diese Aktionen verursachen ebenfalls Kosten. Schlimmstenfalls muss die Produktlinie eingestellt werden. Diese negative Kritik hat möglicherweise nicht nur Einfluss auf diese Produktlinie, sondern auch auf den gesamten Konzern, was weitere Marketingkosten erfordert. Ein schlechter Ruf eines Konzerns hat neben externen Auswirkungen auch interne Konsequenzen, beispielsweise bei den Mitarbeitern. So besteht das Risiko, dass Kompensationskosten entstehen, um gute Mitarbeiter im Konzern zu halten oder für das Unternehmen zu gewinnen.

Ertrag

Betrachten wir nun den erzielten Ertrag:

Preis: Der Ertrag wird einerseits durch den Preis getrieben. Schafft es das Unternehmen, auf Basis von sozial- und umweltverträglichen Arbeitsprozessen und Zusatzstoffen eine Premiumstellung zu erreichen, so kann es hierfür möglicherweise auch einen höheren Preis verlangen und einen höheren Ertrag/Gewinn erreichen.

Absatz: Daneben ist auch die Absatzmenge relevant. Diese kann z. B. durch die Reputation eines Unternehmens oder eines Produkts beeinflusst werden. Werden bekannte Labels oder Standards (wie das Fair-Trade-Siegel) genutzt, so steigert das möglicherweise das Ansehen und damit die Absatzmenge. Eine Verschlechterung des Rufs kann sich dagegen negativ auf das Unternehmen auswirken. Wird beispielsweise in den (sozialen) Medien berichtet, dass das Unternehmen sozial- und umweltunverträglich handelt, ist der Ruf und damit der Absatz in Gefahr. In unserem Beispiel könnten solche Handlungen die Anbau- und Abbauart betreffen, oder z. B. die Verwendung von Grundwasser für die Gewinnung von Bauxit/Aluminium in einer Region, in der viele Teile der Bevölkerung keinen Zugang zu (Trink-)Wasser haben.

Fragestellung 3 und Lösungsweg

Aufgabe: Wählen Sie aus den identifizierten Maßnahmen die zwei wichtigsten aus, die sie dem Kunden empfehlen würden, und begründen Sie ihre Wahl.

Dieser Schritt hängt von der vorangehenden Analyse ab. Eine mögliche Antwort könnte lauten:

Verpackung und Abfallanteile
Als eine kurzfristige Handlungsempfehlung würde ich mir zuerst die Problematik um die Aluminiumverpackung sowie die hohen Abfallanteile pro Portion näher ansehen. In erster Linie würde ich dem Unternehmen dabei eine Optimierung seiner Verpackung empfehlen. Dies war der größte Kritikpunkt aus Umweltsicht, die Lösung hätte aber auch einen positiven ökonomischen Effekt, da bei weniger Verpackung geringere Kosten anfallen.

Neues Produktsegment
Als zweite, langfristige Handlungsempfehlung würde ich die Investition in ein neues Produktsegment empfehlen. Konkret hieße das, eine nachhaltige Schokoladenmarke zu etablieren.

Hier empfehle ich dem Unternehmen eine Betrachtung der gesamten Wertschöpfungskette: Schon beim Abbau der Produkte sollte auf die Einhaltung der entsprechenden Sozialstandards geachtet werden sowie auf einen biologischen Anbau. Transport und Lagerung sollten so minimal wie möglich sein, sodass in der ökonomischen Dimension Kosten reduziert werden. Bei der Verpackung sollte man auf Sparsamkeit und Umweltverträglichkeit achten.

Das Unternehmen sollte ferner Wert auf entsprechend zertifizierte Nachhaltigkeits-Siegel legen, insbesondere deshalb, weil bei Konsumenten Skepsis bezüglich Green-Washing bei nicht-zertifizierten nachhaltigen bzw. „Bio"-Produkten vorherrscht. Dies weist den Weg für die Vermarktung, innerhalb derer das Premiumsegment angestrebt werden sollte. Die erhöhten Kosten gehen hier mit der Möglichkeit einher, etwas höhere Preise im Vergleich zum Standardprodukt anzusetzen.

Der Abfall ist idealerweise gering. Es könnte beispielsweise die Möglichkeit geben, diesen an entsprechenden Stellen zurückzugeben, oder aber einen Hinweis auf der Verpackung, wie der Abfall richtig recycelt werden kann. Damit würde der Kunde eine Vielzahl von den in der Skizze angesprochenen Risiken und negativen Punkte beachten.

Nichtsdestotrotz stellt sich die Frage, ob der Kunde nicht durchschaut, dass das Produkt aus demselben Unternehmen stammt, die anderen Produkte weiterhin kritisiert und damit möglicherweise auch dieses neue Produkt boykottiert. Im Idealfall hält das Unternehmen die sozial- und umweltverträglichen Maßnahmen auch in den anderen Bereichen ein, um diesen vermuteten „Bumerang-Effekt" zu vermeiden.

Würde ich die Maßnahmen nun spontan anhand der in der letzten Fragestellung identifizierten Werttreiber darstellen, so würde ich die erste Maßnahme sicher in der Risiko- und Kostenminimierung sehen; die zweite beträfe dann die Verbesserung des Rufs und neue Ertragschancen.

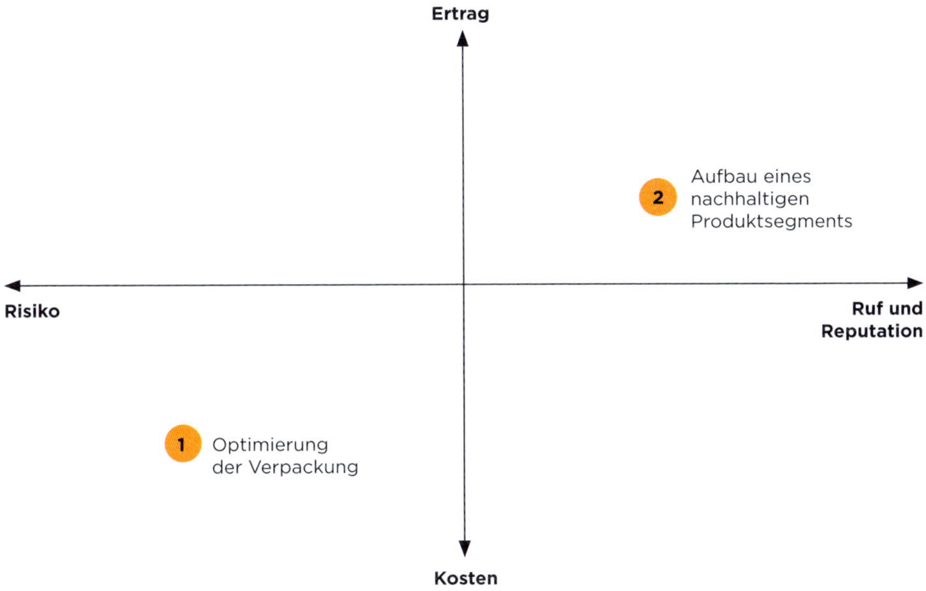

Übersicht Matrix (Fragestellung 3)

Energiekosten bei einem Telekommunikationsanbieter

von Gustav von der Schulenburg

Aufgabenstellung

Interviewer: Unser Kunde ist ein national führendes Telekommunikationsunternehmen, dessen Kerngeschäft aus Festnetztelefonie, Mobilfunk und Internetdiensten besteht. Diese Dienstleistungen werden den Kunden über ein eigenes Netz angeboten. Zum Betreiben dieser Netze wird Strom benötigt. Der Ausbau von Breitbandinternet und die Erweiterung der Mobilfunknetze haben in den letzten Jahren zu einem kontinuierlichen Anstieg im Stromverbrauch geführt – als Ergebnis haben die Stromkosten im Konzern an Relevanz gewonnen. Die in naher Zukunft anstehende Abschaltung von analoger Alttechnik (POTS) wird als ein Gegenläufer hierzu erwartet.

Nach dem Personal stellt Strom inzwischen die größte Betriebskostenposition dar. Letztes Jahr hatte unser Kunde einen Stromverbrauch von rund 670 GWh, zu Kosten von rund 58 Millionen Euro. Dieser Stromverbrauch macht unseren Kunden zu einem der größten Stromkonsumenten seines Landes. Das Management würde von uns gerne überprüfen lassen, ob es noch Möglichkeiten gibt, diese Energiekosten zu senken.

Lösungsweg

Bewerber: Lassen Sie mich sicherstellen, dass ich den Fall richtig verstanden habe. Es geht unserem Kunden darum, Potenziale zum Reduzieren der Stromkosten zu identifizieren.

Interviewer: Ja, das ist richtig.

Bewerber: Darf ich mir kurz Zeit zum Nachdenken nehmen?

Interviewer: Natürlich.

HINWEIS: Struktur ist an dieser Stelle wichtig. Der Bewerber sollte seine Struktur für den Interviewer leicht verständlich aufzeichnen – zum Beispiel so, wie in der Grafik dargestellt.

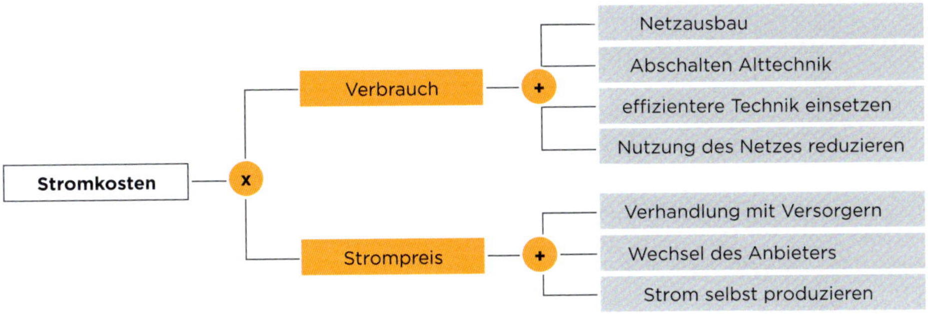

Zusammensetzung der Stromkosten

Bewerber: Die Stromkosten ergeben sich aus dem Produkt von verbrauchtem Strom und Strompreis (Kosten pro Stromeinheit). Wie Sie eingangs erwähnt hatten, steigt der Stromverbrauch durch den Breitbandnetz- und Mobilfunkausbau. Einen senkenden Effekt auf den Verbrauch könnten haben: das Abschalten von Alttechnik und der Austausch von alter Elektronik durch moderne, energieeffizientere Technik. Vielleicht kann man auch die Nachfrage nach Daten und Telefonaten reduzieren, um den Verbrauch zu senken. Auf der anderen Seite muss auch der Strompreis beachtet werden. Dieser könnte durch Verhandlungen mit dem Stromanbieter gesenkt werden. Ein liberalisierter Energiemarkt erlaubt es vielleicht auch, zu einem anderen Anbieter zu wechseln oder selbst Strom zu produzieren.

Interviewer: Sehr gut, Sie haben schon viele wichtige Einflüsse auf die Stromkosten genannt. Wie würden Sie jetzt weiter verfahren?

Bewerber: Als erstes möchte ich die Hypothese überprüfen, dass sich die Stromkosten durch Verbrauchsreduzierung senken lassen. Hierfür möchte ich verstehen, was beim Ausbau des Netzes passiert und wie sich die Abschaltung veralteter Technik auf den Strombedarf auswirkt. Zusätzlich würde ich gerne analysieren, ob Investitionen in eine energieeffizientere Technik möglich sind. Auch das Zusammenspiel aus Energieverbrauch und Netzauslastung würde ich gerne verstehen. Meine Frage ist: Nimmt der Stromverbrauch zu, wenn mehr im Internet gesurft wird oder mehr telefoniert wird?

Interviewer: Der Verbrauch ist ein sehr wichtiger Aspekt. Analysen der Netztechniker zeigen, dass der Stromverbrauch in den nächsten Jahren recht stabil bleiben wird. Das liegt daran, dass der Anstieg des Energieverbrauchs durch die neuen Netze ähnlich groß ist wie die Reduktion durch das Abschalten des POTS-Netzes. Zusätzlich investiert unser Kunde jedes Jahr massiv in die Energieeffizienz seiner Anlagen. Netzexperten schätzen eine weitere Investition in Energieeffizienzmaßnahmen als nicht wirtschaftlich ein. Bei der modernen Technik schwankt der Stromverbrauch nur minimal, wenn Daten übertragen werden.

Bewerber: Gut, das bedeutet, dass die Reduktion der Stromkosten nur durch eine Senkung des Strompreises möglich ist.

Interviewer: Ja, lassen Sie uns in diesem Case davon ausgehen.

Bewerber: Als erstes würde ich vorschlagen, mit dem Energieversorger zu verhandeln. Aufgrund seiner Größe müsste unser Kunde eine gewisse Verhandlungsmacht besitzen.

Interviewer: Unser Kunde verhandelt bereits intensiv mit dem Stromversorger, aber auch mit dessen Wettbewerbern. Insbesondere im Mittelspannungsbereich konnten schon signifikante Preissenkungen verhandelt werden. Die Verhandlungen laufen noch. Weitere, signifikante Preisreduzierungen werden allerdings nicht erwartet.

Bewerber: Okay, das bedeutet, dass auch schon geprüft wurde, wie sich ein Anbieterwechsel auf die Stromkosten auswirken würde. Als nächstes würde ich gerne die Option prüfen, selbst Strom zu produzieren. Zum Beispiel durch Generatoren, Windmühlen oder Solarzellen.

Interviewer: Auch diese Idee hatte der Kunde bereits, und sie wird im Kleinen, insbesondere bei nicht ans Stromnetz angeschossener Technik (z. B. in den Bergen oder auf Inseln) getestet. Allerdings hält das Management diese Option aufgrund des hohen Kapitalbedarfs nicht für passend. Fallen Ihnen noch weitere Möglichkeiten ein, den Strompreis zu senken?

Bewerber: Die vorhandenen Informationen lassen die Hypothese zu, dass der uns angebotene Strompreis nah am Optimum ist und keine weiteren Preissenkungen möglich sind. Um dies zu überprüfen, würde ich gerne die Wertschöpfung im Energiemarkt besser verstehen. Wie funktioniert der Energiemarkt in dem Land, in dem unser Kunde aktiv ist?

Interviewer: Seit der Liberalisierung des Energiemarktes muss der gesamte Strom über die Strombörse gehandelt werden. Alle Produzenten bieten ihren Strom an der Börse an; die Importe und Exporte werden ebenfalls an der Börse gehandelt. Die Versorger oder auch Verbraucher kaufen den Strom an der Börse ein.

Bewerber: Wie bezieht unser Kunde seinen Strom?

Interviewer: Unser Kunde bezieht seinen Strom über einen der Versorger. Da die Marktliberalisierung nicht lange zurückliegt, gehören dem ehemaligen staatlichen Monopol ca. 90 Prozent der Produktion, und es ist für ca. 80 Prozent des Vertriebs (als Versorger) verantwortlich.

Bewerber: Ich stelle das kurz in einer Grafik dar. Habe ich es so richtig verstanden?

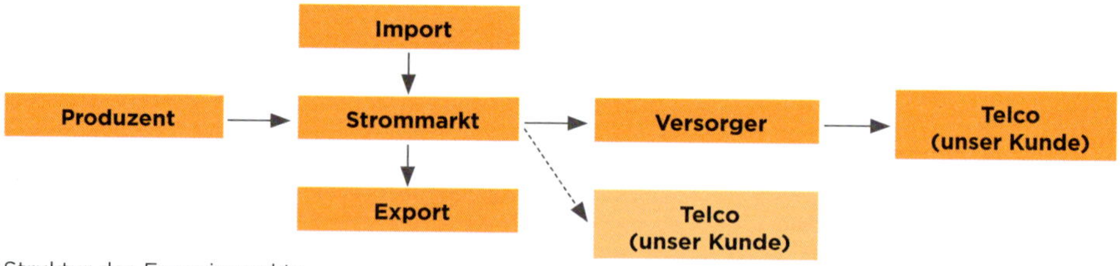

Struktur des Energiemarkts

Interviewer: Ja, so kann man das darstellen.

HINWEIS: Zeichnen Sie im Interview Ihre Ergebnisse auf. Dies hilft dem Interviewer, Ihnen zu folgen, und gibt Ihnen die Chance, Ihr Verständnis zu demonstrieren. Auch ist die grafische Darstellung von Zusammenhängen im Berateralltag eine wichtige Fähigkeit.

Bewerber: Eine Idee wäre es, den Versorger zu umgehen und den Strom direkt am Energiemarkt zu beziehen. Da wir die Stromproduktion durch den Kunden selbst schon ausgeschlossen haben, könnten wir auch Strom importieren. Um dies zu analysieren, würde ich gerne verstehen, wie sich die Preise an den einzelnen Stufen verhalten, um zu ermitteln, ob eine Kostenersparnis möglich ist.

Interviewer: Gut, dann lassen Sie uns konkret werden und die Idee, den Strom direkt vom Markt zu beziehen, weiter verfolgen. Ich möchte gerne von Ihnen wissen, was für eine Ersparnis pro Monat möglich wäre, wenn der Kunde seinen Strom direkt vom Energiemarkt bezieht. Für diese Analyse habe ich Ihnen ein paar Informationen mitgebracht.

Tarif	A	B	C
Spannung	Niederspannung <3 kV	Mittelspannung 3–30 kV	Hochspannung >30 kV
Preis in Euro/MWh	102,2	77,8	individuell/ Verhandlungsbasis

Tarife des Versorgers

Gesammtverbrauch je Kunde und Monat in kWh	Rabatt
>1.000	10,0 %
500–1.000	5,0 %
250–500	2,5 %

Rabatte des Versorgers

Tarif	A	B	C
Anschlüsse (Anzahl)	34.000	100	0
Stromverbauch in GWh	252	420	0

Verbrauch des Telco-Kunden pro Tarif

HINWEIS: Überlegen Sie sich, welche Informationen Sie brauchen, um die Frage zu beantworten. Sollten Ihnen Informationen fehlen, dann holen Sie diese von Ihrem Interviewer ein. Seien Sie hier besonders vorsichtig, was die Einheiten angeht.

Bewerber: Es geht Ihnen darum, herauszufinden, was für eine Ersparnis pro Monat möglich wäre, wenn unser Kunde seinen Strom direkt vom Energiemarkt bezieht.

Interviewer: Ja.

Bewerber: Die Stromkosten ergeben sich jeweils aus dem Produkt aus Verbrauch und Preis. Die Ersparnis ist die Differenz aus Stromkosten beim Bezug über den Versorger ($Kosten_V$) und den Stromkosten bei direktem Bezug vom Markt ($Kosten_M$) abzüglich weiterer Kosten ($Kosten_W$) wie zum Beispiel zusätzlich benötigtes Personal, Beratung, Lizenzen etc.

In einer Formel:

- $Ersparnis = Kosten_V - Kosten_M - Kosten_W$

Interviewer: Ja. Zur Vereinfachung können Sie gerne die von Ihnen angesprochenen zusätzlichen Kosten ignorieren. Schauen Sie sich nur den Strompreis an.

Bewerber: Gehe ich richtig in der Annahme, dass sich der Stromverbrauch unseres Kunden auf ein Jahr bezieht? Auch benötige ich noch Informationen zum Strompreis an der Strombörse.

Interviewer: Ja, der Verbrauch bezieht sich auf ein Jahr. An der Strombörse wird basierend auf Angebot und Nachfrage für jede Stunde eines Tages ein eigener Strompreis ermittelt. Deswegen kann der Preis hier von Stunde zu Stunde und Tag zu Tag stark schwanken. Beim Verbrauchsprofil unseres Kunden können Sie aber von einem Durchschnittspreis von 72 Euro pro MWh ausgehen.

Bewerber: Unser Kunde bezieht Strom nur aus zwei Tarifen. Für diese möchte ich jeweils einzeln die Ersparnis berechnen. In Tarif A verlangt der Versorger 102,2 Euro/MWh. Da der Konsum des Kunden weit über 1.000 KWh liegt, ist ein Rabatt von zehn Prozent anzuwenden.

- $Ersparnis_A = Kosten_{VA} - Kosten_{MA}$
  $= (252 \times 102{,}2 \times 0{,}9) - (252 \times 72)$
  $\approx 252\ (92 - 72)$
  $\approx 5.040.000$ Euro

Bei Tarif A könnte unser Kunde ca. fünf Millionen Euro im Jahr oder 420.000 Euro pro Monat einsparen.

- $Ersparnis_B = Kosten_{VB} - Kosten_{MB}$
  $= 420 \times 77{,}8 \times 0{,}9 - 420 \times 72$
  $\approx 420 \times (70 - 72)$
  ≈ -840.000 Euro

Im Gegensatz zu Tarif A scheint der vom Versorger angebotene Tarif B vorteilhaft für unseren Kunden zu sein. Sollte der Kunde bei diesem Tarif zum Markt wechseln, würde er jährlich 840.000 Euro bzw. monatlich 70.000 Euro mehr bezahlen müssen als bisher.

Über beide Tarife hinweg könnte unser Kunde ca. vier Millionen Euro pro Jahr bzw. ca. 350.000 Euro pro Monat einsparen.

Interviewer: Fallen Ihnen Risiken ein, die beachtet werden müssten, bevor unser Kunde seinen Stromeinkauf umstellt?

Bewerber: Ja, zum einen sehe ich betriebliche Risiken, wie zum Beispiel die Sicherheit der Stromversorgung und den Schutz gegen Ausfall. Auch besteht ein Marktrisiko bei Preisschwankungen. Außerdem könnte ich mir gut vorstellen, dass ein stark regulierter Markt wie der Energiemarkt auch eine gewisse regulative Komplexität mit sich bringt, die weitere Risiken birgt. Zuletzt könnte sich die Verhandlungsposition unseres Kunden gegenüber dem Versorger verschlechtern und sich negativ auf die Preise im Mittelspannungsbereich auswirken.

Interviewer: Vielen Dank.

Neue Preisstrategie für QuickPix

von Mark Kastner und Daniel Petter

Aufgabenstellung

Das Unternehmen QuickPix ist ein führender Hersteller eines breiten Sortiments aus digitalen Fotoapparaten und Zubehörprodukten. Aufgrund von sinkenden Verkaufszahlen sowie steigendem Preisdruck und Wettbewerb möchte der Kameraproduzent seine Preisstrategie überdenken. Sie werden gebeten, die aktuelle Marktsituation zu analysieren und eine Marktsegmentierung durchzuführen, um mögliche Wachstumspotenziale für Neuprodukte zu identifizieren.

Im Rahmen Ihrer Analyse gilt es folgende Fragen zu beantworten:

1. Wie sollte QuickPix individuelle Marktsegmente identifizieren, um zu entscheiden, welche der Segmente das größte Geschäftspotenzial bieten?
2. Welche Marktsegmente bieten das größte Potenzial für die Einführung eines neuen Kameramodells? Bestimmen Sie auf Basis einer Expertenschätzung den gewinnoptimalen Preis für die neue Kamera.

Lösungsweg

1. Preisstrategie und Marktsegmentierung

Die strategischen Ziele für das Preismanagement leiten sich aus der übergeordneten Zielsetzung und Strategie des Unternehmens ab. Die Definition einer Preisstrategie bietet die Möglichkeit, eindeutige und klare Vorgaben bezüglich der Ausrichtung eines Unternehmens im Wettbewerb festzulegen. Dabei sollte eine erfolgreiche Preisstrategie mehrere Punkte beinhalten: Neben der Definition von klaren Zielen (Gewinn von Marktanteil vs. Profitabilität), einer detaillierten Marktsegmentierung und darauf aufbauenden Priorisierung von einzelnen Segmenten sind eine eingehende Wertargumentation und die Positionierung im Wettbewerb von hoher Bedeutung.

Da die Definition konkreter Ziele je Marktsegment erfolgen sollte, ist die Marktsegmentierung ein zentrales, strategisches Element für die erfolgreiche Formulierung einer differenzierten Preisstrategie und -positionierung. Hierzu empfiehlt es sich, den Markt mithilfe einer Competition Map zu definieren und die einzelnen Segmente zu analysieren. Die Competition Map ist eine Methode der Marktsegmentierung, die sowohl die Attraktivität relevanter Marktsegmente als auch die Wettbewerbssituation pro Segment berücksichtigt.

Die folgenden Parameter sind für die Erstellung einer Competition Map zu klären: In einem ersten Schritt sollte die Marktdefinition erfolgen, das heißt konkret die Definition von relevanten Dimensionen zur Einteilung des Markts in homogene Segmente (beispielsweise Industrien, Regionen, Produkte, Kunden). Anschließend muss die Festlegung der Bewertungskriterien und deren Gewichtung für die Marktattraktivität und Wettbewerbsstärke vorgenommen werden. Zuletzt erfolgen die Festlegung der Erhebungsmethodik sowie die Durchführung der Datenerhebung als Basis zur Bewertung der einzelnen Ausprägungen der Kriterien. Durch die Bewertung der einzelnen Kriterien lässt sich additiv die konkrete Marktattraktivität und Wettbewerbsstärke für jedes einzelne Marktsegment bestimmen.

Durchführung der Marktdefinition

Im Beispiel von QuickPix gilt es, den Markt für digitale Fotoapparate und relevante Zubehörprodukte zu definieren. Im Allgemeinen lässt sich der Markt durch die beiden Dimensionen Konsumenten-Segment und Absatzkanal beschreiben. Zur Definition abgegrenzter Konsumenten-Segmente sollten die drei Hauptproduktkategorien – bestehend aus Kompaktkameras, spiegellosen Systemkameras und digitalen Spiegelreflexkameras – diesen Segmenten zugeordnet werden. So könnten zum Beispiel folgende fünf Konsumenten-Segmente definiert werden:

- Einstiegsmodelle: Das Segment der Einstiegsmodelle beinhaltet im Wesentlichen die Kompaktkameras, sogenannte Sucherkameras mit Kleinstbildformat.
- Standardmodelle: Im Standardsegment sind sowohl teure Kompaktkameras als auch spiegellose Systemkameras zusammengefasst.
- Semi-professionelles Segment: Die semi-professionellen Kameramodelle können teure Systemkameras, Einstiegs-Spiegelreflex-Modelle und einfache Spezialkameras (z. B. Sport- und Outdoor-Kameras) umfassen.
- Professionelles Segment: Das professionelle Kamerasegment setzt sich hauptsächlich aus digitalen Spiegelreflexkameras zusammen.
- Zubehör: Das Zubehör für Kameramodelle enthält Produkte wie z. B. Wechselobjektive, Akkumulatoren und Taschen.

Des Weiteren sollten mögliche Absatzkanäle für die zweite Dimension der Competition Map definiert werden. Dies könnten folgende fünf Arten von Händlern sein:

- Warenhäuser (z. B. Kaufhäuser des Einzelhandels und Verbrauchermärkte)
- Elektrohändler (z. B. Vollsortimenter für Elektronikgeräte)
- Spezialfachgeschäfte (z. B. Fachhandel für Fotoprodukte)
- Wiederverkäufer (sogenannte Reseller)
- reine Online-Händler (z. B. Online-Verkaufsplattformen)

Bewertungskriterien für Marktattraktivität und Wettbewerbsstärke

Die allgemeinen Anforderungen an die Segmentierungskriterien sind Relevanz und Implementierbarkeit. Unter Relevanz wird verstanden, dass die Kriterien tatsächlich auftreten sollten, durch ausreichende Varianz zu einer klaren Differenzierung führen, die Segmente eindeutig beschreiben und den Wert der Segmente für das Unternehmen spezifizieren. Zudem sollten die Kriterien einfach verfügbar, messbar, objektiv, eindeutig und beständig sein, um die Implementierbarkeit der Segmentierung zu gewährleisten.

Die Marktattraktivität lässt sich durch viele mögliche Kriterien beschreiben, wobei jedoch drei bis fünf relevante Kriterien ausgewählt und gewichtet werden sollten. Die einzelnen Kriterien werden später basierend auf einer Skala von 1 (= gering) bis 5 (= hoch) für jedes Segment bewertet, um die spezifische Marktattraktivität des Segments zu bestimmen.

Eine ähnliche Vorgehensweise empfiehlt sich für die Bestimmung der Wettbewerbsstärke in den Marktsegmenten. Nach einer konkreten Auswahl von relevanten und implementierbaren Bewertungskriterien aus einer langen Liste von Merkmalen muss die Gewichtung der Kriterien summierend auf 100 Prozent festgelegt werden.

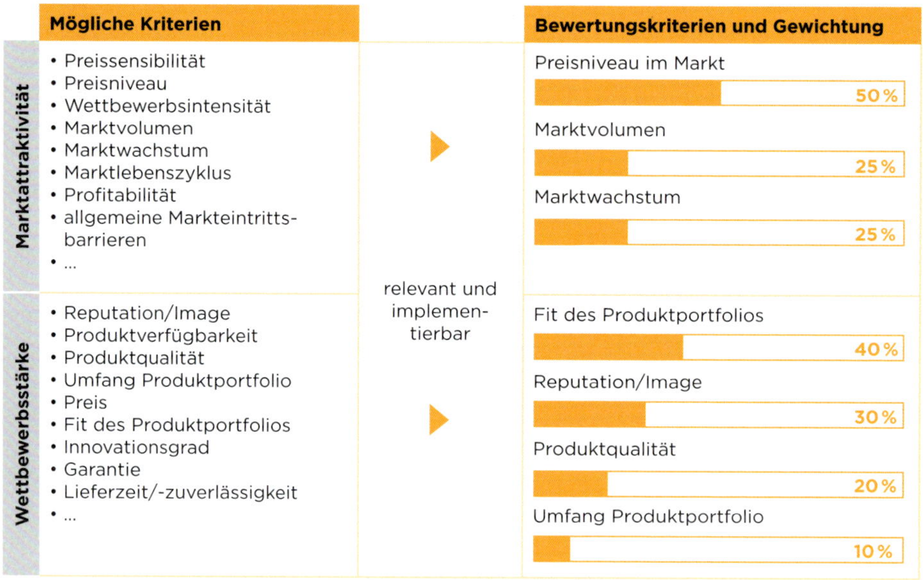

Ausgewählte Bewertungskriterien für die Marktattraktivität und Wettbewerbsstärke

Datenerhebung und Bewertung der einzelnen Marktsegmente

Die Erhebung der Datenbasis für die Bewertung kann aus unterschiedlichen Quellen vorgenommen werden. In der Praxis häufig eingesetzte Methoden sind die Expertenschätzung, Kundenbefragung oder Auswertung von (historischen) Marktdaten.

In unserem Beispiel wurde im Rahmen eines Workshops mit dem Leiter und stellvertretenden Leiter des Vertriebs in Deutschland sowie einem Produktmanager von QuickPix eine Experteneinschätzung der gewählten Bewertungskriterien durchgeführt. Nachdem jedes einzelne Kriterium für jedes Marktsegment auf einer Skala von 1 (= gering) bis 5 (= hoch) bewertet wurde, kann so durch Addition die spezifische Marktattraktivität und Wettbewerbsstärke für jedes Segment ermittelt werden. Zur Visualisierung ist die Ausprägung der Marktattraktivität durch Harvey-Balls und die Ausprägung der Wettbewerbsstärke farblich abgestuft.

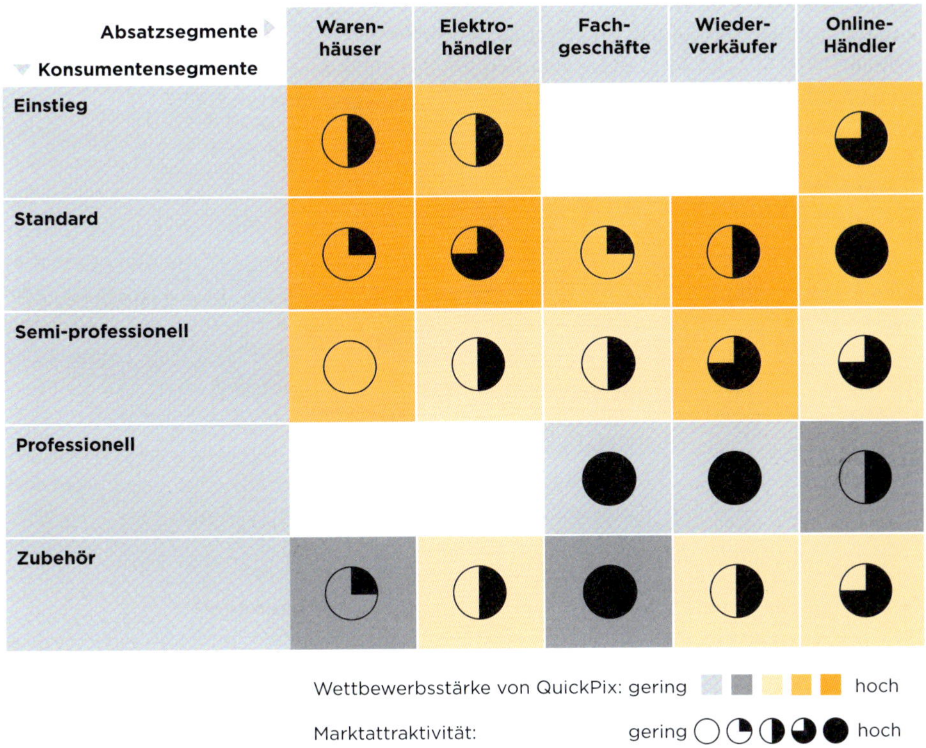

Competition Map für den Markt digitaler Fotoapparate in Deutschland

Nach der Durchführung der Marktsegmentierung gilt es, die einzelnen Segmente ausführlich zu analysieren. Auf Basis der detaillierten Einschätzung ist es nun möglich, in jedem einzelnen Marktsegment eine klare strategische Handlungsvorgabe zu entwerfen und strukturiert durchzuführen.

Im Beispiel von QuickPix zeigt sich bereits, dass das Unternehmen beschlossen hat, in den Konsumenten-Segmenten Einstieg und Professionell einige Absatzkanäle nicht zu bedienen. Dies betrifft die Kanäle Fachgeschäfte und Wiederverkäufer bei Einstiegsmodellen und die Kanäle Warenhäuser und Elektrohändler bei professionellen Fotoapparaten. Weiterhin lässt sich feststellen, dass die Wettbewerbsstärke von QuickPix bei professionellen Kameras eher gering ausfällt, obwohl die Absatzkanäle der Fachgeschäfte und Wiederkäufer den Zugang zu höchst attraktiven Marktsegmenten bieten. Auch im Konsumenten-Segment Zubehör ist die Wettbewerbsstärke von QuickPix gering ausgeprägt, trotz Absatzkanälen mit hoher Attraktivität.

2. Preissetzung für ein neues Produkt

Auf Basis Ihrer Analyse entscheidet sich das Management von QuickPix, ein neues Kameramodell für das professionelle Konsumenten-Segment einzuführen. Das Unternehmen erhofft sich so, die eigene Wettbewerbsstärke in diesem Segment zu erhöhen. Nach der Produktvorstellung der digitalen Spiegelreflexkamera liegt es an Ihnen, den Preis für das neue Produkt zu bestimmen. Da bis zum Verkaufsstart der Kamera nur noch eine Woche verbleibt, möchte QuickPix den gewinnoptimalen Preis durch eine Schätzung der Preis-Absatz-Funktion im Rahmen eines internen Expertenworkshops ermitteln.

Expertenschätzung der Preis-Absatz-Funktion

Im Rahmen der Expertenschätzung werden individuelle Preis- und Absatzschätzungen (Umsatz und Deckungsbeitrag in Abhängigkeit vom Preis) verwendet, um den optimalen Preis zu finden. Die Teilnehmer des Expertenworkshops sollten aus dem Vertrieb, Produktmanagement und Marketing kommen, um die Betrachtung aus möglichst vielen verschiedenen Perspektiven zu gewährleisten. Die individuellen Preis-Absatz-Schätzungen der Teilnehmer werden zu einer gemeinsamen Preis-Absatz-Funktion aggregiert, um die Preis-Umsatz-Funktion zu bestimmen. Die Einbeziehung der Herstellkosten führt dann zur aggregierten Preis-Ertrags-Funktion, auf Basis derer man den profitmaximalen Preis für das Produkt ermitteln kann. Dabei stehen bei dieser Methode die ermittelten Ergebnisse und der entstehende Aufwand in einem angemessenen Verhältnis zueinander.

Festlegung der Rahmendaten und Durchführung der Schätzungen

In einem ersten Schritt ist es wichtig, die Rahmendaten als Basisannahmen für die Expertenschätzung zu bestimmen. Dies muss mindestens die genaue Definition des Produkts, die Annahme über den durchschnittlichen Verkaufspreis und eine Absatzmenge als Ausgangsbasis sowie die Hauptwettbewerber inklusive deren Preisniveaus umfassen. Im Fall von QuickPix werden folgende Annahmen für den deutschen Markt getroffen:

Beim Produkt handelt es sich um eine digitale Spiegelreflexkamera mit einem Ausgangspreis von 5.500 Euro und einem Ausgangsvolumen von 10.000 Stück. Die variablen Herstellungskosten betragen 3.730 Euro, Fixkosten gibt es keine.

Auf Basis dieser Ausgangswerte werden die Schätzungen mit drei Experten aus dem Vertrieb, Produktmanagement und Marketing von QuickPix durchgeführt.

Preisannahme (Euro)		5.000	5.250	5.500	5.750	6.000
Geschätzter Absatz	Vertrieb	12.150	11.050	10.000	9.250	7.900
	Produktmanagement	11.230	10.850		9.475	8.050
	Marketing	11.750	10.900		9.550	8.540

Expertenschätzung der Absatzzahlen in Deutschland

Anhand dieser Daten können nun die Zusammenführung der Schätzungen und die Berechnung des gewinnoptimalen Preises erfolgen.

Ermittlung des gewinnoptimalen Preises
Auf Basis der Schätzdaten sowie der Basisannahmen soll der Bewerber nun den gewinnoptimalen Preis berechnen. Im ersten Schritt muss für jeden Preispunkt der durchschnittliche Absatz berechnet werden, indem der Mittelwert über alle Schätzungen gebildet wird. Danach kann mithilfe der allgemeinen Gewinngleichung der Gewinn für jede Preis-Absatz-Kombination berechnet werden.

Die Gewinngleichung lautet:

- $G = p \times m - k_{var} \times m - k_{fix}$
  mit G = Gewinn, p = Preis, m = Menge, k_{var} = variable Kosten und k_{fix} = Fixkosten.

Wie bereits in den Basisannahmen beschrieben, wird vereinfachend angenommen, dass die Absatzmenge keinen Einfluss auf die Fixkosten hat und diese in der Berechnung mit Null angesetzt werden. Somit ergibt sich durch Umformung die verkürzte Formel:

- $G = (p - k_{var}) \times m$,
  wobei $(p - k_{var})$ der Deckungsbeitrag je Stück ist.

Preis (Euro)	Absatz (aggregiert)	Variable Kosten (Euro)	Umsatz (Mio. Euro)	Gewinn (Mio. Euro)
5.000	11.710	3.730	58,55	14,87
5.250	10.933	3.730	57,4	16,62
5.500	10.000	3.730	55	17,7
5.750	**9.425**	**3.730**	**54,19**	**19,04**
6.000	8.163	3.730	48,98	18,53

Berechnung der einzelnen Preis-Absatz-Kombinationen

Die obige Tabelle zeigt eine Übersicht der geschätzten Preis-Absatz-Kombinationen in Bezug auf Umsatz und Gewinn. Der Tabelle lässt sich entnehmen, dass der gewinnoptimale Preis für das neue Kameramodell 5.750 Euro beträgt, bei einem erwarteten Absatz von 9.425 Stück. Die Einführung zu diesem Preis würde zu einem Umsatz von 54,19 Millionen Euro und einem Gewinn von 19,04 Millionen Euro führen.

Zusätzlich können die Preis-Absatz-Funktion sowie die Gewinnfunktion in einem Diagramm bildlich dargestellt werden.

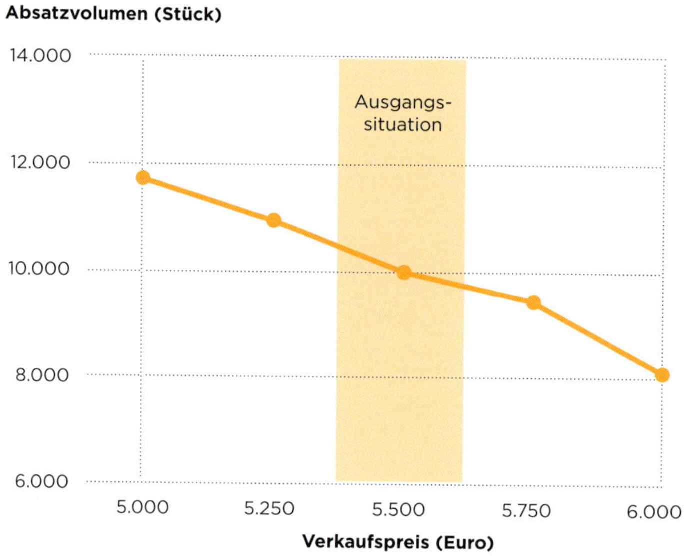

Preis-Absatz-Funktion für das neue Kameramodell von QuickPix in Deutschland

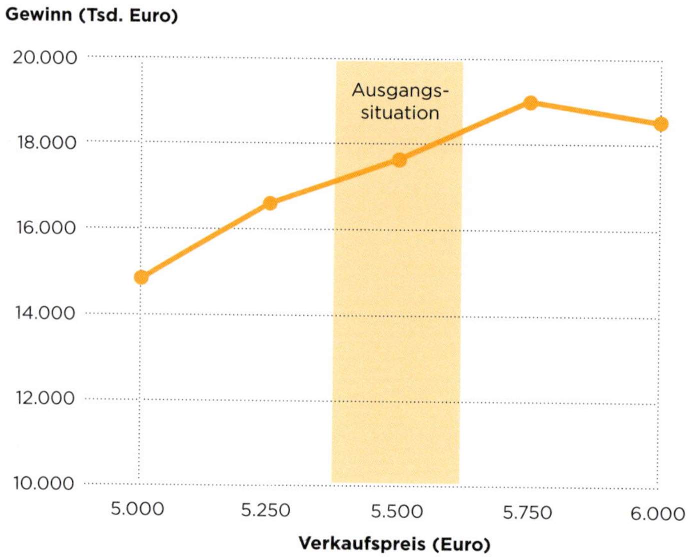

Gewinn-Funktion für das neue Kameramodell von QuickPix in Deutschland

In einem letzten Schritt sollte der ermittelte Preis vor der Markteinführung einem Plausibilitäts-Check unterzogen werden, indem man den Preis vor dem Hintergrund der Preis-Leistungs-Positionierung und des Leistungsumfangs der Kamera sowie unter Berücksichtigung von Konkurrenzprodukten diskutiert.

Marktabschätzung und Preisstrategien für Flüge ins All

von Mathias Bertele und Dr. Nicolas Haas

Ausgangssituation und Aufgabenstellung

Ein innovatives Start-up namens SpaceHolidays hat ein neues Flugzeug entwickelt, das durch die gesamte Atmosphäre und den Orbit der Erde fliegen kann und dabei wie ein herkömmliches Flugzeug startet und landet. Das Start-up verfügt über eine breite Kapitalunterstützung insbesondere von Business Angels und will nun Weltraum-Tourismus anbieten – in Form von vierstündigen Flügen in die Erdumlaufbahn. Ein Flugzeug kostet eine Milliarde Euro; dabei sind F&E-Kosten bereits berücksichtigt.

Ihr Kunde, einer der Business Angels, bittet Sie um eine Einschätzung des Start-ups. Da dieses von technikbegeisterten Ingenieuren geführt wird, er jedoch vor einem großen Investment die Wirtschaftsperspektive beleuchtet haben will, ist für ihn entscheidend: Wie groß ist der Markt in Europa und den USA? Wieviel kann man für ein Ticket verlangen?

HINWEIS: Bevor Sie mit der Erarbeitung der Fallstudie beginnen, stellen Sie sicher, dass sie die Ausgangssituation und die Zielrichtung richtig verstanden haben. Dazu können Sie zunächst kurze Verständnisfragen stellen, um sich selbst zu strukturieren.

Lösungsweg

Bewerber: Um sicherzugehen, dass ich alles richtig verstanden habe, fasse ich nochmals kurz zusammen. SpaceHolidays hat ein Flugzeug entwickelt, das vierstündige Touristenflüge in den Orbit ermöglicht und auf normalen Flugplätzen startet bzw. landet. Dafür soll ich den potenziellen Markt in Europa und den USA schätzen und den Preis für ein Ticket berechnen. Zur Berechnung brauche ich noch weitere Informationen. Gibt es bereits Wettbewerber, die ähnliche Flüge anbieten?

Interviewer: Nein. Und SpaceHolidays besitzt auch ein Patent für ihre Flugzeuge. Sie können also davon ausgehen, dass es einige Jahre dauert, bis der Patentschutz umgangen werden kann.

Bewerber: Wie groß ist die Kapazität des Flugzeuges?

Interviewer: Das Flugzeug bietet Platz für 50 Passagiere.

Bewerber: Wieviele Flüge möchte SpaceHolidays anbieten?

Interviewer: Zwei Flüge pro Tag an 300 Tagen im Jahr.

Bewerber: Bevor ich nun die Marktgröße für solche Flüge schätze, muss ich vorher den Preis wissen, den die Touristen zahlen. Sollte der Preis zehn Euro betragen, ist die Marktgröße gleich der Einwohnerzahl der USA und Europas. Beträgt der Preis jedoch 1.000.000 Euro, ist der Markt viel kleiner.

Für die Preisfindung gibt es grundsätzlich drei unterschiedliche Strategien: die konkurrenzorientierte, die nachfrageorientierte und die kostenorientierte Preisbildung. Da es noch keine Konkurrenten gibt und ein Markt für Weltraumflüge noch nicht existiert, schlage ich eine kostenorientierte Preisfindung vor. Bevor ich nun jedoch den Preis schätze, muss ich zunächst etwas über die Kosten wissen. Wie ist die Lebensdauer des Flugzeuges?

Interviewer: Zehn Jahre - und sie können die Kosten für das Flugzeug auf die gesamte Lebensdauer umlegen. Was würden Sie noch für Kosten sehen?

Bewerber: Ich denke, die hauptsächlichen Kostenfaktoren neben den Flugzeugen wären die Personalkosten, sowohl an Bord als auch am Boden, Instandhaltungskosten für die Flugzeuge, Versicherungen, Flughafengebühren und Werbeausgaben.

Interviewer: Sehr gut. Hier bekommen Sie eine Tabelle mit Zahlen zu den einzelnen Kostenpositionen. Fehlt noch eine wesentliche Kostenposition?

Jährliche Kosten in Euro	
Kosten für Flugzeug	100 Mio.
Lohnkosten	4 Mio.
Instandhaltung	5 Mio.
Flughafengebühren	4 Mio.
Versicherung	10 Mio.
Marketing	3 Mio.
Summe der Kosten	**126 Mio.**

Kostenpositionen (in Millionen Euro)

Bewerber: Es fehlen noch die Spritkosten.

Interviewer: Sehr gut. Konzentrieren wir uns nun also auf die Spritkosten. Das Flugzeug verbraucht 20 Liter pro Kilometer. Ein Liter Kerosin kostet zwei Euro.

Bewerber: Wie lange ist ein Flug?

Interviewer: Die Atmosphäre ist ca. 40 Kilometer dick, wobei 80 Prozent des Flugs in einer Höhe von ca. zwölf Kilometern stattfindet. Weiterhin verbraucht das Flugzeug im Orbit wenig Sprit. Gehen Sie davon aus, dass das Flugzeug insgesamt 1.000 Kilometer zurücklegt.

Bewerber: Also 20 Liter pro Kilometer bei 1.000 Kilometern – macht 20.000 Liter mal zwei Euro pro Flug. Bei zwei Flügen an 300 Tagen im Jahr betragen demnach die Spritkosten 24 Millionen Euro pro Jahr. Die Spritkosten müssen wir nun noch zu den anderen Kosten addieren. Unsere Gesamtkosten betragen demnach 150 Millionen Euro pro Jahr.

Interviewer: Gut. Ziel ist es aber, den Preis für ein Ticket anhand unserer Kosten zu bestimmen.

Bewerber: Deshalb müssen wir von den Gesamtkosten auf die Kosten pro Passagier kommen. Bei 600 Flügen pro Jahr mit je 50 Passagieren betragen die Kosten pro Passagier 5.000 Euro.

Interviewer: Gut. Was würden Sie also nun für ein Ticket verlangen?

Bewerber: Bei Kosten von 5.000 Euro können wir einen Preis von 10.000 Euro annehmen. Dies würde schon zu einer ordentlichen Rendite führen. Da es sich hierbei jedoch um ein völlig neues Reiseerlebnis handelt, das einen großen Reiz ausübt, denke ich, dass wir einen viel höheren Preis verlangen können. Deshalb schlage ich eine Skimming-Strategie vor, um sogar eine Überrendite zu erzielen.

Interviewer: Was verstehen Sie unter einer Skimming-Strategie, und was wäre eine alternative Preisstrategie?

Bewerber: Voraussetzung für eine Skimming-Strategie sind eher preisunempfindliche Käufer und wenig bis kein Wettbewerb. Im Rahmen dieser Strategie kann eine hohe Kaufbereitschaft durch hohe Preise abgeschöpft werden. Dadurch kann im Normalfall eine Überrendite erzielt werden.

Eher gegenteilig ist dazu die Penetrationsstrategie zu sehen. Hierbei werden Preise eher gering gehalten, um einen möglichst hohen Marktanteil zu erzielen. Da unser Produkt eine monopolartige Stellung hat und unsere Kunden potenziell preisunempfindlich sind, würde ich die Skimming-Strategie mit höheren Preisen empfehlen.

Interviewer: Gut. Was würden Sie nun verlangen? Was ergibt sich daraus für eine Marktgröße?

Bewerber: Bei 5.000 Euro Kosten pro Passagier würde ich 50.000 Euro für ein Ticket verlangen. Ich denke, der Faktor zehn zwischen Kosten und Endpreis ist durchsetzbar aufgrund der Einmaligkeit des Angebots und der monopolartigen Stellung. Eingangs sagten Sie, der Markt beschränkt sich auf Europa und die USA. Gibt es hierfür spezielle Gründe? Meines Erachtens würde auch Asien viele potenzielle Kunden bieten.

Interviewer: In der Tat würden sich in Asien sicherlich auch Kunden finden. Jedoch möchte sich Space-Holidays auf Europa und die USA beschränken, da das Unternehmen befürchtet, dass die Gefahr von möglichen Plagiaten des Flugzeugs steigt, wenn es auch auf asiatischen Flughäfen gewartet wird.

Bewerber: Gut, dann gehe ich von Europa und den USA aus. Zusammen haben Europa und die USA etwa eine Milliarde Einwohner (700 + 300 Millionen). Ich gehe davon aus, dass etwa 0,5 Prozent der Bevölkerung dazu bereit ist, 50.000 Euro für den Urlaub auszugeben. Das wären fünf Millionen Einwohner. Davon würden vielleicht 25 Prozent den Flug machen. Somit beträgt die Marktgröße 1,25 Millionen Kunden.

join.rolandberger.com
Roland Berger
Be
the change you want to see.
Praktikant (m/w) Consulting
Gehen Sie mit uns neue Wege! Als "Berater auf Zeit" entdecken Sie die Welt der Unternehmensberatung. Sie sind festes Mitglied eines Projektteams und erarbeiten für unsere Kunden kreative Lösungen. Durch Ihr Wissen und Ihre Ideen können Sie Veränderungen gestalten.
Ihr Profil
• Studium an einer Universität oder renommierten Business School, mindestens im vierten Semester mit sehr guten Schul- und Studienleistungen
• Auslandserfahrung im Rahmen eines Praktikums oder Auslandssemesters
• Je nach Studienfortschritt ein bis zwei anspruchsvolle Praktika in einem strategischen Umfeld
• Analytisch-konzeptionelle Fähigkeiten, unternehmerisches Denken und Persönlichkeit
Interessiert? Dann freuen wir uns auf Ihre vollständigen Bewerbungsunterlagen (Anschreiben, Lebenslauf sowie Abitur-, Hochschul- und Arbeitszeugnisse) über www.join.rolandberger.com. Für Fragen steht Ihnen Sabine Müller unter +49 89 9230-9946 gerne zur Verfügung.

Investition in schwimmenden Palast?

von Dr. Fabian Gleisner

Aufgabenstellung

Interviewer: Ihr Klient, der CFO einer großen Kreuzfahrtgesellschaft, bittet Sie um Hilfe bei einer Investitionsentscheidung. Derzeit prüft er, ob sein Unternehmen ein neues Luxus-Kreuzfahrtschiff mit einer Kapazität von 2.000 Passagieren in Auftrag geben soll. Der hochexklusive Luxusliner hat firmenintern den Arbeitstitel „schwimmender Palast", das Investitionsvolumen beträgt 700 Millionen Euro. Die Gesellschaft hat als interne Richtlinie für alle Großinvestitionen eine Rendite von mindestens 15 Prozent vorgegeben. Würden Sie dem Klienten zur Investition in das Kreuzfahrtschiff raten?

Lösungsweg

Bewerber: Das ist ein sehr interessanter Business Case. Eine Empfehlung für oder gegen die Investition soll auf Basis der zu erwartenden Rendite des Schiffs erfolgen. Ich würde eine Investitionsrechnung aufstellen und prüfen, ob die intern geforderte Rendite von 15 Prozent erreicht wird. Ich würde mir dazu gerne einen Moment Zeit nehmen, um meine Gedanken zu sortieren und aufzuschreiben.

Interviewer: Selbstverständlich, nehmen Sie sich Zeit.

Bewerber: Danke für Ihre Geduld, ich bin soweit. Zunächst habe ich eine Frage: Wenn der CFO eine Zielrendite von 15 Prozent für die Investition in den Luxusliner benötigt, dann soll der notwendige Gesamtgewinn 700 Millionen Euro mal 115 Prozent, also 805 Millionen Euro betragen. Über welchen Zeitraum soll die Zielrendite erwirtschaftet werden?

Interviewer: Der zu betrachtende Zeithorizont sind sechs Jahre, in diesem Zeitraum soll sich die Investition entsprechend amortisiert haben.

Bewerber: Okay, danke. 805 Millionen Euro über sechs Jahre entspricht einem jährlichen Gewinn von 134,2 Millionen Euro, der erwirtschaftet werden muss. Vereinfachend nehme ich 135 Millionen Euro als notwendigen jährlichen Gewinn des Schiffs an, in Ordnung?

Interviewer: Ja, natürlich. Also muss der schwimmende Palast jährlich einen Gewinn von 135 Millionen Euro erwirtschaften. Ist das denn realistisch?

Bewerber: Dazu möchte ich Umsatz und Kosten abschätzen. Zunächst gehe ich auf den Umsatz ein. Der Umsatz setzt sich zusammen aus Menge und Preis; die Menge entspricht der Passagierkapazität multipliziert mit der Anzahl der jährlichen Kreuzfahrten. Wenn also zum Beispiel im Jahr zehn Kreuzfahrten unternommen würden, wäre die jährliche Gesamtkapazität 20.000 Passagiere – wobei ich annehmen würde, dass deutlich mehr Kreuzfahrten im Jahr einzuplanen sind. Wie viele Kreuzfahrten sind für ein Schiff wie den schwimmenden Palast realistisch?

HINWEIS: Der Bewerber hat seine Umsatzschätzung logisch dargelegt und sehr zielgerichtet eine Frage dazu gestellt. Das ist vollkommen in Ordnung, der Interviewer kann im schlimmsten Fall den Ball nur zurückspielen und ihn bitten, selbst eine Annahme zu treffen.

Interviewer: Nehmen Sie 40 Kreuzfahrten im Jahr an, jeweils eine Woche lang, und 12 Wochen für die Wartung und Repositionierung. Mit Repositionierung ist die Fahrt von einer Region, wie z. B. dem Mittelmeer oder der Karibik, in eine andere Region gemeint.

Bewerber: Dann entspricht also die Gesamtkapazität 40 Kreuzfahrten mal 2.000 Passagieren oder insgesamt 80.000 Passagieren. Es ist jedoch davon auszugehen, dass das Schiff nicht immer voll ausgebucht sein wird. Die tatsächliche Auslastung wird also weniger als 80.000 Passagiere betragen. Nehmen wir an, dass eine Auslastung von durchschnittlich 80 Prozent erreicht wird, also 80.000 mal 80 Prozent gleich 64.000 Passagiere im Jahr.

Interviewer: Warum haben Sie eine Auslastung von 80 Prozent gewählt?

Bewerber: Angenommen, in der Hochsaison ist das Schiff voll belegt, also im Sommer und in den Ferien. Das macht etwa ein Drittel des Jahres aus. Den Rest des Jahrs gehe ich von einer Auslastung von 70 Prozent aus, da ein hochexklusiver Luxus-Liner auf entsprechend vermögende Kunden abzielt, die viel Urlaub machen und genug Zeit für Kreuzfahrten haben. Zudem wird das Schiff in den ersten Jahren, auch in der Nebensaison, sehr attraktiv für die Kunden sein. Dann ergibt sich ein gewichteter Durchschnitt von 80 Prozent, sprich ein Drittel mal 100 Prozent plus zwei Drittel mal 70 Prozent.

HINWEIS: Der Bewerber trifft hier eine Annahme, die er auch gut mit Argumenten unterlegt. Die 80-Prozent-Auslastung erscheint dennoch recht willkürlich und damit angreifbar. Der Bewerber könnte hier die Flucht nach vorne antreten und dies auch zugeben, gleichzeitig aber darlegen, dass er diese Annahme normalerweise noch einmal intensiv durch eine Recherche oder durch Experteninterviews validieren würde.

Interviewer: Das erscheint erst einmal plausibel, damit können Sie weiterrechnen. Also, was bedeuten nun unsere 64.000 Passagiere für einen Gewinn?

Bewerber: Zunächst schätze ich noch den Umsatz ab, danach die Kosten, um dann zum Gewinn zu kommen. Um zum vollständigen Umsatz zu gelangen, fehlt nun noch der durchschnittliche Preis je Kreuzfahrt. Um hierbei zu einer plausiblen Annahme zu kommen, würde ich als Benchmark das heranziehen, was die Kunden durchschnittlich für eine Woche Luxusurlaub im Hotel ausgeben. Der Luxus-Liner zielt primär auf wohlhabende Kunden ab. Obwohl ich noch nie eine Kreuzfahrt gemacht habe, nehme ich an, dass eine Luxus-Kreuzfahrt all-inclusive ist, also dass für die Passagiere Speisen, Getränke und Unterhaltungsprogramm inbegriffen sind.

Interviewer: Das ist richtig, eine Kreuzfahrt mit dem schwimmenden Palast soll natürlich all-inclusive sein. Ihr Benchmarking-Ansatz gefällt mir, fahren Sie fort. Als Hilfestellung: Die typischen Passagiere sind ältere, wohlhabende Ehepaare.

Bewerber: Danke für den Tipp. Ich setze als Benchmark für einen luxuriösen all-inclusive Hotelurlaub 400 Euro pro Person und Tag an. Das setzt sich zusammen aus 150 Euro für das Hotelzimmer - die Hälfte eines 300-Euro-Zimmers, das sich ein Passagier typischerweise jeweils mit seinem Partner teilt. Weiterhin für gehobenes Essen und sämtliche - auch alkoholische - Getränke 150 Euro und für das Unterhaltungsprogramm 100 Euro pro Person und Tag. Das macht für eine Woche 2.800 Euro pro Person.

Interviewer: Halten Sie 2.800 Euro pro Woche für eine Luxuskreuzfahrt für realistisch? Gibt es Faktoren, die den Preis für eine Kreuzfahrt im Vergleich zu einem gehobenen Hotelurlaub aus Ihrer Sicht noch beeinflussen könnten?

Bewerber: Ich denke, eine Luxus-Kreuzfahrt kann im Vergleich zu einem Hotelurlaub noch etwas teurer sein. Eine Kreuzfahrt ermöglicht es, während des Urlaubs mehr zu sehen und zu erleben als - im Extremfall - „nur" eine Hotelanlage. Auf einem Kreuzfahrtschiff ist alles relativ dicht beieinander und bequem erreichbar, dieser Komfort ist gerade für ältere Menschen besonders angenehm. Ich halte also eine Prämie von 200 Euro und in Summe einen wöchentlichen Preis für die Kreuzfahrt von 3.000 Euro für realistisch und angemessen. Multipliziert mit 64.000 Passagieren ergibt das einen Jahresumsatz von 192 Millionen Euro.

Interviewer: Mit Blick auf Ihre anfängliche Analyse - einem notwendigen jährlichen Gewinn von 135 Millionen: Denken Sie, die Investition in das Kreuzfahrtschiff lohnt sich?

Bewerber: Dies würde bedeuten, dass das Schiff nur jährliche Kosten von 57 Millionen Euro im Jahr aufweist. Anders ausgedrückt: Die Marge müsste mit rund 70 Prozent sehr hoch sein, um aus einem Umsatz von 192 Millionen Euro einen Gewinn von 135 Millionen Euro zu erwirtschaften. Das erscheint mir im Vergleich zu anderen Industrien sehr hoch.

Interviewer: Sie haben Recht, eine Marge von 70 Prozent scheint zu hoch zu sein. Haben Sie Vorschläge, wie die Kreuzfahrtgesellschaft den Umsatz erhöhen könnte, damit sich die Investition doch noch rechnen könnte?

Bewerber: Eine Möglichkeit wäre sicherlich, den Preis für die Kreuzfahrt zu erhöhen. Dies könnte jedoch dazu führen, dass die Nachfrage sinkt, da viele Kunden dann eine andere Urlaubsform vorziehen würden. Eine andere Option zur Umsatzsteigerung könnte sein, den Passagieren an Bord kostenpflichtige Zusatzangebote zu machen, beispielsweise ein Kasino, exklusive kostenpflichtige Restaurants oder Events wie Tontaubenschießen. Sie hatten vorhin auch erwähnt, dass das Schiff an einigen Wochen im Jahr repositioniert wird. Vielleicht könnte man in dieser Zeit ebenfalls zu günstigeren Konditionen Passagiere mit an Bord nehmen, um die Auslastung insgesamt zu steigern.

Interviewer: Die Vorschläge gefallen mir alle sehr gut! Lassen Sie uns damit das Thema Kreuzfahrtschiff erst einmal beenden. Vielen Dank.

Lösungsskizze

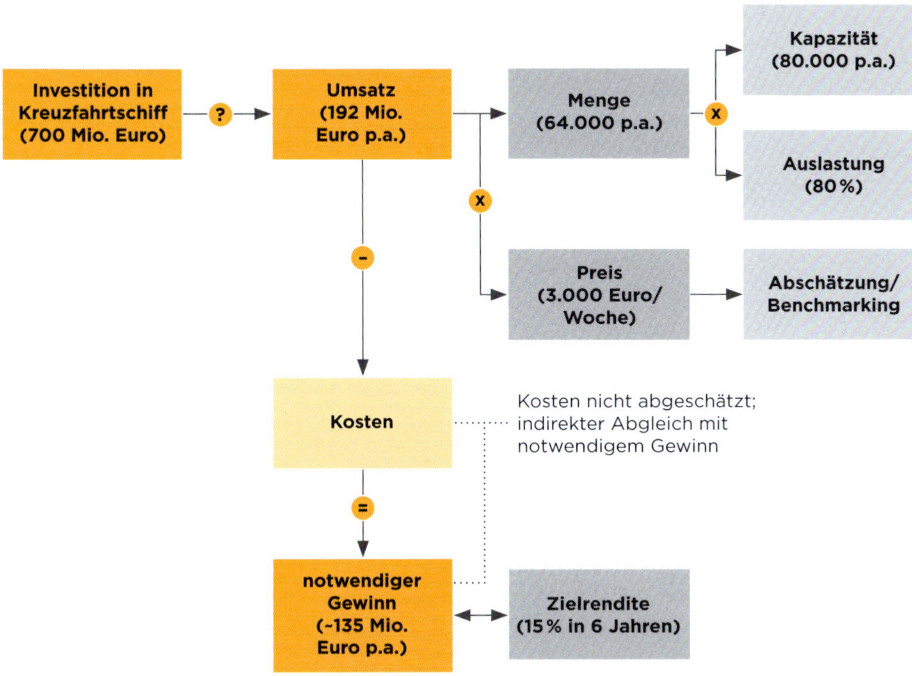

Performance Improvement

von Holger Prochazka und Dr. Peter von Snitkin

Ausgangssituation

PEFCO, eine Private-Equity-Gesellschaft, hat für ihren aktuellen Fund kürzlich die Beteiligung an einem deutschen mittelständischen Maschinenbauer (MASBAU-AG) erworben. Nachdem das Unternehmen bis zum Kaufzeitpunkt nicht optimal geführt worden war, erwirtschaftet die MASBAU-AG ein EBITDA (Earnings Before Interest, Tax, Depreciation and Amortization) von lediglich 40 Millionen Euro bei einem Umsatz von 530 Millionen Euro. PEFCO mandatiert Ihr Beratungsunternehmen mit einem umfassenden Performance-Improvement-Projekt mit dem Ziel, sämtliche Maßnahmen zur Leistungs- und damit Wertsteigerung des Unternehmens zu identifizieren und umzusetzen.

Aufgabenstellung 1 und Lösungsweg

Projektstruktur und Optimierungsbereiche

In Vorbereitung eines ersten Gesprächs mit Mitarbeitern von PEFCO und dem Management der MASBAU-AG werden Sie von Ihrem Case Team Leader gebeten, einen einseitigen grafischen Überblick über die Struktur des Performance-Improvement-Projekts mit kurzer Beschreibung bis zur Umsetzung zu erstellen. Weiterhin werden Sie gebeten, die Optimierungsbereiche für die Leistungssteigerung zu strukturieren.

Lösungsweg

Zu Beginn gliedern Sie das anstehende Performance-Improvement-Projekt in systematisch aufeinanderfolgende Schritte. Um das Projekt überhaupt bearbeiten zu können, ist die genaue Kenntnis über die Ausgangslage des Unternehmens der erste durchzuführende Schritt. Dazu gehört die umfassende Transparenz sämtlicher Daten (v. a. Umsätze, Kosten, Bilanz, Prozesse und Organisation) im Unternehmen. Dabei sind sowohl historische bzw. aktuelle Zahlen als auch die Planungsrechnungen des Unternehmens zu berücksichtigen.

Erst im zweiten Schritt können Sie darauf aufbauend die tatsächlichen Optimierungsbereiche und die damit verbundenen Initiativen zusammen mit dem Klienten definieren – entlang von Umsatz-, Kosten- und Bilanzthemen.

In einem dritten Schritt werden auf Basis der vorhandenen Informationen die definierten Initiativen quantifiziert und entsprechend priorisiert. Die Priorisierung erfolgt typischerweise nach Potenzial bzw. Wert der Initiative (in Euro) und Umsetzungsaufwand (Zeit und Ressourcenbedarf). Damit ist sichergestellt, dass die vorhandenen Kapazitäten im Unternehmen eine im Sinne der Leistungssteigerung optimale Verwendung finden.

Der vierte Schritt ist der Umsetzungsvorbereitung für die geplanten Initiativen gewidmet. Hierzu gehören z.B. das Zusammenstellen eines gemeinsamen Projektteams mit dem Kunden, die Erstellung eines Zeitplans, der alle durchzuführenden und priorisierten Aktivitäten mit dazugehörigen Verantwortlichkeiten sowie Ressourcenbedarf enthält, und schließlich die Erstellung einer Berichtsstruktur (Tracking and Reporting) zur prozessualen und finanziellen Nachverfolgung des Projektverlaufs sowie zur rechtzeitigen Erkennung und Korrektur von Abweichungen.

Der fünfte Schritt ist schließlich die Umsetzung selbst. Hier werden die geplanten Initiativen operativ durchgeführt und in den Prozessen bzw. in der Organisation implementiert. Ebenso wird die tatsächliche finanzielle Wirkung der Initiativen gemessen und in die Bilanz bzw. Gewinn- und Verlustrechnung integriert. Zusammengefasst kann diese Struktur z.B. wie folgt auf einer Folie dargestellt werden:

1	**Herstellung von Transparenz**	• Umsätze, Kosten, Bilanz, Prozesse, Organisation • historische/aktuelle Zahlen & Planungsrechnungen
2	**Definition von Initiativen**	• Bestimmung der Optimierungsbereiche • gemeinsame Definition von konkreten Initiativen (z.B. in Workshops oder Interviews)
3	**Quantifizierung und Priorisierung**	• Potenzial/Wert der Initiative bezogen auf Profitabilität • Umsetzungsaufwand (Zeit & Ressourcen)
4	**Vorbereitung der Umsetzung**	• Zusammenstellung von Projektteam & Zeitplan • Erstellung einer Berichtsstruktur (Tracking & Reporting)
5	**Umsetzung**	• operative Durchführung der Initiativen und Implementierung in Prozessen bzw. Organisation • Überwachung des Projektverlaufs (Prozess/Finanzen) und Messung des tatsächlich erreichten Potenzials

Nun stellen Sie eine systematische Struktur über die durch das Performance-Improvement-Projekt zu adressierenden Bereiche her. Die Leistung des Unternehmens misst sich über dessen Erfolge (z.B. EBITDA, EBIT, Net Income) oder dessen Zahlungsströme (Cashflows). Die Erfolge sind stets eine Funktion aus Umsatz und Kosten, die Zahlungsströme ergeben sich aus Einzahlungen und Auszahlungen. Umsätze wirken positiv auf die Erfolge und über die erhaltenen Zahlungen ebenfalls positiv auf die Zahlungsströme, umgekehrtes gilt für die Kosten. Insofern bietet es sich an, die Struktur entsprechend an Umsatz und Kosten aufzubauen. Umsätze sind eine Funktion aus „Preis × Menge“. Folglich werden die umsatzrelevanten Maßnahmen den Bereichen Preisoptimierung und Steigerung der Absatzmenge zugeordnet.

Für die Optimierungsbereiche auf der Kostenseite ist es in diesem Fall hilfreich, zunächst von der Wertschöpfungskette eines produzierenden Unternehmens auszugehen. Um ein Produkt herzustellen, muss dieses zuerst entwickelt werden. Dabei gilt es, die Komplexität der Produkte und deren Vielfalt bei Erfüllung der technischen Anforderungen und im Verhältnis zu erzielbaren Preisen und Kosten auf einem möglichst niedrigen Niveau zu halten. Der erste Optimierungsbereich befindet sich also in der Produktkomplexität. Um die Produkte fertigen zu können, sind stets Materialien oder Vorprodukte notwendig, also stellt der Einkauf einen weiteren Optimierungsbereich dar. Die Weiterverarbeitung des Materials und der Vorprodukte findet in der Produktion statt, dem nächsten Optimierungsbereich. Schließlich müssen Materialien, Vor-, Zwischen- und Endprodukte (zwischen-)gelagert sowie innerhalb und außerhalb des Unternehmens transportiert werden, also müssen auch Logistik und Distribution auf Optimierungspotenziale hin untersucht werden. Damit Endprodukte und zugehörige Dienstleistungen überhaupt verkauft werden können, bedarf es eines effektiven Vertriebs. Die administrative Funktion des Unternehmens als solches erfordert das Vorhandensein einer Verwaltung und einer effizienten IT-Infrastruktur. Die drei letztgenannten Bereiche werden unter Verwaltung und Vertrieb zusammengefasst.

Zuletzt müssen mit Blick auf die Zahlungsströme die finanziellen Mittel des Unternehmens vor dem Hintergrund der Finanzierungskosten effizient eingesetzt werden. Damit ergeben sich als weitere Optimierungsbereiche die Investitionsplanung (Capital Expenditures/CAPEX) und das Netto-Umlaufvermögen (Net Working Capital), das sich aus dem Umlaufvermögen abzüglich der liquiden Mittel und abzüglich der kurzfristigen Netto-Verbindlichkeiten errechnen lässt.

Aufgabenstellung 2 und Lösungsweg

Top-Down-Quantifizierung des Leistungssteigerungspotenzials

Sie konnten die ersten Gespräche mit Mitarbeitern in der MASBAU-AG führen sowie einige Daten für eine erste grobe Quantifizierung der Optimierungspotenziale zusammenstellen. Sie werden gebeten, die erwartete EBITDA-Änderung zu berechnen und in einer strukturierten Darstellung zusammenzufassen.

- **Komplexitätsreduktion:** Eine erste Nachberechnung der Deckungsbeiträge für die Produkte des Unternehmens führte zu dem Ergebnis, dass Produkte mit einem negativen jährlichen Deckungsbeitrag von insgesamt vier Millionen Euro vorhanden sind. Zusätzlich existieren Produkte mit sehr niedrigem Deckungsbeitragsanteil von 2,5 Millionen, deren Einstellung aufgrund der mit ihnen verbundenen Komplexität bzw. aufgrund ihres Alters ebenfalls als vorteilhaft gesehen wird. Der den nicht fortzuführenden Produkten zuzurechnende Umsatz beträgt 30 Millionen Euro. Insgesamt werden durch Komplexitätsreduktion 12,5 Prozent der Produktionskapazitäten frei.

- **Einkauf:** Derzeit beläuft sich das durch Optimierungsmaßnahmen adressierbare Einkaufsvolumen nach Komplexitätsreduktion auf 200 Millionen Euro. Davon werden zehn Prozent in Niedriglohnländern beschafft. Ein realistischer Zielwert für den Einkaufsanteil aus Niedriglohnländern liegt für die MASBAU-AG bei maximal 30 Prozent. Der durchschnittliche Preisvorteil gegenüber den bestehenden Beschaffungsquellen wird auf 20 Prozent geschätzt. Für das verbleibende adressierbare Einkaufsvolumen wurde ein gesamtes Einsparpotenzial von ca. acht Prozent aus Lieferantenkonsolidierung, Neuverhandlung, Standardisierung und optimierter Bedarfssteuerung identifiziert. Über das adressierte Einkaufsvolumen hinausgehend machen Rohmaterialien ca. 40 Millionen Euro im Jahr aus - hier rechnet das Management mit einer Preissteigerung von insgesamt fünf Prozent in den nächsten vier Jahren.
- **Logistik und Distribution:** Die interne Logistik verursacht nach Komplexitätsreduktion jährliche Kosten von 16 Millionen Euro. Der Supply Chain Manager hält es für möglich, die derzeitige durchschnittliche Lkw-Auslastung durch eine verbesserte Planung von 50 auf 80 Prozent zu steigern. Darüber hinaus können zwei Lagerhäuser zusammengelegt werden, womit jährlich drei Millionen Euro EBITDA-wirksam eingespart werden können.
- **Produktion:** Ein umfassendes Effizienzsteigerungsprogramm würde die durchschnittlichen Durchlaufzeiten in drei Jahren um 20 Prozent reduzieren; sonstige Kostenvorteile können derzeit noch nicht bestimmt werden. Eine Reduktion des vorhandenen Maschinenparks ist im Augenblick nicht möglich, da die einzelnen Maschinen technisch alle benötigt werden, selbst wenn sie jeweils nicht voll ausgelastet sind. Eine Verlagerung der Produktion ins Ausland ist technisch nur schwer zu bewältigen und würde das Markenimage des Unternehmens gefährden. Die Personalkosten in der Fertigung belaufen sich derzeit auf 100 Millionen Euro im Jahr. Aufgrund der Altersstruktur der Belegschaft werden in den nächsten drei Jahren ca. 15 Prozent der Mitarbeiter in den Ruhestand übergehen; ansonsten existiert eine Beschäftigungsgarantie über die kommenden fünf Jahre.
- **Verwaltung und Vertrieb:** Die MASBAU-AG hat bereits vor der Transaktion ein Kostensenkungsprogramm in Verwaltung und Vertrieb durchgeführt. Insofern ist dieser Bereich nach Abstimmung mit PEFCO für die erste Diagnose nicht von hoher Priorität. Dieser Kostenblock macht momentan 109 Millionen Euro im Jahr aus.
- **Umsatz:** Das aktuelle Preisniveau kann in Zukunft bestenfalls gehalten werden, in den nächsten drei Jahren werden die Preise eher um drei Prozent sinken. Eine gezielte Wachstumsstrategie könnte eine Absatzsteigerung von 30 Prozent der verbleibenden Produkte nach Komplexitätsreduktion in den nächsten drei Jahren einbringen, da MASBAU-Produkte auf dem internationalen Markt stark nachgefragt werden. Das geplante Wachstum kann mit den bestehenden Ressourcen weitestgehend bewältigt werden, lediglich die Vertriebskosten werden um ca. 20 Millionen Euro im Jahr steigen.

Lösungsweg

Die Rechnungen sind als grobe vorläufige Quantifizierung zu betrachten. In einem ersten Schritt empfiehlt es sich, das EBITDA des Unternehmens nach kostenrelevanten Maßnahmen zu berechnen (Bottom Line). Auf diesem Zwischenergebnis aufbauend können in einem zweiten Schritt die genannten Umsatzthemen (Top Line), also Preisänderung und Wachstum, vereinfacht berechnet werden.

1. Performance Improvement Diagnose – Bottom Line

Komplexitätsreduktion: Aus der Komplexitätsreduktion ergibt sich ein positiver Effekt auf das EBITDA von vier Millionen Euro durch Abschaffung der unprofitablen Produkte und ein negativer Effekt von 2,5 Millionen Euro durch Einstellung der schwach profitablen Produkte. Damit erhalten wir einen positiven Saldo für das EBITDA von 1,5 Millionen Euro. Nachdem diese Rechnung auf Ebene der Deckungsbeiträge erfolgt, ist die Wirkung auf direkte Kosten (Material und Produktion) bereits berücksichtigt. Deshalb sind die Angaben zu den übrigen Maßnahmen – wenn nötig – nach Komplexitätsreduktion angegeben.

Einkauf (EK): Sie beginnen mit der Verlagerung der Beschaffung in Niedriglohnländer (NLL), wobei die erste grobe Vorgabe die Steigerung des Zielanteils von derzeit zehn auf 30 Prozent vorsieht. Dabei ist zu berücksichtigen, dass das verlagerte EK-Volumen durch den Kostenvorteil von 20 Prozent gegenüber den bestehenden Beschaffungsquellen den Anteil von Niedriglohnländern nicht eins zu eins ansteigen lässt. Zunächst sei das zu transferierende EK-Volumen aus Hochlohnländern (HLL), nennen wir es Y, wie folgt zu bestimmen:

- neues NLL-Volumen: altes NLL-Volumen + Y × (1 – 0,2) = (20.000.000 + Y × 0,8)
- neues Gesamt-EK-Volumen: altes Gesamt-EK-Volumen – Y × 0,2 = (200.000.000 – Y × 0,2)
- Damit ergibt sich bei einem Zielanteil von 30 Prozent für das neue EK-Volumen aus NLL: (20.000.000 + Y × 0,8) ÷ (200.000.000 – Y × 0,2) = 0,3
- Nach dem zu transferierenden EK-Volumen aus HLL aufgelöst ergibt sich (gerundet): Y = (60.000.000 – 20.000.000) ÷ 0,86 = 40.000.000 × (100 ÷ 86) = 46.500.000

Bei einem durchschnittlichen Kostenvorteil von insgesamt 20 Prozent ergibt sich hieraus ein Einsparpotenzial von 9,3 Millionen Euro (46,5 Millionen × 0,2). In einem zweiten Schritt berechnen Sie das weitere Einsparpotenzial auf das verbleibende EK-Volumen in HLL von 133,5 Millionen Euro (180 Millionen – 46,5 Millionen). Unter Verwendung der genannten acht Prozent erhalten Sie gerundet 10,7 Millionen Euro (133,5 Millionen × 0,08). Die erwarteten Preissteigerungen von fünf Prozent auf 40 Millionen Euro (Rohmaterial) betragen zwei Millionen Euro (40 Millionen × 0,05). Die EBITDA-Wirkung des Einkaufs beläuft sich auf 18 Millionen Euro (9,3 Millionen + 10,7 Millionen – 2 Millionen).

Logistik und Distribution: Die Auslastungssteigerung der internen Logistik von 50 auf 80 Prozent bedeutet, dass jede Fuhre im Durchschnitt 60 Prozent mehr Transportvolumen enthält (80 ÷ 50 – 1 = 0,6). Damit werden unter der vereinfachenden Annahme der Linearität nur noch 1 ÷ 1,6 bzw. fünf Achtel, also 62,5 Prozent der bisherigen Fuhren benötigt. Es können also drei Achtel oder 37,5 Prozent der Kosten für die interne Logistik wegfallen, also sechs Millionen Euro (0,375 × 16 Millionen). Addiert man die geplante Einsparung aus der Lagerhausschließung (drei Millionen Euro) hinzu, ergibt sich ein gesamtes EBITDA-wirksames Einsparpotenzial von neun Millionen Euro (6 Millionen + 3 Millionen).

Produktion: Die Optimierungspotenziale in der Produktion können unter den vorhandenen Angaben nicht für sich alleine betrachtet werden. Nachdem die EBITDA-Wirkung der Komplexitätsreduktion auf Ebene der Deckungsbeiträge berechnet wurde, sind die Produktionseffekte hierin bereits berücksichtigt. Deshalb darf die im Zuge der Komplexitätsreduktion frei gewordene Kapazität durch die Senkung der Durchlaufzeiten nicht noch einmal erfasst werden und ist vorher abzuziehen. Somit sind durch die Durchlaufzeitensenkung lediglich 87,5 Prozent (100 Prozent - 12,5 Prozent) der ursprünglichen Kapazität adressierbar. Erst dann kann die tatsächliche Wirkung der Effizienzsteigerung auf die Produktion berechnet werden. Linearität vorausgesetzt, bewirkt eine Reduktion der Durchlaufzeiten, dass 20 der adressierbaren 87,5 Prozent an Kapazität nicht mehr benötigt werden, es werden also weitere 17,5 Prozent (0,875 × 0,2) der ursprünglichen Kapazität frei. Die Fertigung könnte mit 70 Prozent (87,5 Prozent - 17,5 Prozent) der ursprünglich genutzten Kapazität unverändert weiterlaufen. Nachdem der vorhandene Maschinenpark nicht reduziert werden kann und eine Verlagerung der Fertigung ebenso nicht infrage kommt, beläuft sich das EBITDA-wirksame Einsparpotenzial auf 17,5 Prozent der direkten Personalkosten bzw. auf 17,5 Millionen Euro (100 Millionen × 0,175). Diese Verbesserung der Effizienz muss nicht notwendigerweise zu einem gleich hohen Arbeitsplatzabbau führen, schließlich kann die freigewordene Kapazität durch das angestrebte Wachstum weiter beansprucht werden. Bei der geplanten Umsatzsteigerung von 30 Prozent würden nämlich ceteris paribus wieder 21 Prozent (0,7 × 0,3) der ursprünglichen Kapazität notwendig werden, also insgesamt 91 Prozent. Der Effekt des Umsatzwachstums auf die Produktion wird in der späteren Rechnung implizit berücksichtigt. Die am Ende zu reduzierenden neun Prozent der Fertigungsstellen können über die ohnehin zu erwartenden Ruhestände und entsprechend geringere Nachbesetzungen in den nächsten Jahren realisiert werden.

Als Zwischenergebnis für die EBITDA-Effekte der Bottom Line erhalten wir 46 Millionen Euro.

2. Performance Improvement Diagnose - Top Line

Preissenkungen: Zunächst wird die Wirkung des künftigen Preisdrucks auf das EBITDA quantifiziert. Dazu muss zunächst der Umsatz um die im Zuge der Komplexitätsreduktion eingestellten Produkte gekürzt werden. Es ergibt sich damit ein Umsatz von 500 Millionen Euro (530 Millionen - 30 Millionen). Wenn alle Preise im Durchschnitt um drei Prozent sinken, ergibt sich damit ein negativer Effekt auf das EBITDA von 15 Millionen Euro (500 Millionen × 0,03).

Wachstumsstrategie: Auf Basis der bisherigen Ergebnisse kann nun die Wachstumsstrategie des Unternehmens quantifiziert werden. Für diese erste vereinfachende Berechnung gehen Sie von einer insgesamt gleichmäßig variablen Kostenstruktur aus. Zwischen Umsatz und EBITDA können Sie mit Ausnahme der bisherigen Verwaltungs- und Vertriebskosten zunächst alle übrigen Kosten vereinfachend als umsatzproportional behandeln. Mithilfe dieser Vereinfachungen können Sie das geplante Umsatzwachstum eins zu eins auf den variablen Ertrag (Deckungsbeitrag) übertragen. Um diesen zu erhalten, berechnen Sie zuerst das EBITDA nach Bottom-Line-Effekten und Preisänderungen. Sie gelangen dabei zu einem Wert von 71 Millionen Euro (40 Millionen + 46 Millionen - 15 Millionen).

Nachdem nur die bisherigen Verwaltungs- und Vertriebskosten zwischen Umsatz als fix behandelt werden, erhalten Sie den gesamten Deckungsbeitrag von 180 Millionen Euro, indem Sie diesen Kostenblock auf die neue EBITDA-Basis hinzuaddieren (71 Millionen + 109 Millionen). Nach Multiplikation mit dem Umsatzwachstum erhält man den neuen Deckungsbeitrag von 234 Millionen Euro (180 Millionen × (1 + 0,3)). Um das neue potenzielle EBITDA zu erhalten, sind wieder die bisherigen Verwaltungs- und Vertriebskosten sowie deren Steigerung um 20 Millionen Euro abzuziehen. Man erhält 105 Millionen Euro (234 Millionen - 109 Millionen - 20 Millionen). Der EBITDA-Effekt aus dem Wachstum beträgt 34 Millionen Euro (105 Millionen - 71 Millionen).

3. Zusammenfassung der Ergebnisse

Im Zuge einer ersten groben Diagnose besteht bei der MASBAU-AG ein Leistungssteigerungspotenzial von insgesamt 65 Millionen Euro. Dabei sind 46 Millionen Euro aus Bottom-Line-Effekten und 19 Millionen Euro aus Top-Line-Effekten zu erwarten.

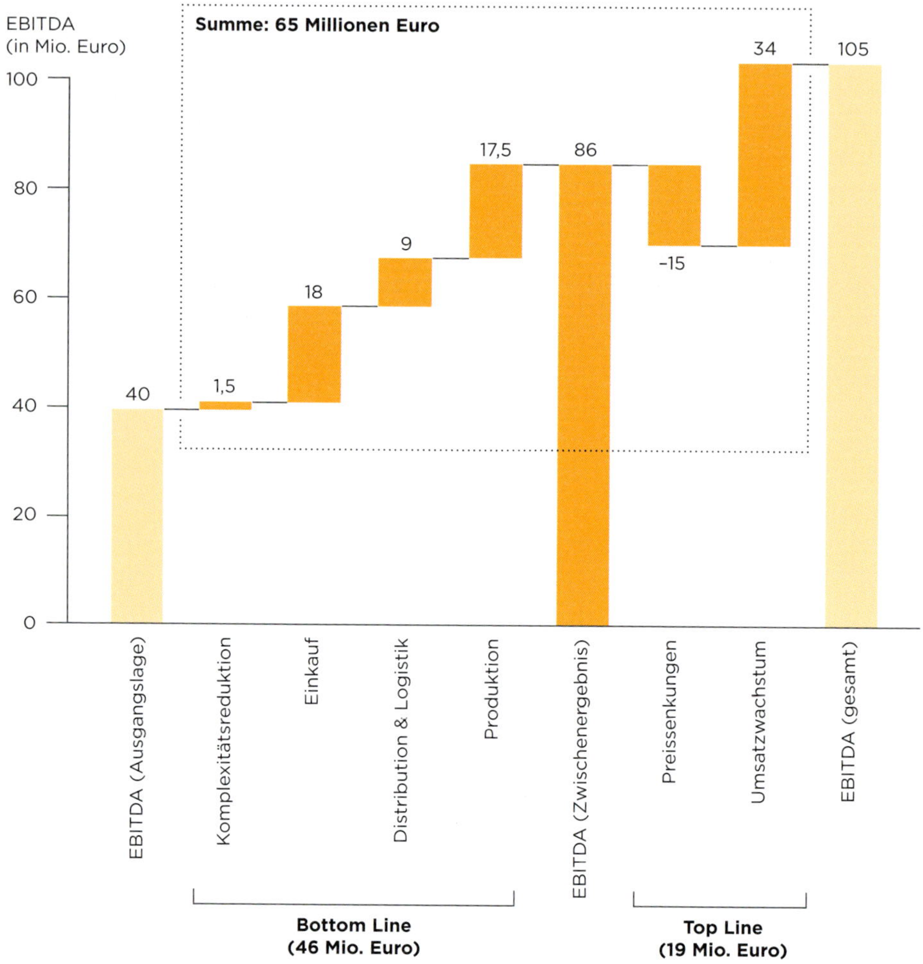

Entwicklung einer globalen Beschaffungsstrategie im Fashion Retail

von Karin Hoffmann

Aufgabenstellung

HINWEIS: Bei einer internationalen Unternehmensberatung mit einem starken Branchenfokus sollten Bewerber darauf vorbereitet sein, einen Case aus einem Spezialgebiet bearbeiten zu können. Der folgende Case spricht einen Bewerber mit Fashion-Retail-Hintergrund an.

Interviewer: Unser Kunde ist eine bedeutende nationale Warenhauskette in Europa mit einem Umsatz von 4,2 Millarden Euro und insgesamt 96 Filialen. Im textilen Bekleidungsbereich verfügt der Kunde über vier Eigenmarken, die unterschiedliche Zielgruppen ansprechen und einen Umsatzanteil von insgesamt 50 Prozent im Bereich Bekleidung ausmachen.

Unser Kunde hat uns gebeten, seine aktuellen Beschaffungsstrukturen zu überprüfen und eine Strategie für den Bereich Beschaffung zu erarbeiten. Ziel ist es, sich langfristig besser aufzustellen, die Abschriften zu senken und mittelfristig die Marge zu erhöhen. Die Beschaffungszeiten sollen reduziert werden, um die Flexibilität in der Beschaffung zu erhöhen. Wie würden Sie in einem ersten Schritt vorgehen, um die aktuelle Beschaffungsleistung einzuschätzen?

Lösungsweg

Bewerber: Da die Warenhauskette über mehrere Eigenmarken im Sortiment verfügt, bietet es sich an, im ersten Schritt ein internes Benchmarking der Beschaffungskosten zur Beurteilung der aktuellen Beschaffungsleistung durchzuführen. Auf einen ersten Blick lässt sich so bereits feststellen, ob es Beschaffungskostenausreißer im Verhältnis zum erzielten Umsatz gibt. Diese müssen allerdings mit der jeweiligen Preis-Mode-Positionierung der Eigenmarken in Relation gebracht werden. Es macht Sinn, dass eine niedrigpreisige Eigenmarke ohne großen Modeanspruch geringere Beschaffungskosten aufweist als eine sehr modische Eigenmarke. Auch müssen die Beschaffungsvolumina berücksichtigt werden. Große Volumina können zu günstigeren Preisen beschafft werden als kleine.

Nach diesem internen Benchmarking muss man die Beschaffungskosten im Branchenvergleich ins Verhältnis setzen. Hierzu bietet sich ein externes Benchmarking an. Informationen aus Datenbanken können verglichen werden; viele Unternehmen geben in ihrer Gewinn- und Verlustrechnung auch erste Anhaltspunkte für die Beschaffungskosten an.

Interviewer: Die Beschaffungskosten sind ein wichtiger – allerdings nicht der alleinige – Werttreiber für die Beschaffungsleistung eines Unternehmens. Über die Geschwindigkeit, auf Modetrends zu reagieren, geben sie nur indirekt Auskunft. Welche Kennzahlen schauen Sie sich neben den Beschaffungskosten noch an, um die Beschaffungsleistung zu beurteilen?

Bewerber: Indikator für die Beschaffungsgeschwindigkeit ist natürlich der Ländermix, in dem der Kunde einkauft. Unser europäischer Kunde kann mit Ware aus europäischen Ländern schneller und flexibler auf Modetrends reagieren als mit Ware aus Südostasien. Somit wäre eine Analyse des Beschaffungsländermix interessant. In welchen Ländern kauft der Kunde aktuell ein? Welche Stärken und Schwächen haben diese Länder und vor allem welche Kollektionsteile werden je Land beschafft? Einige Länder sind besonders spezialisiert. Aus meinem letzten Praktikum weiß ich, dass die Maghreb-Staaten z. B. eine starke Kompetenz im Bereich Denim aufweisen. Sie verfügen über eine gute Ausstattung für chemische und mechanische Behandlungen von Jeans für die perfekte Waschung.

Der Ländermix hat auch Auswirkungen auf die interne Organisation des Einkaufs. Je nach Entwicklungsgrad der Beschaffungsländer können unterschiedliche Leistungen von einem Beschaffungsland erwartet werden. So können beispielsweise osteuropäische Länder eine andere Designqualität bieten als südostasiatische Länder.

HINWEIS: Beispiele zu Kennzahlen werden nicht notwendigerweise erwartet. Alternativ würde der Interviewer dem Bewerber mit Beispielen weiterhelfen.

Interviewer: Das ist alles richtig. Ob unser Kunde allerdings flexibel genug ist und ein gutes Gespür für Trends hat, lässt sich erst zeitverzögert analysieren. Da es sich bei unserem Kunden um ein Warenhaus handelt, das in der Regel Abverkaufskennzahlen je Marke erfasst, können wir hier ein weiteres internes Benchmarking zur Beurteilung der Beschaffungsleistung durchführen. Wie würden Sie hier vorgehen, und welche Kennzahlen würden Sie in diesem Zusammenhang analysieren?

Bewerber: Die Abverkaufsquote je Marke bzw. Eigenmarke ist interessant, um zu sehen, wie ein Produkt beim Kunden ankommt. Über Reduktionen in Form von Abschriften wird der Abverkauf gesteuert. Muss ein Produkt stark reduziert werden, so scheint es nicht dem modischen Trend zu entsprechen. Somit bieten sich die Abschriften als zusätzlicher Indikator für die Beschaffungsqualität an. Das angesprochene interne Benchmarking könnte hier in Form eines Vergleichs zwischen der Leistung der Eigen- und der Fremdmarken erfolgen. Gute Eigenmarken reichen in Abverkaufsquote und Abschriften an die Leistung von Fremdmarken heran. Das Benchmarking stellt somit eine gute Einschätzung der Eigenmarkenleistung dar. In diesem Zusammenhang sollte auch die Flächenproduktivität der Eigenmarken untereinander und mit der der Fremdmarken verglichen werden. Ein Händler teilt seine Handelsfläche nach der Flächenproduktivität der Marken auf.

Interviewer: Sehr gut, auf diese Weise haben wir eine gute Einschätzung der aktuellen Beschaffungsleistung unseres Kunden erzielt. Wir wissen, wo die Stärken und die Schwächen je Eigenmarke liegen und können uns der langfristigen Ausrichtung der Beschaffungsstrategie widmen. Für die zukünftige Ausrichtung muss die strategische Positionierung der einzelnen Eigenmarken in Betracht gezogen werden. Wie würden Sie hier vorgehen?

Bewerber: Für jede der Eigenmarken sollte eine Unterteilung der Kollektion in Basic-Artikel, Kollektionsartikel und modische Artikel erfolgen. Es kann gut sein, dass jede Eigenmarke unterschiedliche Anteile aufweist. Eine junge, trendige Eigenmarke beispielsweise wird einen höheren Anteil an modischen Artikeln aufweisen als eine Eigenmarke, die sehr klassisch ausgerichtet ist. Für jeden der Kollektionsbausteine lassen sich individuelle Beschaffungsschwerpunkte ermitteln. So können modische Artikel tendenziell eher in Osteuropa beschafft werden, um durch die kürzeren Beschaffungszeiten flexibler auf Modetrends zu reagieren. Basic-Artikel werden mit langen Vorlaufzeiten in Asien zu günstigen Preisen eingekauft.

Interviewer: Nehmen wir an, unser Kunde beschafft aktuell einen Großteil seiner Ware in Südostasien und einzelne Artikel über westeuropäische Agenten bzw. Importeure. Sehen Sie in der heutigen Struktur Optimierungspotenziale? Welche Ansatzpunkte würden Sie analysieren?

Bewerber: Agenten und Importeure kassieren in der Regel eine Provision. Die Frage ist, woher die Agenten bzw. Importeure ihre Ware beschaffen. Wenn diese mit asiatischen Lieferanten zusammenarbeiten, verliert unser Kunde den zeitlichen Vorteil in der Beschaffung, und die Frage ist, warum diese Artikel nicht direkt beschafft werden können. Es wäre vorstellbar, dass der Agent bzw. Importeur die Ware auf Lager vorrätig hat und unser Kunde somit einen enormen zeitlichen Vorteil ausschöpfen kann.

Um weitere Optimierungspotenziale zu identifizieren, ist es wichtig, zu verstehen, welche Artikel in Südostasien und welche über westeuropäische Agenten bzw. Importeure beschafft werden. Wenn man von unserer vorherigen Unterteilung der Kollektion in unterschiedliche Kollektionsbausteine ausgeht, muss die individuelle Beschaffungsstrategie je Kollektionsbaustein eingehalten werden. Hier können wahrscheinlich weitere Optimierungspotenziale gehoben werden. Die nächste Frage wäre, ob noch weitere Beschaffungsländer interessant sein können. Wo liegen die Kollektionsschwerpunkte der unterschiedlichen Eigenmarken? Hat eine Eigenmarke z. B. einen Schwerpunkt im Jeans-Bereich, wäre eine Beschaffung aus der Maghreb-Region interessant.

Vielleicht wäre es auch denkbar, die westeuropäischen Agenten bzw. Importeure durch osteuropäische Lieferanten zu ersetzen. Osteuropäische Lieferanten sind näher am europäischen Markt und seinen Trends als asiatische Lieferanten und können mit kürzeren Beschaffungszeiten reagieren. Auch innerhalb Südostasiens müsste überprüft werden, ob in den idealen Ländern eingekauft wird. Gegebenenfalls gibt es noch weitere Länder bzw. Regionen, die ähnliche Qualitäten liefern, allerdings preislich günstiger sind. Die Beschaffung aus Küstenregionen in China wird verhältnismäßig teurer, während nord- bzw. westchinesische Regionen qualitativ aufholen.

Interviewer: Das sind auf jeden Fall schon sehr richtige Ansatzpunkte. Bei der Auswahl der Beschaffungsländer darf jedoch der Social-Compliance-Aspekt nicht aus den Augen verloren werden. Fallen Ihnen unternehmensintern noch weitere Optimierungspotenziale ein?

Bewerber: Es kommt auf die internen Strukturen der Warenhauskette an. Bei vier Eigenmarken bietet es sich natürlich an, Beschaffungsvolumina zu bündeln, um so bessere Beschaffungspreise zu erzielen. Auch wäre es interessant zu sehen, wie die Platzierung einer Bestellung abläuft. Werden im Vorhinein Preise unterschiedlicher Lieferanten verglichen? Werden sogenannte Off-Season-Agreements genutzt, um Kostenvorteile in ruhigeren Produktionszeiten zu realisieren? Häufig bestehen mit Händlern langfristige Lieferantenbeziehungen, die über Jahre gewachsen sind, und eine regelmäßige Überprüfung der Wettbewerbsfähigkeit eines jeden Lieferanten bleibt aus.

Interviewer: Sehr gut. Das sind genau die Ansatzpunkte, die wir in unserem Projekt analysiert haben. Sprechen wir noch über ein anderes Thema und verlassen den Beschaffungsbereich für den Rest des Gesprächs. Welchen Stellenwert sehen Sie konkret im Management von Eigenmarken?

HINWEIS: Hier geht es primär darum, dass der Bewerber sich Gedanken über das Konzept von Eigenmarken und deren Stellung in einem großen Warenhauskonzern macht und weniger darum, die perfekte Marketingstrategie auszuarbeiten.

Bewerber: Das Management von Eigenmarken sollte auf die klassischen 4 P des Marketings eingehen, die ich alle kurz ausführen möchte.

- Product: Eine Eigenmarke bedarf ebenso einer Marken- und Sortimentsstrategie wie eine Herstellermarke. Die Qualität sollte sich mit den geführten B- oder C-Herstellermarken messen lassen.
- Price: Die richtige Preispositionierung der Eigenmarken ist essenziell; die Preislagen liegen typischerweise unter denen der Herstellermarken.
- Place: Eine Besonderheit ist, dass eine Eigenmarke meist nur innerhalb des jeweiligen Unternehmens vertrieben wird.
- Promotion: Diese ist ebenso relevant für Eigenmarken, da z. B. Entscheidungen über Promotion-Inhalte und -Medium getroffen werden müssen. Beworben wird häufig in Prospekten neben Herstellermarken, aber auch am POS. Eigenmarken sollten keinen geringeren Stellenwert genießen als Handelsmarken.

Interviewer: Das ist richtig. Optimalerweise konkurrieren die Eigenmarken sogar mit den Einstiegspreislagen der Herstellermarken. Die besten Händler verkaufen ihre Eigenmarken auch an Dritte. Kommen wir noch zu ein paar Fragen zu Ihrer Person ...

Digital
ist überall.
Be bold
Be global
Be you
Wir suchen die Besten. Die Vorausdenker.
Als LEADER IN DIGITAL TRANFORMATION setzt Capgemini Consulting weltweit innovative Projekte um. Kommen Sie in unser Team.
Capgemini Consulting
Capgemini Consulting is the strategy and transformation consulting brand of the Capgemini Group
kununu
TOP COMPANY
VON MITARBEITERN EMPFOHLEN!
2016
WORLD'S MOST
ETHICAL
COMPANIES
WWW.ETHISPHERE.COM

Effizienzsteigerung der Porzellan GmbH

von Gustav von der Schulenburg

Interviewer: Unser Kunde, die Porzellan GmbH, ist ein Anbieter von hochwertigen Porzellan- und Haushaltswaren. Die Zentrale sowie ein Teil der Produktion befinden sich in der Nähe von Stuttgart. Aufgrund des stark gestiegenen Wettbewerbs im Porzellanmarkt hat sich die Porzellan GmbH vor einigen Jahren dazu entschlossen, einen Teil ihrer Produktion ins Ausland nach Thailand zu verlagern. Hier produziert die Porzellan GmbH seit 2008 erfolgreich. Den aktuellen Unternehmenszahlen zufolge reichen die hierdurch erzielten Einsparungen jedoch nicht aus, um die langfristige Wettbewerbsfähigkeit zu sichern. Deswegen wurden wir beauftragt, weitere Effizienzen im Unternehmen zu identifizieren.

Auf dem Weg zu einem Termin beim Produktionsleiter durchqueren Sie eines der Lager, in dem die in Thailand produzierten Teller eintreffen. Bei der Besichtigung des Lagers fällt Ihnen auf, dass die Verpackungen Ihres Kunden wesentlich größer sind als die seiner Wettbewerber. Wie gehen Sie mit dieser Erkenntnis um?

Bewerber: Die großen Verpackungen könnten die Ursache für unnötige Kosten sein. Aber zunächst stellt sich die Frage, wieso die Porzellan GmbH größere Verpackungen hat und ob sie nicht durch angepasste Verpackungen Kosten einsparen könnte.

Als erstes würde ich überprüfen, ob dieser erste Eindruck zutreffend ist. Wie viel größer sind unsere Verpackungen im Vergleich zu denen der Wettbewerber? Im Anschluss ist auch zu klären, ob sich die Verpackungen durch andere Eigenschaften unterscheiden. Zum Beispiel könnten die Verpackungen der Wettbewerber aus anderen Materialien bestehen, die einen besseren Schutz des Porzellans gewähren. Andere Verpackungsmaterialien als die bislang verwendeten könnten dazu führen, dass die Zerbrechlichkeit reduziert und die Verpackung trotzdem kleiner und leichter wird – z. B. eine Substitution von Papier und Pappe durch synthetische Folien. Das würde eventuell nicht nur die Größe, sondern auch das Gewicht einer Verpackung reduzieren und könnte die Versandkosten senken. Auch die Kosten für das Verpackungsmaterial könnten ein wichtiger Faktor sein.

Anschließend würde ich das Gespräch mit dem Verantwortlichen suchen, um die möglichen Gründe für den Unterschied zu erfahren. Eventuell gibt es Argrumente, auf die ich vordergründig nicht gestoßen bin.

Interviewer: Das sind alles sehr wichtige Aspekte. In der Realität spielt auch die Architektur der Verpackung eine riesige Rolle. Also zum Beispiel, wie das Styropor geformt ist. Lassen Sie uns vereinfachend davon ausgehen, dass sich die Verpackungen nur in ihrer Größe unterscheiden. Welche Faktoren sollte die Porzellan GmbH bei der Einführung einer kleineren Verpackung beachten?

Bewerber: Hierzu würde ich gerne die verschiedenen Schritte betrachten, die eine Verpackung durchläuft – analog zu einer Wertschöpfungskette. Zu jedem Schritt der Wertschöpfungskette würde ich Kosteneinsparpotenziale und auch mögliche Mehrkosten beziehungsweise Risiken identifizieren. Ich sehe eine Verpackung folgende Schritte durchlaufen:

1. **Anschaffung:** Bei der Anschaffung könnten Kosten durch den reduzierten Materialbedarf wegfallen; eine kleinere Verpackung benötigt weniger Pappe, Styropor usw. Es können aber auch Mehrkosten entstehen, wenn man das Produktions- bzw. Verpackungsverfahren umstellt.
2. **Transport/Logistik:** Eine kleinere Verpackung könnte die Logistikkosten der Verpackungen stark reduzieren. Diesen Ersparnissen steht natürlich das Risiko gegenüber, dass das Porzellan in einer kleineren Verpackung leichter zerbricht. Dadurch, dass zerbrochenes Porzellan ersetzt werden muss, könnten höhere Kosten entstehen. Auch könnte die Kundenzufriedenheit sinken, wenn die Besteller zerbrochenes Porzellan erhalten.
3. **Lagerung:** Durch kleinere Verpackungen könnte Lagerfläche eingespart werden. Somit würden sich auch hier die Kosten reduzieren.
4. **Vertrieb/Marketing:** Die großen Verpackungen können ein besonderes Erkennungsmerkmal sein; oder auch als besonders wertig angesehen werden und somit den Umsatz fördern.

Interviewer: Sehr gut, Sie haben viele wichtige Aspekte genannt. Nach einem kurzen Gespräch mit Ihrem Projektleiter ist auch dieser überzeugt, dass es hier Einsparpotenziale geben könnte. Er bittet Sie, die Logistik genauer zu betrachten und einen Business Case für die Transportkosten zu erstellen. Hierbei geht es zunächst nur um den Transport von der Fabrik in Thailand bis zum Lager in Stuttgart.

Bewerber: Zunächst möchte ich die Logistik verstehen. Wie kommt eine Kiste Porzellan von Thailand nach Stuttgart?

Interviewer: Die Teller werden in einem Industriegebiet rund 100 Kilometer außerhalb vom Bangkok hergestellt und verpackt. Hier werden sie in einen 40-Fuß-Container verladen und mit einem Lkw zum Hafen von Bangkok gebracht. Von dort werden die Container per Schiff nach Bremen geliefert, und von Bremen aus weiter nach Stuttgart.

Bewerber: Okay, verstanden. Ich habe mir die Kernpunkte notiert. Stimmt das so?

Darstellung der Logistikkette

Interviewer: Ja, das sieht gut aus. Der Einfachheit halber ignorieren wir erst einmal die Verladungsschritte und konzentrieren uns auf den eigentlichen Transport.

Bewerber: Okay, also habe ich drei Transport-Abschnitte. Zuerst 100 Kilometer per Lkw, anschließend den Transport per Schiff von Bangkok nach Bremen, und dann noch ein Lkw-Transport von Bremen nach Stuttgart. Als nächstes würde ich gerne wissen, wie die Kosten für einen solchen Transport berechnet werden. Gibt es Informationen, nach welchem Schlüssel die Logistikunternehmen abrechnen? Oder stellt unser Kunde Teile dieser Logistik selbst?

Interviewer: Die Berechnung der Kosten für eine Fracht unterscheidet sich nach den verschiedenen Transportarten. Bei Lkw-Ladungen geht es primär um das Gewicht der Ladung. Erfahrungsgemäß werden hier ca. 25 Euro pro Kilogramm und gefahrenen 100 Kilometern in Deutschland und ca. 15 Euro in Thailand berechnet. Bei den Seetransporten können wir auf der Strecke von Bangkok nach Bremen mit rund 3.500 Euro pro Container rechnen.

Bewerber: An dieser Stelle nehme ich an, dass sich das Gewicht der Teller mit Verpackung durch eine veränderte Verpackung nicht sonderlich verändert. Deswegen müsste nur ein Kostenunterschied durch den Seetransport entstehen. Hierfür würde ich gerne berechnen, wie viele Container ich weniger verbrauche, wenn ich eine kleinere Verpackung verwende.

Interviewer: Ja, ich denke, dass ist eine valide Annahme.

Bewerber: Okay, bitte geben Sie mir eine Minute Zeit, um mein Vorgehen zu strukturieren.

Interviewer: Gerne, nehmen Sie sich Zeit.

Bewerber: Durch die Veränderung der Verpackungsgröße ändern sich primär die Kosten, die durch den Transport auf See entstehen. Deswegen würde ich jetzt gerne die Anzahl an Containern, die ich bei der aktuellen Verpackungsgröße benötige, und die Anzahl der Container, die ich bei einer verkleinerten Verpackung benötigen würde, gegenüberstellen.

Hierzu würde ich gerne die Maße eines 40-Fuß-Containers erfahren, die Größe unserer Verpackung und die Größe der Verpackungen unserer Wettbewerber. Um die Ersparnis zu berechnen, bräuchte ich auch noch die gesamte Anzahl an Verpackungen, die transportiert werden.

Interviewer: Sehr gerne. Der Innenraum eines 40-Fuß-Containers ist 39 Fuß und fünf Zoll lang, sieben Fuß und acht Zoll breit sowie sieben Fuß und zehn Zoll hoch. Bei einem normalen Set aus Speisetellern mit einem Durchmesser von 29 Zentimetern hat unser Kunde eine Verpackungsgröße von 40 × 40 × 24 Zentimeter. Manche Wettbewerber schaffen es, gleich große Speiseteller in Verpackungen mit den Maßen 30 × 30 × 24 Zentimeter zu verschicken. Im Jahr werden rund 10.000 solcher Verpackungen transportiert.

Bewerber: Vielen Dank für die Informationen. Leider weiß ich die Umrechnung von Fuß und Zoll in Zentimeter nicht, können Sie mir da weiterhelfen?

Interviewer: Oh, das weiß ich auch nicht, ich schaue mal eben auf meinem Smartphone nach ... Also, laut Wikipedia ist der Innenraum eines solchen Containers 1.004 × 235 × 239 Zentimeter groß.

Bewerber: Vielen Dank. Als erstes würde ich gerne die Anzahl an Containern berechnen, die wir bei unserer aktuellen Verpackung benötigen.

Um die Rechnung zu vereinfachen, nehme ich an, dass ein Container die Dimension 1.000 × 240 × 240 Zentimeter hat. Basierend auf der Annahme, dass ich die Verpackungen einfach in einem Container stapeln kann, erhalte ich:

- in der Länge: 1.000 ÷ 40 = 30 Verpackungen
- in der Breite: 240 ÷ 40 = 6 Verpackungen
- in der Höhe: 240 ÷ 24 = 10 Verpackungen

Das bedeutet, basierend auf unserer aktuellen Verpackungsgröße, dass ich in Summe 10 × 6 × 30 Verpackungen pro Container versenden kann, also insgesamt 1.800 Verpackungen.

Wenn ich dieselbe Berechnung für die Verpackung unseres Wettbewerbers durchführe, erhalte ich:

- in der Länge: 1.000 ÷ 30 = 40 Verpackungen
- in der Breite: 240 ÷ 30 = 8 Verpackungen
- in der Höhe: 240 ÷ 24 = 10 Verpackungen

Das bedeutet, dass unsere Wettbewerber rund 40 × 80 × 25 = 3.200 Verpackungen pro Container verschicken können. Also rund das 1,5-Fache von dem, was wir derzeit in einen Container bekommen.

Als nächstes würde ich die Anzahl der benötigten Container in den beiden Fällen berechnen. Bei 10.000 versandten Verpackungen benötigen wir:

- Container bei derzeitiger Verpackung: 10.000 ÷ 1.800 ≈ 5 Container
- Container bei Verpackung der Wettbewerber: 10.000 ÷ 3.200 ≈ 3 Container

Wenn ich keine Anteile an Containern kaufen kann und konservativ rechne, gehe ich hier einmal von vier Containern aus.

Dies bedeutet, dass wir derzeit circa 17.500 Euro für den Container-Transport ausgeben (fünf Container × 3.500 Euro). Nur um meine Methode zu überprüfen: Deckt sich dies ungefähr mit den Rechnungen, die der Kunde in diesem Bereich bezahlt?

Interviewer: Prima, dass Sie daran denken. Es ist immer wichtig, zu prüfen, ob die Werte sinnvoll erscheinen. Die Größenordnung stimmt, jedoch ist ein direkter Vergleich nicht möglich, da wir in der Realität verschiedene Tellerarten in einen Container laden. Aber fahren Sie fort.

Bewerber: Okay, vielen Dank. Dies bedeutet: Wir könnten einen ganzen Container einsparen. Also, wenn wir die Verpackungen unseres Kunden auf die Größe der Verpackungen unserer Wettbewerber reduzieren würden, könnten wir jährlich rund einen Container sparen. Dies entspricht einer Ersparnis von 3.500 Euro pro Jahr bei der Logistik.

Interviewer: Super, vielen Dank. Sie haben jetzt fünf Minuten Zeit, dieses Ergebnis für die Entscheider bei der Porzellan GmbH aufzubereiten.

Bewerber: Durch wettbewerbsgroße Verpackungen könnten allein bei dem Seetransport von Speisetellern 3.500 Euro gespart werden:

	Aktuell genutzte Verpackung	Verpackung Wettbewerber
Dimensionen	40 x 40 x 24	30 x 30 x 24
Verpackungen pro Container	1.800	3.200
Container benötigt für 10.000 Kartons	5	4
Kosten (Euro)	17.500	14.000
Geschätzte Ersparnis (Euro)	**3.500**	

Aufbereitung der Ergebnisse

Interviewer: Wie würden Sie die Verpackungsgröße von Wettbewerbern ermitteln?

Bewerber: Als erstes würde ich im Internet schauen, wie groß die Verpackungen sind. Ich könnte mir gut vorstellen, dass diverse Online-Händler hierzu Informationen zur Verfügung stellen.

Interviewer: Und was machen Sie, wenn Sie dort nicht fündig werden?

Bewerber: Dann fallen mir nur relativ praktische Vorgänge ein. Man könnte z. B. zu einem Händler fahren und dort schauen, wie groß die Verpackungen sind und darauf basierend schätzen; oder man gibt sich als interessierter Händler aus und erfragt, wie viel Lagerfläche man benötigen würde und fragt nach der Verpackungsgröße. Wenn die Teller der Wettbewerber nicht zu teuer sind, könnte man auch einfach einen Satz bestellen. Dies hätte den Vorteil, dass man die Verpackungen in ihrer gesamten Komplexität vergleichen könnte, also nicht nur die Größe, sondern auch die Struktur, Materialien usw.

Interviewer: Sehr gut, vielen Dank.

American Bakery in Deutschland

von Adelheid Lüring

Ausgangssituation und Aufgabenstellung

Ein amerikanischer Backwarenhersteller plant, mit seinen amerikanischen Premiumprodukten Muffins, Donuts, Cookies und Brownies (American Bakery) in den deutschen Markt einzusteigen. In den USA sind die Produkte sowohl im Lebensmitteleinzelhandel als auch in der Gastronomie erhältlich, in Deutschland möchte sich das Unternehmen als Premiumanbieter positionieren.

- Welche Absatzkanäle sind für dieses Produktportfolio in Deutschland vorteilhaft?
- Wie hoch ist das Marktpotenzial in den jeweiligen Absatzkanälen? Hierbei ist eine Differenzierung zwischen den Produkten nicht notwendig.

Lösungsweg

Im ersten Schritt sollte der Bewerber mögliche Vertriebswege aufzeigen und deren Vor- und Nachteile für American Bakery im Premiumbereich diskutieren. Im zweiten Schritt ist eine Marktabschätzung für die ausgesuchten Vertriebskanäle vorzunehmen.

Identifizierung geeigneter Vertriebswege

In diesem Teil werden die Kreativität und das Urteilsvermögen des Bewerbers getestet. Er sollte mögliche Absatzkanäle benennen und qualitative Aspekte vor dem Hintergrund der Fragestellung diskutieren, um am Ende eine geeignete Auswahl an Kanälen präsentieren zu können.

Produkte wie Muffins oder Donuts sind mittlerweile auch in Deutschland weit verbreitet und werden häufig zu einem Kaffee am Morgen oder am Nachmittag konsumiert. Kaufen kann man die Produkte in Deutschland in traditionellen Cafés, Coffeeshops, Fast-Food-Restaurants, Bäckereien, Tankstellen und im Lebensmitteleinzelhandel.

- **Cafés:** Ein klassisches Café in Deutschland ist in der Regel inhabergeführt und bietet lokale Premiumbackwaren an, die häufig in der eigenen Konditorei hergestellt werden. Cafés haben auch genügend Tiefkühlmöglichkeiten, in denen die Produkte bis zum Verzehr gelagert werden können, allerdings liegt der Fokus auf traditionellen Torten und Kuchen, sodass dieser Kanal weniger interessant ist.

- **Coffeeshops:** Coffeeshops gehören häufig zu einer amerikanischen Kette und sind auf den Verkauf von Premiumkaffee spezialisiert. Typisch ist ein als Lounge ausgestattetes Lokal mit einer lockeren Atmosphäre, langen Öffnungszeiten, Internetzugang und einer national einheitlichen Speisekarte mit Premiumpreisen. Zu den Getränken wird auch immer eine Auswahl an Snacks angeboten. Durch den amerikanischen Ursprung findet man in jedem Coffeeshop Backprodukte, die ursprünglich aus den USA kommen.
- **Schnellrestaurants:** Schnellrestaurants gehören zu regional bis global operierenden Unternehmen, haben ein begrenztes Angebot und legen Wert auf schnelle Bedienung und schnellen Verzehr der Speisen. In den letzten Jahren haben diese Unternehmen zunehmend auch Coffeeshops in die bestehenden Filialen integriert, um Kaffee und süße Speisen anzubieten. Preislich sind Fast-Food-Restaurants günstiger als herkömmliche Restaurants.
- **Bäckereien:** In Deutschland sind traditionell viele lokale Bäckereien angesiedelt, die ihre Produkte selbst herstellen und sie in der eigenen Bäckerei oder in einer begrenzten Anzahl an Filialen verkaufen. Der Kunde findet eine große Auswahl an Brot, Brötchen, Kuchen und Gebäck vor. In den vergangenen Jahren werden auch zunehmend Muffins angeboten, während die restlichen American-Bakery-Produkte noch nicht diese Akzeptanz erlangt haben.
- **Tankstellen:** Schon seit einigen Jahren lässt sich feststellen, dass Tankstellen den Convenience-Bereich abdecken. Neben Tabak und Zeitschriften werden auch Lebensmittel verkauft. Weiterhin integrieren Tankstellen zunehmend Bistrokonzepte in die Geschäfte, d.h., es werden warme Getränke und kleine Snacks zu Premiumpreisen angeboten. Bestandteil des Angebots sind oft auch amerikanische Backprodukte.
- **Lebensmitteleinzelhandel:** Im Lebensmitteleinzelhandel trifft man häufig im Backwarenregal oder in der Tiefkühlabteilung auf verzehrfertige Muffins und Donuts, teilweise auch Brownies. Cookies sind in deutschen Supermärkten weniger weit verbreitet. Die Preise wie auch die Qualität sind niedriger als in Restaurants, da die Produkte für den Verzehr zu Hause angeboten werden

Zwischenfazit

Zusammengefasst lässt sich feststellen, dass sich Coffeeshops, Fast-Food-Restaurants und Tankstellen eher für einen Markteinstieg in Deutschland eignen als die klassischen Cafés, Bäckereien und der Lebensmitteleinzelhandel, sodass im Folgenden nur noch die erstgenannten berücksichtigt werden.

Errechnung des Marktpotenzials für American Bakery

Im zweiten Teil des Cases hat der Bewerber die Möglichkeit, seine Strukturierungs- und quantitativen Fähigkeiten unter Beweis zu stellen. Der gezeigte Lösungsweg mit den jeweiligen Annahmen ist nur eine von vielen Möglichkeiten, diesen Case zu lösen. Von einem Bewerber wird erwartet, dass er Annahmen sinnvoll herleitet; es kommt nicht auf die Zahl, sondern auf die Argumentation an. Zur Hilfestellung werden die durchschnittliche Fläche (ca. 32 km^2) und die durchschnittliche Einwohnerzahl (7.300) je Gemeinde in Deutschland angegeben.

Aufbauend auf den identifizierten Kanälen soll im weiteren Verlauf das Marktpotenzial errechnet werden. Dazu sollte der Bewerber im ersten Schritt eine Struktur erarbeiten. Bei dieser Fragestellung bietet sich ein Bottom-up-Ansatz an, bei dem das Marktpotenzial über die Verkaufsstellen errechnet wird.

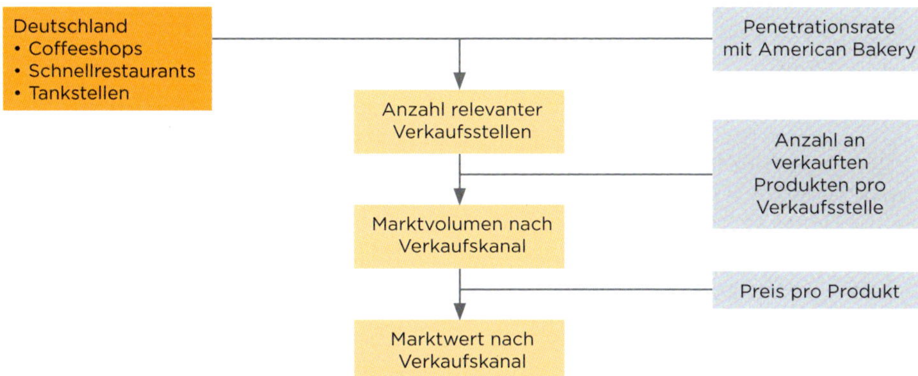

Vereinfachte Struktur zur Errechnung des Marktpotenzials

Anzahl der relevanten Verkaufsstellen

Je nach Tiefe und zur Verfügung stehender Zeit wird die Anzahl der Verkaufsstellen entweder vorgegeben, oder der Bewerber muss diese anhand von Annahmen abschätzen. Da die durchschnittliche Gemeindegröße in diesem Fall vorliegt, sollte der Bewerber die Anzahl der Gemeinden als Ausgangspunkt nehmen.

Im ersten Schritt wird die Anzahl der Gemeinden ausgerechnet. Deutschland hat eine Fläche von ca. 357.000 km² und ca. 82 Millionen Einwohner. Zur Überprüfung wird die Anzahl der Gemeinden sowohl auf Basis der Quadratkilometer und der Einwohner errechnet.

- 357.000 km² ÷ 32 km² = 11.156 Gemeinden

- 82×10^6 Einwohner ÷ 7.300 Einwohner pro Gemeinde = 11.233 Gemeinden

Zur Vereinfachung wird im Folgenden von 11.200 Gemeinden ausgegangen.

Das Tankstellennetz in Deutschland ist sehr gut ausgebaut, und Tankstellen sind überall angesiedelt. Größere Gemeinden haben dabei mehrere Tankstellen, während kleine Gemeinden keine Tankstelle haben.

Unter der Annahme, dass jeweils ein Drittel der Gemeinden keine Tankstelle, eine Tankstelle, bzw. drei Tankstellen haben, erhalten wir 14.933 Tankstellen in Deutschland.

- (11.200 × ⅓ × 1 Tankstelle) + (11.200 × ⅓ × 3 Tankstellen) = 14.933 Tankstellen

Zur Vereinfachung werden 14.900 Tankstellen angenommen.

Die Anzahl der Schnellrestaurants und Coffeeshops können nach einem ähnlichen Muster errechnet werden, indem 0,5 Schnellrestaurants und 0,1 Coffeeshops pro Gemeinde gezählt werden.

- 11.200 × 0,5 = 5.600 Schnellrestaurants
- 11.200 × 0,1 = 1.120 Coffeeshops

Nicht alle Verkaufsstellen der genannten Vertriebskanäle verkaufen auch American-Bakery-Produkte, sodass im folgenden Schritt die Penetrationsrate ermittelt wird.

Nur die Tankstellen, die auch ein Bistro oder einen Snackpoint in den Verkaufsladen integriert haben, verkaufen Backprodukte. Tankstellen an Autobahnen haben dieses Konzept zu 100 Prozent integriert, bei den restlichen Tankstellen bieten nur die großen und die an Ausfallstraßen gelegenen Tankstellen ein zusätzliches Bistroangebot an. Vermutlich hat ungefähr die Hälfte der Tankstellen ein solches Food-Konzept integriert, sodass von ca. 50 Prozent der Tankstellen ausgegangen wird.

Fast alle Coffeeshops verkaufen auch kleine Speisen und Snacks, lediglich sehr kleine Shops bieten nur eine sehr kleine Auswahl an, sodass man von einer Penetrationsrate in Höhe von 90 Prozent ausgehen kann.

Einige Schnellrestaurants haben in den vergangenen Jahren in die Expansion von Coffeeshops investiert, allerdings gibt es auch noch Ketten, die keine Cafés anbieten. Zusammengefasst haben aktuell vermutlich ein Drittel der Schnellrestaurants ein erweitertes Angebot, sodass von ca. 30 Prozent ausgegangen wird.

Vertriebskanal	Gesamtanzahl an Verkaufsstellen	Penetrationsrate	Anzahl relevanter Verkaufsstellen
Tankstellen	14.900	50 %	7.450
Coffeeshops	1.120	90 %	1.008
Schnellrestaurants	5.600	30 %	1.680

Errechnung des Marktvolumens

Um das Marktvolumen zu errechnen, wird zunächst der durchschnittliche Absatz pro Tag ermittelt. Die ausgewählten Vertriebskanäle haben in der Regel das ganze Jahr über geöffnet, sodass von 365 Tagen ausgegangen werden kann. Süße Backprodukte werden den ganzen Tag über konsumiert, wobei der Großteil zum Frühstück und am Nachmittag verzehrt wird. In der Nacht werden überwiegend deftige Snacks konsumiert, sodass die Zeit zwischen 20 Uhr und 6 Uhr ausgeklammert werden kann.

Tankstelle mit Bistro
Zunächst wird die Gesamtkundenzahl ermittelt, um anschließend die relevanten Kunden zu identifizieren, die auch American-Bakery-Produkte kaufen. Eine Tankstelle mit Bistro ist zu den Kernverkehrszeiten von 6 bis 9 Uhr sowie von 17 bis 20 Uhr am stärksten frequentiert und hat in dieser Zeit im Schnitt zwei Kunden pro Minute. Von 9 bis 17 Uhr ist die durchschnittliche Kundenzahl geringer, sodass vermutlich nur alle zwei Minuten ein Kunde in die Tankstelle kommt. Einige Tankstellen haben 24 Stunden geöffnet, allerdings werden süße Backprodukte nachts weniger konsumiert, sodass dieser Kundenkreis nicht berücksichtigt wird.

Die Zahl der Kunden pro Tag errechnet sich wie folgt:

- Kunden zur Kernverkehrszeit (6 Stunden): 360 Minuten × 2 Kunden pro Minute = 720 Kunden (davon die Hälfte am Morgen und die Hälfte am Abend)
- Kunden von 9 bis 17 Uhr: 480 Minuten × 0,5 Kunden pro Minute = 240 Kunden
- Kunden pro Tag: 720 Kunden + 240 Kunden = 960 Kunden

Über den Tag verteilt (6 bis 20 Uhr) kauft jeder zehnte Kunde einen Snack (96 Snacks am Tag), allerdings variiert die Präferenz für süße Backwaren nach Tageszeit.

Frühstück 6 bis 11 Uhr (42 Snackkunden): Wenn man davon ausgeht, dass 50 Prozent der Kunden ein süßes Frühstück und 50 Prozent ein deftiges Frühstück bevorzugen, erhält man 33 potenzielle American-Bakery-Kunden. Ein süßes Frühstück kann neben amerikanischen Produkten auch Croissants, Schokoladen- oder Rosinenbrötchen beinhalten, sodass davon ausgegangen werden kann, dass nur 50 Prozent (elf Kunden) der süßen Frühstücker auf eines der relevanten Produkte zurückgreift.

- 42 Snackkunden × 50 % × 50 % = 11 Kunden

Mittag 11 bis 14 Uhr (neun Snackkunden): Tendenziell wird in Deutschland mittags eher deftig gegessen, sodass wahrscheinlich 70 Prozent der Snackkunden etwas Deftiges essen und nur 30 Prozent auf einen süßen Snack zurückgreifen. Um die Mittagszeit werden Croissants und süße Brötchen weniger verkauft, sodass 70 Prozent der süßen Snacks als American-Bakery-Produkt verkauft werden.

- 9 Snackkunden × 30 % × 70 % = 2 Kunden

Nachmittag 14 bis 17 Uhr (neun Snackkunden): Am Nachmittag essen die meisten Deutschen etwas Süßes zu einer Tasse Kaffee, sodass vermutlich ca. 80 Prozent der Snacks süß sind. Allerdings wird zu dieser Tageszeit auch häufig Kuchen oder ein süßes Plundergebäck verzehrt, sodass American-Bakery-Produkte nur 50 Prozent ausmachen:

- 9 Snackkunden × 80 % × 50 % = 4 Kunden

Abend 17 bis 20 Uhr (36 Snackkunden): Abends greifen die meisten Personen auf deftige Speisen zurück, sodass die süßen Speisen nur einen Anteil von ca. zehn Prozent haben, die jeweils wieder nur 50 Prozent durch American Bakery abgedeckt werden.

- 36 Snackkunden × 10 % × 50 % = 2 Kunden

Über den Tag verteilt werden also 19 American Bakery Snacks in relevanten Tankstellen verkauft.

Coffeeshops

Coffeeshops sind oft in den Innenstädten gelegen und haben in der Regel zwischen 8 und 20 Uhr geöffnet, am Wochenende teilweise bis 22 Uhr. Kaffee ist in Deutschland ein Lifestyle-Produkt, und die bestehenden Coffeeshops sind den ganzen Tag über stark frequentiert. Lediglich in den Abendstunden ab ca. 17 Uhr lässt der Kaffeekonsum nach. Morgens beginnt die Hauptzeit mit den Büroangestellten, die ab acht Uhr zur Arbeit gehen, während die umliegenden Geschäfte erst gegen 9.30 Uhr öffnen. Als Hauptzeit ist deshalb 8 bis 17 Uhr anzunehmen. In diesem Zeitraum kann man von zwei Kunden pro Minute ausgehen (1.080 Kunden), von 17 bis 20 Uhr kommen durchschnittlich nur noch 0,5 Kunden pro Minute (90 Kunden), sodass insgesamt 1.100 Kunden pro Tag einen Coffeeshop betreten.

Jeder fünfte Kunde kauft zu seinem Kaffee auch einen Snack, allerdings sind neben American-Bakery-Produkten auch belegte Brötchen, Croissants, Salate oder Obst und Joghurt erhältlich. Dennoch überwiegen Produkte wie Muffins oder Donuts die Auslagen, sodass 50 Prozent der Snackkunden eines der relevanten Produkte kauft.

- (1.100 Kunden ÷ 5) × 50 % = 110 Kunden

Schnellrestaurants

Die meisten Schnellrestaurants bieten zusätzlich zu den klassischen Burger-Menüs am Morgen eine Auswahl an Frühstücksmenüs an, die teilweise auch einen Muffin oder einen Cookie enthalten. Allerdings sind American-Bakery-Produkte nur Randprodukte auf den Speisekarten.

Am Morgen (7 bis 11 Uhr) und am Nachmittag (14 bis 17 Uhr) sind die Restaurants weniger stark frequentiert, sodass in dieser Zeit von einem Kunden pro Minute ausgegangen wird (420 Kunden). Bei der Annahme, dass jeder zehnte Kunde ein relevantes Produkt kauft, werden in diesem Zeitraum 42 Produkte verkauft.

Am Mittag (11 bis 14 Uhr) und am Abend (17 bis 20 Uhr) kann mit mindestens drei Kunden pro Minute gerechnet werden (insgesamt 1.080 Kunden). Allerdings werden zu dieser Zeit überwiegend deftige Speisen verkauft, sodass vermutlich nur jeder 30. Kunde ein relevantes Produkt kauft (36 Kunden).

In der Summe werden 78 American-Bakery-Produkte pro Tag verkauft. Kunden nach 20 Uhr werden nicht berücksichtigt, da dieser Kundenkreis für die Produkte kaum relevant ist.

Errechnung des Marktwerts
Zur Errechnung des Marktwerts muss in der Folge der durchschnittliche Verkaufspreis pro Produkt angenommen werden.

Preislich sind die Produkte ungefähr gleich teuer, und da nicht weiter zwischen den unterschiedlichen Produkten differenziert wird, kann man für jeden Kanal einen Preis veranschlagen. An Tankstellen sind die Preise am höchsten, während sie in Schnellrestaurants am günstigsten sind.

Zusammengefasst weisen die relevanten Produkte in den identifizierten Vertriebskanälen einen Marktwert von ca. 230 Millionen Euro auf, wie folgende Grafik zeigt:

Vertriebskanal	Anzahl relevanter Verkaufsstellen	Anzahl verkaufter Produkte pro Stelle + Tag	Volumen pro Jahr (in Stück)	Durchschnittlicher Preis pro Produkt (in Euro)	Marktwert (in Euro)
Tankstellen	7.450	19	51.665.750	2,10	108.498.075
Coffeeshops	1.008	44	16.188.480	2,00	32.376.960
Schnellrestaurants	1.680	78	47.829.600	1,80	86.093.280
Gesamt			115.683.830		226.968.315

Abschließend kann der Bewerber einen kurzen Ausblick auf die zukünftige Entwicklung des Marktes geben: In Zukunft ist mit einem weiteren Wachstum des Marktes zu rechnen, da immer mehr Tankstellen ein zusätzliches Bistro in den Laden integrieren und noch nicht alle existierenden Bistros das gesamte Sortiment an American-Bakery-Produkten anbieten. Auch wenn in Deutschland künftig kaum neue Schnellrestaurants eröffnet werden, so bieten doch immer mehr der bestehenden Restaurants eine erweiterte Speisekarte an oder haben ein eigenes Café in einem Teil des Restaurants, sodass auch in diesem Markt mit einer weiteren Expansion zu rechnen ist. Coffeeshops haben in den letzten Jahren in deutschen Großstädten stark zugenommen. In kleineren Städten hingegen ist die Präsenz aktuell noch sehr gering, sodass auch in diesem Segment mit einem weiteren Ausbau zu rechnen ist, was sich positiv auf den Absatz von American-Bakery-Produkten auswirkt.

Forderungsmanagement beim Carsharing der Mobility GmbH

von Christian Kolodziejczak und Eric Rahn

Ausgangssituation

Das Mobilitätsverhalten der Bevölkerung unterliegt besonders in urbanen Gegenden einem rasanten Wandel. Den damit einhergehenden veränderten Nachfragestrukturen begegnen einige Unternehmen mit dem Eintritt in das Geschäftsfeld Carsharing.

Die Nachfrage nach Carsharing-Dienstleistungen konnte in den vergangenen Jahren einen drastischen Anstieg verzeichnen. Ein Ende scheint nicht in Sicht, sodass bis zum Jahr 2020 ein weltweites Marktvolumen von sieben Milliarden Euro prognostiziert wird. Die 2014 neu gegründete Mobility GmbH, die Mobilitätstochter eines weltweit führenden Automobilherstellers, bietet das „Free Floating"-Konzept an, bei dem der Kunde das Auto in einem definierten Gebiet überall abholen und wieder abstellen kann und auf Minuten-Basis bezahlt.

Carsharing als Geschäftsmodell weicht jedoch deutlich vom aktuellen Kerngeschäft des Automobilherstellers ab. Eine große Herausforderung besteht dabei im Forderungsmanagement des Automobilherstellers, da aufgrund der veränderten Anforderungen nur noch bedingt auf bestehende Prozesse zurückgegriffen werden kann.

Die Verantwortlichen der Mobility GmbH beklagen die Intransparenz im Zahlungsverhalten sowohl bei Neukunden als auch bei Bestandskunden, die das Carsharing-Angebot regelmäßig in Anspruch nehmen. Zudem mangelt es an Steuerungsmechanismen, um die einzelnen Carsharing-Standorte miteinander vergleichbar zu machen.

Kunden, bei denen der fällige Rechnungsbetrag nicht vom Girokonto bzw. von der Kreditkarte eingezogen werden kann, werden manuell für zukünftige Fahrten gesperrt und bei Zahlungseingang wieder entsperrt. Hier kommt es regelmäßig zu Verzögerungen, die eine Vielzahl von Reklamationen durch Kunden zur Folge haben. Kunden, die gemahnt werden (Mahnungen werden alle zwei Wochen per Brief verschickt), müssen die ausstehenden Geldbeträge dann überweisen. Darüber hinaus erfolgt bei der Neuregistrierung eines Kunden lediglich eine Personalausweiskontrolle – vor Fahrtantritt gibt es also keine Bonitätsprüfung.

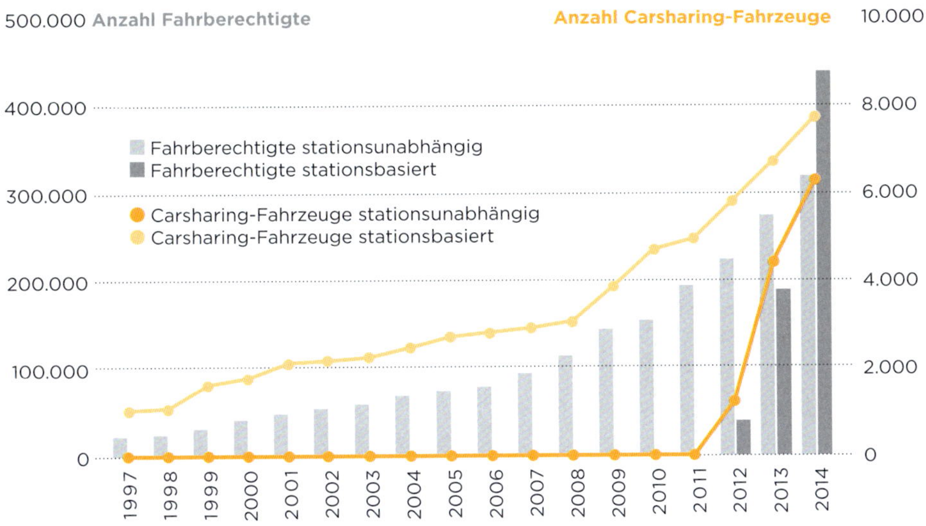

Entwicklung des Carsharing-Marktes in Deutschland, Quelle: Bundesverband Carsharing e.V.

Aufgabenstellung

Sie wurden engagiert, die neuen Herausforderungen zu analysieren und dem Finanzvorstand Lösungsvorschläge zu unterbreiten, die die Risiken von Zahlungsverzug und Forderungsausfällen für die Mobility GmbH zukünftig reduzieren.

1. Erläutern Sie mögliche Ursachen für die drastische Zunahme der Nachfrage für das Geschäftsmodell Carsharing (10 Minuten).
2. Entwickeln Sie einen Maßnahmenkatalog für die Risikominimierung im Forderungsmanagement, und erläutern Sie die kausale Wirkung auf die identifizierten Optimierungspotenziale (20 Minuten).
3. Priorisieren Sie die Maßnahmen unter der Maßgabe einer Kosten-Nutzen-Betrachtung (10 Minuten).

Lösungsweg

1. Ursachen für steigende Nachfrage nach Carsharing

- **Dekarbonisierung:** Die Endlichkeit fossiler Ressourcen zwingt Automobilhersteller, alternative Antriebstechnologien zu entwickeln. Über das Carsharing können diese in den Markt gebracht werden. Gleichzeitig steigt das Umweltbewusstsein der Kunden und somit auch die Nachfrage nach alternativen Antrieben, die häufig in den Carsharing-Fahrzeugen zu finden sind. Zuletzt ist die Herabsetzung der Emissionsgrenzwerte für Autos mit Restriktionen für Hersteller und Verbraucher verbunden (Umweltzonen).

- **Urbanisierung:** Der zunehmende Verstädterungsgrad in Ballungsgebieten führt zu einer Überforderung der Verkehrsinfrastruktur und mündet in zahlreichen Staus und Parkplatzproblemen. Die Nachfrage nach öffentlichen Transportmitteln steigt zunehmend an. Das (private) Auto wird in Städten daher immer ersetzbarer und wird teilweise nur noch für Großeinkäufe benötigt.
- **Junge Generation U25:** Durch neue Trends wie Smartphone und mobiles Internet verliert das Auto immer mehr seinen Wert als Statussymbol und wird als Transportmittel von A nach B wahrgenommen (Versachlichung). Die strategisch wichtige Zielgruppe U25 weist zwar eine steigende Mobilitätsnachfrage auf, hat gleichzeitig aber auch einen großen Flexibilitätsbedarf. Dadurch müssen Automobilhersteller Alternativen bieten, um junge Kunden dennoch an die Marke zu binden und als potenzielle Käufer für die Zukunft zu behalten.

2. Maßnahmen zur Risikominimierung im Forderungsmanagement

Um einen Maßnahmenkatalog definieren zu können, sind zunächst die größten Optimierungsbedarfe der Mobility GmbH zu identifizieren:

A. Optimierte Unternehmens-/Standortsteuerung
B. Schaffung von Kundentransparenz
C. Minimierung des Forderungsausausfalls bzw. Zahlungsverzugsrisikos
D. Prozessstandardisierung und Reduktion manueller Tätigkeiten

ID	Maßnahme	Inhalt	Optimierungs-potenzial
1	Vorkasse einführen	Mithilfe von Minutenpaketen oder Ganztagesmieten können Kunden schon vor Fahrtantritt bezahlen und bekommen dafür einige Cent pro Kilometer erlassen.	C
2	Bestands-Scoring-Modell zur Risikoklassifizierung von Bestandskunden	Es werden geeignete Kriterien definiert und statistisch validiert, die in ein Rechenmodell überführt werden, um den Risikograd von Forderungsausfall und Zahlungsverzug zu bestimmen und die Kunden in Risikoklassen kategorisieren zu können. Es können Risikokunden identifiziert und pro Risikoklasse spezifische Gegensteuerungsmaßnahmen definiert werden (siehe 2.1 bis 2.5).	A, B, C
2.1	Vorkasse als einzig mögliches Zahlungsmittel	Für die höchste Risikoklasse könnte die Umstellung auf die Zahlungsmethode Vorauskasse umgestellt werden.	C
2.2	Überprüfung des Verfügbarkeitsrahmens bei Lastschriften und Kreditkartenzahlung	Für hohe Risikoklassen kann bei Öffnung des Fahrzeuges eine Verfügbarkeitskontrolle des Kreditrahmens bei Kreditkarten und Girokonten überprüft und dabei ein Sicherheitsbetrag hinterlegt werden.	C
2.3	Verpflichtung zur Kreditkartenzahlung	Analog dem Punkt 2.1 kann bei mittelhohem Risiko mindestens die Kreditkartenzahlung als verpflichtendes Zahlungsmittel defniert werden.	C

ID	Maßnahme	Inhalt	Optimierungs-potenzial
2.4	SCHUFA	Für identifizierte Risikoregionen (bspw. bestimmte PLZ-Gebiete) kann eine SCHUFA-Auskunft eingeholt werden, um bereits bei Erstanmeldung des Kunden eine hinreichende Risikoklassifizierung zu erhalten. Diese Maßnahme ist als Folgemaßnahme des Bestands-Scoring-Modells zu verstehen.	C
3	Standardisierte Kommunikation mit den Kunden	Die standardisierte Kommunikation ist insbesondere für Reklamationen, Mahnwesen und Inkasso in Form eines Shared-Service-Centers sinnvoll.	D
4	Definition von spezifischen, vergleichbaren Steuerungsgrößen zur Unternehmens- und Standortsteuerung	Eine einheitliche vergleichbare Steuerungssystematik ist die Grundlage für ein funktionierendes Benchmarking zwischen den einzelnen Standorten, um sich ergebende Synergien und Optimierungspotenziale schnell aufdecken und nutzen zu können.	A
5	Implementierung einer geeigneten IT-Architektur und EDV-Systemlandschaft	Nutzung einer geeigneten Systemlandschaft mit harmonisierten Stammdaten als Grundlage für ein aussagekräftiges Reporting, die technische Abbildung des Bestandskunden-Scoring-Modells und der Automatisierung der weiteren Abwicklungsprozesse. Dabei ist das exponentiell steigende Kundenvolumen zu beachten, welches durch deutlich erhöhte Transaktionen auch ein performantes System benötigt.	A, B, C, D
6	Prüfprozess, um Doppelanmeldungen von gesperrten oder gekündigten Kunden zu vermeiden	Der Prüfprozess muss bei Registrierung der Nutzer implementiert werden und berücksichtigt Dokumente wie den Personalausweis, die Führerscheinnummer, Bankverbindung und Anschrift.	C
7	Abgabe an Inkassounternehmen	Es ist zu analysieren, ob nach einem definierten Zeitraum uneinbringliche Forderungen ab einem festgelegten Wert an ein Inkassounternehmen übergeben werden sollten.	D

Maßnahmenkatalog

Der Maßnahmenkatalog dient lediglich zur Orientierung und umfasst nicht alle möglichen Maßnahmen, um die Optimierungspotenziale zu realisieren. Innerhalb der Bearbeitungszeit kommt es darauf an, einzelne Maßnahmen zu konkretisieren und den kausalen Zusammenhang zu den einzelnen Optimierungspotenzialen herzustellen.

3. Priorisierung der Maßnahmen

Durch die Priorisierung der entwickelten Maßnahmen können Sie nun Ihr Verständnis für die Bedürfnisse des Projektsponsors beweisen; beispielsweise schaffen Sie es vielleicht gemäß des Paretoprinzips (80 Prozent der Ergebnisse sind in 20 Prozent Gesamtzeit zu erreichen) drei Kernmaßnahmen zu formulieren, mit denen ohne großen Aufwand der Großteil des Optimierungspotenzials gehoben werden kann. Die Formulierung von Trade-offs hilft ebenfalls bei der Komplexitätsreduzierung. So muss das Management beispielsweise zwischen einem unkomplizierten Prozess mit positivem Kundenerlebnis bei der Anmeldung und einem sicheren, aber umfangreicheren Zulassungsverfahren wählen.

Dazu ist im ersten Schritt eine Evaluierung der Maßnahmen auf Basis Ihres prognostizierten zukünftigen Nutzens und der damit verbundenen Kosten nötig. Exemplarisch wurde für den Maßnahmenkatalog eine zehnstufige Skala gewählt, wobei zehn jeweils einen sehr hohen Nutzen bzw. sehr niedrige Kosten widerspiegelt. Die Einstufung ist anhand von vorher definierten Kriterien vorzunehmen. Maßgebliche Kriterien in der vorliegenden Einstufung für die Kostenseite waren die initialen und laufenden Kosten der einzelnen Maßnahmen. Der erwartete Nutzen orientierte sich an den Kernproblemen einer fehlenden Steuerungssystematik für die Standorte sowie der Intransparenz im Zahlungsverhalten der Kunden. Dieses birgt hohe Risiken durch Zahlungsverzug und Forderungsausfall. Als Grundlage für die Priorisierung wurde eine Aufteilung in vier Quadranten gewählt. Dabei ist zu beachten, dass es teilweise Wechselwirkungen zwischen den einzelnen Maßnahmen gibt, z. B. beim Scoring-Modell, das sowohl als Basis für gezielte Maßnahmen als auch für das Steuerungskonzept verwendet werden kann.

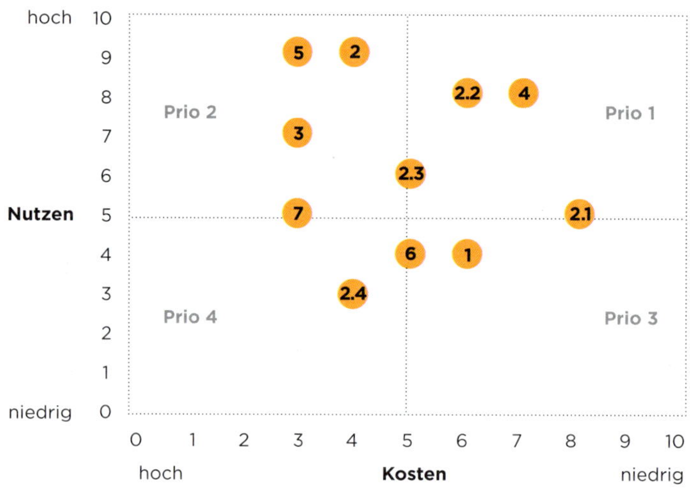

Kosten-Nutzen-Diagramm

HINWEIS: Wichtig ist, die Anforderung des Kunden zu verstehen und einen Konsens über die Skala sowie die Kriterien und deren Gewichtung zu erlangen. So wird die Transparenz im Ergebnis gewahrt.

Geschäftsmodellanalyse und Wachstumsstrategie für PackTec

von Dr. Holger Lipowsky

Ausgangssituation

PackTec ist ein weltweit führendes Unternehmen in der Herstellung von Verpackungsmaschinen aller Art. Darüber hinaus stellt es Maschinen zur Herstellung von Arzneimitteln her. PackTec verfügt über weltweite Präsenz mit Fokus auf Europa und Nordamerika. Das Produktportfolio bewegt sich im oberen bis mittleren Technologie-Segment. In den letzten zwei Jahren hat PackTec einen Restrukturierungsprozess durchlaufen, in dem sechs unabhängige Firmen erfolgreich in den PackTec-Konzern integriert wurden. Zudem wurde das Geschäft der einzelnen Firmen in drei Geschäftseinheiten konsolidiert:

- **Confectionary**: Verpackungsmaschinen für Süßwaren
- **Personal Care**: Verpackungsmaschinen für Hygieneartikel
- **Food**: Prozess- und Verpackungsmaschinen für die Lebensmittelindustrie

Die Anzahl der Mitarbeiter wurde um ca. 20 Prozent reduziert. Insbesondere in den Bereichen Einkauf, Engineering, Service, Marketing und Sales konnten erhebliche Synergien ausgeschöpft werden. Die Sparmaßnahmen zeigen Wirkung, und die Profitabilität liegt bereits über den Erwartungen. Umsätze und Auftragseingänge liegen ebenfalls über Plan.

Vor diesem Hintergrund wurden Sie und Ihr Team vom Topmanagement des PackTec-Konzerns beauftragt, eine umfassende, weltweite Wachstumsstrategie für die kommenden Jahre zu erstellen. Die Konsolidierungsmaßnahmen sollen abgeschlossen werden, damit sich der gesamte Konzern auf das Erreichen der ambitionierten Wachstumsziele konzentrieren kann. Der Umsatz soll innerhalb der nächsten fünf Jahre von 460 Millionen Euro auf 900 Millionen Euro gesteigert werden.

Aufgabenstellung

Der erste Schritt der Erstellung der Wachstumsstrategie besteht in der Analyse des Geschäftsmodells von PackTec. Nur wenn das Geschäftsmodell den Anforderungen im Markt entspricht, kann eine derart umfassende Wachstumsstrategie erfolgreich durchgeführt werden. Ihre Ausarbeitung können Sie mithilfe der folgenden Fragen strukturieren:

1. Welche Elemente der Wertschöpfungskette deckt PackTec momentan ab?
2. Welche Geschäftsmodelle lassen sich aus der Wertschöpfungskette ableiten?
3. Über welche allgemeinen Vor- und Nachteile verfügen die verschiedenen Geschäftsmodelle?
4. Welches Geschäftsmodell schlagen Sie vor und warum? Hier kann eine Analyse des Technologieportfolios des PackTec-Konzerns weiterhelfen.
5. Welche Auswirkungen hat eine eventuelle Anpassung des Geschäftsmodells?

Nach der Analyse und einer eventuellen Anpassung des Geschäftsmodells kann die eigentliche Arbeit an der Wachstumsstrategie beginnen. Da diese in der Realität auf einer Vielzahl von Daten beruht (markt- und firmenseitig), wollen wir an dieser Stelle nicht ins Detail gehen. Dennoch sollten Sie grundlegende Ansätze anhand der folgenden Fragestellung diskutieren:

6. Welche makroökonomischen Faktoren haben Einfluss auf die Wachstumsstrategie von PackTec? Gibt es regionale Unterschiede der Einflussfaktoren? Welche Länder und Regionen sind für PackTec daher besonders attraktiv?

Datengrundlage für den Analyseteil

In einer ersten Analysephase konnten Sie und Ihr Team grundlegende Daten über das Produktportfolio des PackTec-Konzerns sammeln. Diese Daten dienen als Grundlage für die Analyse des zukünftigen Geschäftsmodells.

Geschäftsmodell	Wertschöpfungsschritt	Verpackungstyp	Umsatz (Mio. Euro)	EBIT (Mio. Euro)	Marktanteil
Confectionary	Primärverpackung	Riegel	12,4	-0,4	41,1 %
		Wicklung	3,2	0,3	0,5 %
		Beutel	4,1	0,8	36,9 %
		Standbeutel	4,2	0,2	0,6 %
Professional Care	Primärverpackung	Tiegel	16,0	-0,2	23,8 %
		Dosen	6,2	0,3	27,5 %
	Sekundärverpackung	Umkartons (PC)	19,0	-1,8	21,0 %
Food	Prozessmaschinen	Zerkleinerer	6,9	-1,2	6,0 %
		Mixer	6,1	-0,8	8,4 %
		Abfüllanlagen	6,2	-1,2	12,0 %
	Primärverpackung	Becher	42,8	6,2	24,0 %
		Flaschen	50,2	0,5	40,0 %
	Sekundärverpackung	Umkartons (Food)	22,8	1,1	5,1 %
	Tertiärverpackung	Folienverpackung	21,1	-1,5	0,5 %
		Palettierung	3,9	-0,3	0,5 %

Bei den Verpackungsmaschinen unterscheidet man zwischen Primär-, Sekundär- und Tertiärverpackungen. Die Primärverpackung kommt direkt mit dem Produkt in Berührung, z. B. Joghurtbecher, Chipstüten, Getränkedosen oder Tablettenblister. Bei der Sekundärverpackung handelt es sich um eine Umverpackung um die Primärverpackung, z. B. Kartonverpackungen und Schrumpffolien um Becher, Dosen, Flaschen, Tablettenblister. Tertiärverpackungen bilden schließlich den letzten Schritt und kommen beispielsweise bei der Bündelung mehrerer Kartons auf einer Palette zum Einsatz.

Lösungsweg

1. Wertschöpfungskette

Die Wertschöpfungskette kann vereinfacht aus drei Elementen gebildet werden:

- **Prozessmaschinen**: Hier bietet PackTec lediglich Lösungen für die Lebensmittelindustrie an.
- **Primärverpackungen**: Hier bedient PackTec alle Industrien.
- **Sekundär- und Tertiärverpackungen**: Hier bedient PackTec ausgewählte Industrien.

2. Mögliche Geschäftsmodelle

Anhand dieser Wertschöpfungskette lassen sich vier grundlegende Geschäftsmodelle für PackTec ableiten, die sich vom Technologie- bis hin zum Industriefokus erstrecken:

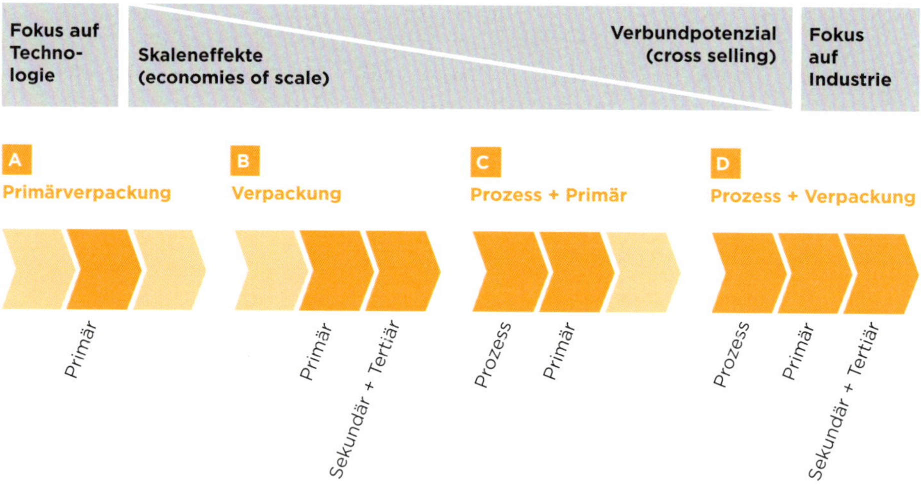

3. Vor- und Nachteile der verschiedenen Geschäftsmodelle

Fokus auf Primärverpackung

+ Durch die Fokussierung auf das Kerngeschäft können Ressourcen optimal genutzt werden.
+ Technisches Know-how kann gebündelt, und Synergien können genutzt werden.
- Es besteht nur sehr begrenztes Verbundpotenzial.
- Kompetenzen außerhalb des Primärverpackungssegmentes gehen verloren.

Fokus auf Verpackungsmaschinen

+ Durch den klaren Kompetenzfokus auf Verpackungsmaschinen können integrierte Lösungen über die gesamte Wertschöpfungskette von Verpackungsmaschinen angeboten werden.
+ Der Vertrieb von Hilfsaggregaten kann fokussiert werden, um integrierte Lösungen anzubieten.
+ Der Transfer von Know-how zwischen den Schritten der Wertschöpfungskette kann durch den Verpackungsfokus optimal genutzt werden.
- Kompetenzen im Bereich der Prozessmaschinen gehen verloren.

Fokus auf Prozessmaschinen und Primärverpackungen

+ Der gewählte Fokus erleichtert den Zugang zur Lebensmittelindustrie.
+ Erhöhtes Verbundpotenzial bei Prozessmaschinen kann optimal genutzt werden.
- Das Geschäftsmodell kann nur schwer auf andere Industrien übertragen werden, da bisher lediglich Kompetenzen im Bereich der Lebensmittelindustrie bestehen.
- Selbst im Bereich der Lebensmittelindustrie ist das Know-how auf einige Prozessschritte beschränkt.

Abdeckung der gesamten Wertschöpfungskette

+ Es besteht nur geringer Anpassungsbedarf des aktuellen Geschäftsmodells.
+ Für ausgewählte Produkte kann die gesamte Wertschöpfungskette abgedeckt werden.
- Unprofitable Schritte der Wertschöpfungskette werden abgedeckt.
- Es besteht kein Kompetenzfokus auf ausgewählte Schritte der Wertschöpfungskette.

4. Analyse des Produktportfolios

Um eine klare Empfehlung bezüglich des optimalen zukünftigen Geschäftsmodells abzuleiten, bietet sich eine Analyse des Produktportfolios des PackTec-Konzerns an. Dabei steht die Gruppierung der Produkte nach Schritten der Wertschöpfungskette im Vordergrund, um eine Aussage über Vor- und Nachteile der jeweiligen Segmente zu treffen. Die verfügbaren Daten erlauben eine Darstellung des Produktportfolios nach drei Dimensionen:

- Die **Profitabilität** kann vereinfacht anhand des Gewinns (EBIT) ausgedrückt werden.
- Die **Marktposition** wird durch den Marktanteil verdeutlicht.
- Die **Relevanz** wird durch den Umsatz dargestellt.

Das Segment der Primärverpackungen stellt also das profitable Kerngeschäft des PackTec-Konzerns dar. Insbesondere in den Bereichen der Becher und Flaschen werden hohe Marktanteile und Umsätze generiert. Für die Sekundärverpackungen, die ebenfalls ein umsatzstarkes Segment darstellen, bietet sich in Bezug auf die Profitabilität ein geteiltes Bild. Während im Geschäftsbereich Food positive EBIT-Werte erreicht werden, erwirtschaftet der Geschäftsbereich Personal Care Verluste. Im Bereich der Tertiärverpackungen sowie der Prozessmaschinen befinden sich ausschließlich unprofitable Produkte im Portfolio.

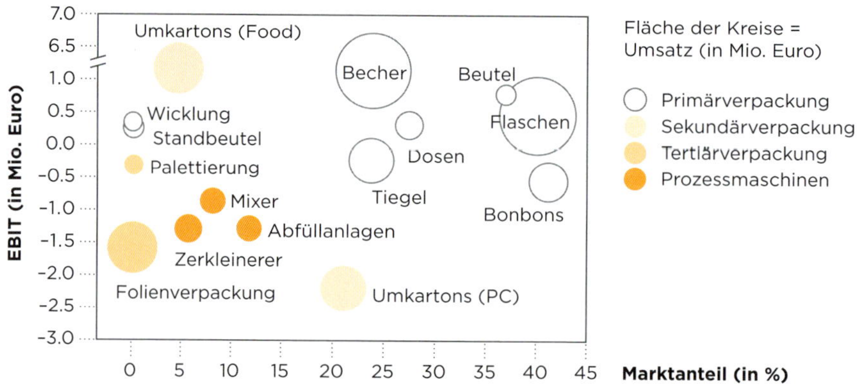

Die gewählte zweidimensionale Darstellung des Gewinns über dem Marktanteil bietet eine anschauliche Möglichkeit der Strukturierung anhand der folgenden vier Segmente:

- **Dominante Marktposition**: Profitable Produkte mit hohem Marktanteil stellen die Grundlage des Geschäftes dar (Position halten und idealerweise ausbauen).
- **Nischenposition stärken**: Profitable Produkte mit geringem Marktanteil stellen Nischenprodukte dar (Position stärken, um langfristig Marktanteile zu gewinnen).
- **Profitabilität steigern**: Unprofitable Produkte mit hohem Marktanteil müssen analysiert werden (Kann man Profitabilität steigern, um in die Gewinnzone zu gelangen?).
- **Restrukturieren und abstoßen**: Unprofitable Produkte mit geringem Marktanteil stellen eine nicht akzeptable Verlustquelle dar (Restrukturierung mit anschließender Abstoßung der betroffenen Produkte).

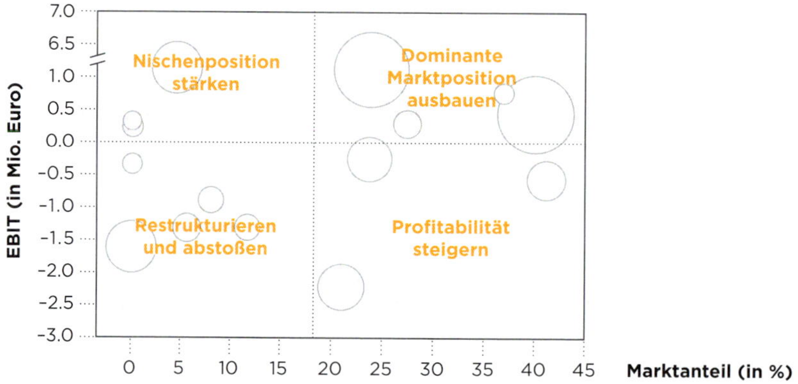

5. Empfohlenes Geschäftsmodell und Auswirkungen

Basierend auf der Analyse des Produktportfolios wird eine Fokussierung auf Primär- und Sekundärverpackungen empfohlen. Daraus ergeben sich die folgenden Auswirkungen:

- Die Bereiche Prozessmaschinen und Tertiärverpackungen müssen einer sofortigen Restrukturierung unterzogen werden, mit dem Ziel eines kurzfristigen profitablen Verkaufs der Segmente. Sollte dies nicht gelingen, müssen Einmalkosten zur Schließung der Bereiche in Kauf genommen werden, um zukünftige dauerhafte Verluste zu vermeiden.
- Der Personal-Care-Bereich der Umkartons ist ebenfalls einer Restrukturierung zu unterziehen, allerdings mit dem Ziel, ein dauerhaft profitables Geschäft aufzubauen. Hier besteht die Möglichkeit, das vorhandene Know-how aus dem Food-Bereich der Kartonierer zu nutzen und Synergiepotenziale zu realisieren.
- Die Segmente der Tiegel (Personal Care) und die Bonbonverpackungen (Confectionary) bedürfen einer eingehenden Analyse, um Maßnahmen zur Profitabilitätssteigerung abzuleiten. Die Umsetzung der Maßnahmen sollte kurz- bis mittelfristig realisierbar sein.

6. Weitergehende Überlegungen zur Wachstumsstrategie

Der Entscheidung zur Anpassung des Geschäftsmodells schließt sich die eigentliche Ausarbeitung der Wachstumsstrategie an. Es gilt zu definieren, welche Märkte zukünftig mit welchen Produkten bearbeitet werden sollen. Dabei bietet es sich an, anhand genereller makroökonomischer Faktoren besonders attraktive Regionen und Länder für PackTec abzuleiten. Wie bereits in der Aufgabenstellung erwähnt, beruht eine derartige Analyse auf einer Vielzahl an Daten, die im Rahmen des vorgestellten Cases nicht zur Verfügung stehen. Folgenden Themengebiete sollten jedoch in einer solchen Analyse adressiert werden:

- **Aufstrebende Märkte**: Der größte zu erwartende Treiber für die zukünftige Nachfrage von Verpackungen aller Art liegt im Potenzial der aufstrebenden Märkte. Hier ist insbesondere der chinesische Markt zu nennen, der bei hohem Marktvolumen überdurchschnittliche Wachstumsraten aufweist. Weitere interessante Märkte im Bezug auf die Kombination von Marktgröße und -wachstum sind Brasilien, Indien, Russland und Mexiko. Obwohl der PackTec-Konzern bereits über Präsenz in allen wichtigen Märkten verfügt, sollte das Potenzial der erwähnten Märkte besser genutzt werden. Denkbar ist z. B. die Ableitung neuer Produkte, die durch reduzierte technische Komplexität an die Bedürfnisse der erwähnten Märkte angepasst sind.
- **Etablierte Märkte**: In den etablierten Märkten geraten ökologisches Bewusstsein, Individualisierung, Gesundheitsbewusstsein und demografischer Wandel in den Vordergrund. Diese Faktoren beeinflussen die Nachfrage nach Verpackungslösungen und zwingen zur ständigen Anpassung des Produktportfolios. Eine Vielzahl an Verpackungsvarianten, kleinere Packungsgrößen und individuelle sowie kurzlebige Verpackungen sind die Folge. Flexibilität und ein hoher Automatisierungsgrad der Verpackungsmaschinen bieten daher eine gute Möglichkeit, die diversen Anforderungen zu erfüllen. PackTec hat als Technologieführer eine gute Ausgangsposition, um in diesen Märkten erfolgreich zu sein. Das empfohlene Geschäftsmodell mit dem klaren Fokus auf die Kernkompetenzen des Konzerns wird die Verteidigung der Technologieführerschaft erleichtern.

Profitabilität eines Stahlrohr-Herstellers

von Mathias Bertele und Bernd Leppla

Aufgabenstellung

Unternehmen streben nach Gewinnmaximierung. Um dieses Ziel zu erreichen, haben Unternehmen zwei Möglichkeiten: Zum einen können sie den Umsatz steigern, zum anderen können sie ihre Kosten senken. Wird ein Unternehmen durch seine einzelnen Bereiche beschrieben, so ist die Profitabilität eines Unternehmens von der Profitabilität aller Teilbereiche abhängig.

Der Stahlrohr-Hersteller Berlep AG plant, international zu expandieren und möchte die Finanzierungskosten so gering wie möglich halten. Eine Möglichkeit, dies zu erreichen, besteht in der schnelleren Tilgung von Krediten. Hierzu muss das Unternehmen jedoch seine Profitabilität erhöhen, weshalb Sie als Berater von New Strategy Consultants zur Analyse des Produktportfolios herangezogen werden. Die Berlep AG möchte von Ihnen wissen, welche Produktbereiche sie ausbauen oder gegebenenfalls streichen soll und bittet Sie, eine entsprechende Übersicht zu erstellen.

Lösungsweg

Klärung der Aufgabenstellung

Bevor Sie eine große Tabelle erstellen und mit dem Rechnen anfangen, sollten Sie sichergehen, dass Sie und Ihr Auftraggeber dasselbe Verständnis von Profitabilität haben. Häufig wird die Profitabilität fälschlicherweise der Umsatzrentabilität gleichgesetzt. Auch ist der Untersuchungszeitraum zu klären. Wünscht sich Ihr Kunde, eine Entwicklung der Profitabilität zu sehen, oder möchte er eine Untersuchung anhand der Zahlen eines bestimmten Zeitpunkts oder anhand von Planzahlen? Weiterhin stellt sich die Frage, wie detailliert die Analyse sein soll.

Ihr Auftraggeber wünscht sich eine reine Profitabilitätsanalyse anhand der Planzahlen für das Geschäftsjahr 2016. Zum Detailgrad der Analyse sagt Ihnen die Berlep AG, dass dies je Produktkategorie geschehen soll. Das Unternehmen teilt seine Produkte in die vier Kategorien Infrastruktur, Anlagenbau, Maschinenbau und Möbel ein.

Informationsbeschaffung

Zur Analyse des Produktportfolios müssen Sie sich die Frage stellen, welche Informationen Sie benötigen. Bedenken Sie immer, dass das Ziel eine Übersicht über die Profitabilität der Produktkategorien der Berlep AG ist, anhand der entschieden werden kann, welche

Produktkategorien ausgebaut oder gestrichen werden könnten. Zur Berechnung der Profitabilität schlagen Sie vor, vom Umsatz ausgehend über die Herstell- und Gemeinkosten den Gewinn zu errechnen. Ihr Auftraggeber stimmt dem geplanten Vorgehen zu und händigt Ihnen eine Übersicht aus, die verkaufte Tonnagen sowie Umsätze, Materialkosten und Fertigungskosten pro Tonne für jede Produktkategorie zeigt.

	Infrastruktur	Maschinenbau	Möbel	Anlagenbau
Tonnage (t)	60.000	20.000	2.000	2.000
Preis (Euro/t)	1.000	1.000	5.000	2.500
Materialkosten (Euro/t)	500	600	1.000	800
Fertigungskosten (Euro/t)	400	450	500	300

Wichtige Zahlen je Produktkategorie

Welche Fragen stellen Sie sich? Warum werden Ihnen zur Berechnung der Profitabilität je Produktkategorie Zahlen gegeben, die zunächst auf eine Berechnung der Profitabilität pro Tonne verkaufter Stahlrohre abzielt? Gleichzeitig fehlen Ihnen die Gemeinkosten zur Weiterberechnung.

Ihr Auftraggeber teilt Ihnen mit, dass er aktuell nur die genannten Zahlen hat und die Gemeinkosten nachreichen wird. Die Gemeinkosten werden jedoch nicht nach Produktkategorie und Tonnage aufgeteilt sein, sondern lediglich als eine Zahl geliefert werden.

Berechnung der Profitabilität

Verwenden Sie bei Ihren Berechnungen immer eine geordnete Aufstellung. Zur Darstellung können Sie zwischen zwei Möglichkeiten wählen:

1. Sie schreiben die erhaltenen Daten direkt untereinander und beginnen dann gesondert mit der Gewinn- und Verlustrechnung.
2. Sie gliedern Ihre Zeilen nach der Struktur einer Gewinn- und Verlustrechnung und schreiben die Werte pro Tonne in die jeweiligen Teilbereiche.

Wichtig ist nur, dass Sie Ihrem Auftraggeber die Ausgangsdaten und die nachfolgend erstellte Rechnung geordnet aufbereiten. Hierbei fällt Ihnen sicherlich auf, dass der Umsatz, die Material- und Fertigungskosten je Kategorie unterschiedlich sind. Dies kann mit den Kundensegmenten und den dadurch bedingten Qualitätsunterschieden der Produkte begründet werden. Ihr Hinweis gegenüber Ihrem Auftraggeber, dass der Umsatz pro Tonne schon eine erste Indikation zur Profitabilität ist, ist durchaus angebracht. Um sicherzugehen, müssen Sie weitere Berechnungen anstellen. Zur Berechnung der Profitabilität wurde Ihnen ein wichtiger Hinweis gegeben: Die Gemeinkosten sind nicht nach Produktkategorie und produzierter Menge aufgeteilt. Folglich müssen Sie alle Werte in absolute Werte umrechnen. Sie erhalten die geplanten Material- und Fertigungskosten je Produktkategorie, aus denen Sie die Herstellkosten je Kategorie berechnen.

Aus dem Umsatz und den Herstellkosten kann das Bruttoergebnis je Produktkategorie berechnet werden. Hier zeigt sich schon, welche Kategorie den größten bzw. den geringsten Beitrag zur Profitabilität aufweist und welche Kategorie sogar unprofitabel ist. Doch bei Betrachtung der Bruttoergebnisse je Kategorie ist Vorsicht geboten: Der absolute Wert zeigt, dass hier viel Wert geschaffen wird, der zur Deckung der Gemeinkosten genutzt werden kann. Das Bruttoergebnis gibt somit an, welche Produktkategorie Sie unbedingt benötigen. Doch an dieser Stelle sollten Sie sich die Frage stellen, ob eine detailliertere Betrachtung nicht eine zusätzliche Information brächte. Zeigen Sie Ihrem Gegenüber von der Berlep AG, dass das Bruttoergebnis pro Tonne einen zusätzlichen Informationsgehalt bringt. Hierbei weist der Bereich Infrastruktur ein Bruttoergebnis von sechs Millionen Euro aus, jedoch nur ein Bruttoergebnis von 100 Euro pro Tonne.

Anders hingegen ist es im Bereich Anlagenbau. Hier zeigt sich ein Bruttoergebnis pro Tonne von 1.400 Euro bei einem absoluten Bruttoergebnis von nur 2,8 Millionen Euro. Optimal scheint der Bereich Möbel mit einem Bruttoergebnis von sieben Millionen Euro und einem Bruttoergebnis pro Tonne von 3.500 Euro zu sein. Der Bereich Maschinenbau ist hingegen unprofitabel. Diese zusätzliche Untersuchung zeigt, dass ein hohes Bruttoergebnis gegebenenfalls durch die Masse erwirtschaftet wird und nicht unbedingt ein Indiz für eine hohe Profitabilität ist. Die Aussage zu diesem Zeitpunkt ist, dass der Bereich Maschinenbau eingestellt und der Bereich Infrastruktur auf der Umsatz- und Kostenseite näher betrachtet werden sollte.

Ihr Auftraggeber sagt Ihnen nun, dass die Gemeinkosten zwölf Millionen Euro betragen. Wie bereits zuvor angekündigt, ist dies die Gesamtsumme ohne eine Umlage auf die einzelnen Bereiche.

Für Sie stellt sich nun die Frage der Umlage der Gemeinkosten, sodass Sie den Gewinn je Produktkategorie berechnen können. Prinzipiell gibt es hierzu mehrere Möglichkeiten: Die einfachste ist eine lineare Aufteilung je nach Kategorie. Eine weitere wäre eine umsatz- oder volumenabhängige Aufteilung. Sie werden schnell feststellen, dass aufgrund der unrunden Werte für Umsatz und Volumen eine lineare Aufteilung vorzuziehen ist. Diese Entscheidung können Sie gegenüber der Berlep AG damit begründen, dass Sie annehmen, dass unabhängig vom Umsatz und eingekauften Rohmaterial der gleiche Verwaltungsaufwand angenommen werden kann. Die Markt- und Kundenstrukturen der einzelnen Bereiche würden dies auch stützen. Der Umsatz von 60.000 Tonnen im Infrastrukturbereich wird über ein Großprojektmanagement abgewickelt, dessen Komplexität – und dahinterstehend die Gemeinkosten – z. B. vergleichbar ist mit einem Key Account und ABC-Kundenansatz bei den Möbeln. Der Anlagen- und Maschinenbau verfügen über vergleichbare Komplexität, ebenfalls in einem Umfeld von Projektgeschäften, jedoch mit kleineren Volumina.

Das Problem, das sich hierdurch ergibt, ist, dass Kategorien, die zuvor als profitabel angesehen wurden, sich nun als unprofitabel erweisen. Infrastruktur bzw. Möbel werfen mit drei bzw. vier Millionen Euro einen hohen Gewinn ab. Maschinen- bzw. Anlagenbau weisen mit vier bzw. 0,2 Millionen Euro einen Verlust auf.

	Infrastruktur	**Maschinenbau**	**Möbel**	**Anlagenbau**
Tonnage (t)	60.000	20.000	2.000	2.000
Preis (Euro/t)	1.000	1.000	5.000	2.500
Umsatz (Euro)	**60.000.000**	**20.000.000**	**10.000.000**	**5.000.000**
Materialkosten (Euro/t)	500	600	1000	800
Materialkosten (Euro)	30.000.000	12.000.000	2.000.000	1.600.000
Fertigungskosten (Euro/t)	400	450	500	300
Fertigungskosten (Euro)	24.000.000	9.000.000	1.000.000	600.000
Herstellkosten (Euro/t)	900	1.050	1.500	1.100
Herstellkosten (Euro)	**54.000.000**	**21.000.000**	**3.000.000**	**2.200.000**
Bruttoergebnis (Euro)	**6.000.000**	**-1.000.000**	**7.000.000**	**2.800.000**
Bruttoergebnis (Euro/t)	**100**	**-50**	**3.500**	**1.400**
Gemeinkosten (Euro)	**3.000.000**	**3.000.000**	**3.000.000**	**3.000.000**
Gewinn (Euro)	**3.000.000**	**-4.000.000**	**4.000.000**	**-200.000**

Profitabilitätsrechnung

Ergebnisinterpretation

Nach Betrachtung der Profitabilitätsrechnung können Sie Ihrem Auftraggeber mitteilen, dass die Bereiche Infrastruktur und Möbel profitabel sind.

- Im Bereich Infrastruktur könnte der Gewinn möglicherweise gesteigert werden, indem versucht wird, höhere Preise im Großprojektgeschäft durchzusetzen. Hier verfügt die Berlep AG als wichtiger Zulieferer gegebenenfalls auch über die entsprechende Marktmacht. Kostenseitig weist dieser Bereich bereits die niedrigsten Herstellkosten pro Tonne auf.
- Der Bereich Maschinenbau ist bereits bei Betrachtung des Bruttoergebnisses unprofitabel. Um ihn zu halten, müssten die Herstellkosten gesenkt oder die Verkaufspreise erhöht werden. Ist beides nicht möglich, wäre zu empfehlen, diesen Bereich zu schließen.
- Bei Betrachtung des Anlagenbaus fällt Ihnen eine Unstimmigkeit auf. Laut Bruttoergebnis pro Tonne ist diese Produktkategorie auf jeden Fall im Portfolio zu behalten. Nach Abzug der Gemeinkosten zeigt sich Ihnen jedoch, dass der Bereich unprofitabel ist. Die letzte Information ist für Sie sehr wichtig, da hier Ihre persönliche Einschätzung zählt und vorerst keine quantitative Analyse angestellt wird. Teilen Sie der Berlep AG mit, dass Sie der Ansicht sind, dass der Bereich Anlagenbau bei Betrachtung des Bruttoergebnisses pro Tonne profitabel ist, das Bruttoergebnis aber nicht zur Deckung der Gemeinkosten für diesen Bereich ausreicht. Zeigen Sie sich lösungsorientiert und bieten Sie der Berlep AG verschiedene Wege an, diese Unstimmigkeit zu beseitigen. Eine Möglichkeit könnte zum Beispiel die Umsatzsteigerung in diesem Bereich sein.
- Bei den Möbeln ist sowohl die Betrachtung des Bruttoergebnisses als auch des Gewinns positiv. Um den Gesamtgewinn der Berlep AG zu erhöhen, wäre eine Expansion dieses Bereichs zu empfehlen.

Weiterhin können Sie die Berlep AG darauf hinweisen, dass die Umlage der Gemeinkosten auf die einzelnen Produktkategorien sehr ungenau ist. Dies zeigt sich unter anderem daran, dass der Bereich Anlagenbau bei dieser Betrachtung unprofitabel ist. Sichergehen können Sie hier leider nicht. Als Indikation können Sie eine volumenorientierte Aufstellung je Bereich anstellen bzw. nach einem verursachungsgerechten Schlüssel der Gemeinkosten ermitteln.

In unserem Fall würde das jedoch den Rahmen der Fallstudie sprengen bzw. für New Strategy Consultants einen Folgeauftrag bedeuten.

Lösungsstruktur

Klärung der Aufgabenstellung

- Ist wirklich Profitabilität und nicht Umsatzrentabilität zu untersuchen?
  ▶ Gesucht ist die Profitabilität.
- Soll die Untersuchung auf Plan- oder Ist-Zahlen basieren?
  ▶ Die Zahlenbasis sind die Planzahlen 2016.
- Was ist der Detaillierungsgrad der Analyse?
  ▶ Die Analyse findet auf Produktkategorieebene statt.

Informationsbeschaffung

- Was ist die Zahlengrundlage der Profitabilitätsanalyse? Erhalten Sie die Gewinnzahlen oder müssen Sie sie herleiten?
  ▶ Sie werden vom Umsatz ausgehend die Gewinne herleiten. Dies ermöglicht eine detailliertere Analyse.
- Für Ihren Lösungsweg benötigen Sie Umsatz, Herstell- und Gemeinkosten je Kategorie.
  ▶ Die Umsätze und Kosten pro Tonne ermöglichen erste Indikationen, müssen aber umgerechnet werden.
  ▶ Fehlende Gemeinkosten müssen noch eingeholt werden.

Berechnung der Profitabilität

- Welche Berechnungsaufstellung ist zu wählen? Entweder Sie schreiben die Zahlen wie erhalten ab und beginnen dann mit der Gewinnberechnung, oder Sie tragen die Zahlen direkt in eine GuV-Struktur ein.
  ▶ Sie tragen der Übersichtlichkeit halber alles direkt in eine GuV-Struktur ein. Die Angaben pro Tonne ermöglichen hier erste Indikationen.
- Die Gemeinkosten müssen den Kategorien zugeteilt werden. Hierzu kann eine lineare, eine umsatzbasierte oder eine tonnagenbasierte Aufteilung erfolgen.
  ▶ Sie wählen eine lineare Aufteilung für eine erste Abschätzung.

Ergebnisinterpretation

- Welche Kategorien sind profitabel? Ausschlaggebend sind hierfür die Gewinne der Kategorien.
  ▶ Gleichen Sie dennoch Ihre Aussagen mit den anderen Werten der GuV ab. Der Bereich Anlagenbau zeigt, dass die alleinige Betrachtung des Gewinns zu einem Fehlurteil führen kann.
- Prüfen Sie, ob eine andere Aufteilung der Gemeinkosten Ihr Ergebnis ändert.
  ▶ Ihrem Auftraggeber können Sie eine volumenorientierte Aufstellung je Kategorie oder eine verursachungsgerechte Zuschlüsselung empfehlen.

Restrukturierung der Green Concrete AG

von Dr. Hendrik Engelhardt

Aufgabenstellung und Ausgangssituation, Januar 2011

Die Green Concrete AG ist ein börsennotierter und in Nordeuropa tätiger Baukonzern. Das Unternehmen ist sowohl im Hochbau als auch im Tiefbau tätig. In den letzten Jahren ist das Unternehmen mit einem Umsatz von 115 Millionen Euro im Jahr 2005 auf einen Umsatz von 260 Millionen Euro im Jahr 2008 gewachsen.

Der relevante Markt der Green Concrete AG im Bereich Hochbau beschränkt sich auf wenige Länder und wird durch unterschiedliche Rahmenbedingungen beeinflusst. Der Baumarkt in Nordeuropa ist ein wachsender Markt. Von 2005 bis 2008 wurden jährliche Wachstumsraten (CAGR) von 15 Prozent beobachtet.

Im vergangenen Jahr sind bei der Green Concrete AG Probleme aufgetreten, die zu einer Verschlechterung der Finanz- und Ertragslage geführt haben. Die Umsätze sind 2009 auf 160 Millionen Euro und 2010 nochmals auf 100 Millionen Euro zurückgegangen. Das EBITDA des Unternehmens ist von 20 Millionen Euro im Jahr 2008 auf null im Jahr 2009 und letztlich auf –6 Millionen Euro im Jahr 2010 eingebrochen. Als Folge haben die finanzierenden Banken eine Restrukturierung als Bedingung für die weitere Kreditgewährung eingefordert. Vor diesem Hintergrund wurden Sie als externer Berater vom CEO der Green Concrete AG beauftragt, ein Restrukturierungskonzept zu entwickeln.

Ihr Projektteam hat vom CEO die Aufgabenstellung erhalten, einen Restrukturierungsplan für die Green Concrete AG zu erarbeiten. Hierbei muss zunächst kurzfristig die Liquidität des Unternehmens durch unmittelbar einzuleitende Maßnahmen gesichert werden. Es besteht ein Bedarf von fünf Millionen Euro an zusätzlichen liquiden Mitteln bis Ende 2011.

Darüber hinaus soll ein Konzept entwickelt werden, um die EBITDA-Marge der Green Concrete AG mittelfristig auf zehn Prozent pro Jahr zu steigern. Hierfür sollten im ersten Schritt Restrukturierungsmaßnahmen definiert werden, die dann im zweiten Schritt mittels plausibler Annahmen grob quantitativ bewertet werden, um ein Erreichen der gesteckten Zielvorgabe sicherzustellen.

Bevor Sie mit der Lösungsfindung beginnen, sollten Sie zunächst weitere notwendige Informationen vom Management einfordern.

Datengrundlage für den Analyse-Teil

Zunächst müssen detailliertere Informationen über das Unternehmen und den Markt erfragt werden. Beispielhafte Ansätze hierfür sind:

- **Unternehmen**: Was sind die operativen Hauptprobleme (Produktportfolio, Projektablauf, Kundenstruktur etc.)? Was sind die möglichen Ursachen für den Gewinneinbruch (Fixkosten, Preisverfall)? Wie ist die Finanzierungssituation (verfügbare Linien, kurzfristige bzw. langfristige Darlehen)? Was sind die Gründe für die Liquiditätsengpässe (Net-Working-Capital-Entwicklung)?
- **Markt und Wettbewerb**: Wie ist die durchschnittliche Profitabilität der Projekte in den verschiedenen Marktsegmenten? In welchen Segmenten befinden sich künftige Wachstumschancen? Wie ist die Green Concrete AG im Vergleich zu seinen Wettbewerbern positioniert (Produktbreite und -tiefe, Qualität, Preis)?

Auf Ihre Anfrage erhalten Sie vom Management folgende Fakten zum Unternehmen:

- **Bedeutung der Geschäftsbereiche**: Die Umsätze der letzten Jahre entfallen zu etwa gleichen Teilen auf Bauprojekte in den Bereichen Hoch- und Tiefbau. Die einzelnen Projekte werden zum größten Teil nicht komplett durch die Green Concrete AG ausgeführt, sondern mithilfe von Subunternehmen. Projekte im Ausland haben lediglich einen Umsatzanteil von ca. zehn Prozent.
- **Produktportfolio**: Das Unternehmen bietet Planungs- und Bauleistungen in den Bereichen Hoch- und Tiefbau an. In den Bereich Hochbau fallen Gewerbebauten, öffentliche Gebäude, industrielle Bauten sowie Wohnanlagen. Der Bereich Tiefbau umfasst den Bau von Autobahnen, Erdarbeiten, Tunnel- und Brückenbau sowie den Bau von Kanalisationssystemen.
- **Umsatz- und Ertragsentwicklung**: Die Umsätze sind von 2005 bis 2008 zunächst von 115 Millionen Euro auf 260 Millionen Euro gestiegen, dann jedoch 2010 auf 100 Millionen Euro eingebrochen. Die EBITDA-Marge der Vorjahre lag dabei zwischen acht und zehn Prozent. 2009 ist sie auf ca. null Prozent gefallen, und 2010 sogar auf -6 Prozent eingebrochen. Für 2011 werden Umsätze in Höhe von 130 Millionen Euro erwartet. Die EBITDA-Marge im Jahr 2011 beträgt ca. -3 Prozent. Bei Projekten der Green Concrete AG traten vermehrt große Abweichungen von tatsächlichen und ursprünglich geplanten Projektkosten auf, die zu einer Verschlechterung der Profitabilität der Green Concrete AG geführt haben.
- **Liquidität**: Die Zahlungsziele für ausstehende Forderungen sind 2010 deutlich angestiegen - auf 80 Tage (Vorjahr: 60). Die Zahlungsziele für Verbindlichkeiten aus Lieferungen und Leistungen liegen bei 60 Tagen. Das Net Working Capital hat sich von insgesamt 15 Millionen Euro im Jahr 2009 auf 24 Millionen Euro im Jahr 2010 erhöht.

Was Markt und Wettbewerb anbelangt, erhalten Sie folgende Auskünfte: Im Baumarkt in Nordeuropa ist künftig wieder von einem Wachstum von ca. zehn Prozent jährlich auszugehen. Die einzelnen Marktsegmente wachsen jedoch unterschiedlich. Als Wachstumsmarkt mit ca. 15 Prozent jährlich gilt vor allem das Segment Tiefbau, bei dem sich zudem höhere Margen bei den Projekten erzielen lassen.

Das Segment Hochbau wird zwar ebenfalls mit ca. fünf Prozent wachsen, jedoch ist hier der Preisdruck deutlich angestiegen. Bedingt durch die europaweite Finanzkrise kann es marktseitig zu einem Marktrückgang von 30 Prozent kommen, vor allem verursacht durch die Zurückhaltung privater Auftraggeber im Segment Hochbau. Die am Markt bestehenden Produktionskapazitäten konnten in der Krise nicht verringert werden, was zusätzlichen Preisdruck erzeugte und damit die Profitabilität aller Marktteilnehmer verschlechterte. Durch das starke Marktwachstum der Vorjahre sind zudem vermehrt kleinere Wettbewerber in den Markt eingedrungen und haben die Wettbewerbsintensität zusätzlich erhöht.

Lösungsweg

Um die Unternehmensfortführung zu sichern, müssen kurzfristig Maßnahmen eingeleitet werden. Die Liquidität der Green Concrete AG kann durch zwei Maßnahmen gesichert werden:

- Optimierung des Net Working Capitals (Zahlungsziele ausstehender Forderungen und Verbindlichkeiten, Lagerumschlagshäufigkeit)
- Verlängerung bzw. Ausweitung bestehender Finanzierungslinien

Zusätzlich sind Restrukturierungsmaßnahmen zur Verbesserung der EBITDA-Marge zu definieren:

- operative Maßnahmen zur Kostenreduzierung
- strategische Maßnahmen zur Umsatzsteigerung

Maßnahmen zu Sicherstellung der kurzfristigen Liquidität

Optimierung des Net Working Capitals

Die Green Concrete AG hat einen kurzfristigen Liquiditätsbedarf von fünf Millionen Euro. In den vergangen Jahren sind die Zahlungsziele für Forderungen aus Lieferungen aus Leistungen von 60 auf 80 Tage angestiegen. Bei einem Zahlungsziel von 80 Tagen ist vereinfacht davon auszugehen, dass rund ein Fünftel der Umsätze, d. h. ca. 30 Millionen Euro, ausstehende Forderungen sind. Zur Reduzierung der ausstehenden Forderungen können unterschiedliche Maßnahmen in Betracht gezogen werden:

- **Skonti**: Durch das Einräumen von Preisnachlässen wird dem Kunden ein Anreiz für das frühzeitige Begleichen der Forderungen gegeben. Eine Beeinträchtigung der Marge muss hierbei in Kauf genommen werden.
- **Factoring**: Unter Factoring versteht man das Abtreten von Forderungen an einen Dienstleister unter Gewährung eines Risikoabschlags. Auch hier wird die Marge beeinträchtigt.
- **Inkasso**: Hierbei übernimmt ein Inkasso-Unternehmen den Einzug der Forderungen beim Kunden im Auftrag des Unternehmens. Bei langjährigen Kundenbeziehungen kann dies jedoch einen negativen Eindruck verursachen.
- **Lagerumschlagshäufigkeit**: Zusätzlich sollte durch eine Erhöhung der Lagerumschlagshäufigkeit, d. h. durch eine Reduzierung des Vorratsbestands an Rohmaterialien, zusätzliche Liquidität geschaffen werden können.

Verlängerung bzw. Ausweitung bestehender Finanzierungslinien

Die Green Concrete AG verfügt aktuell über kurzfristige Kreditlinien mit einem Volumen von acht Millionen Euro. Es stehen noch unbelastete Sicherheiten mit einem Verkehrswert von rund einer Million Euro nach Risikoabschlag zur Verfügung. Das Volumen der kurzfristigen Linien könnte angehoben werden, um einen Teil des drohenden Liquiditätsengpasses auszugleichen. Zusätzlich hat die Green Concrete AG die Zahlung von ca. zwei Millionen Euro Tilgung für langfristige Investitionsdarlehen für Ende des laufenden Geschäftsjahres vereinbart. Hier kann ebenfalls durch teilweise Verschiebung der Tilgungszahlung in das nächste bzw. übernächste Geschäftsjahr die Liquiditätssituation verbessert werden.

Restrukturierungsmaßnahmen zur Erhöhung der EBITDA-Marge

Um die angestrebte Erhöhung der EBITDA-Marge von –3 auf zehn Prozent bei einem mittelfristigen Umsatzziel von ca. 160 Millionen Euro zu erreichen, sind Maßnahmen mit einem Ergebniseffekt von ca. 21 Millionen Euro zu definieren. Der Fokus sollte auf umsatzsteigernden Maßnahmen liegen, die auf hoch profitable Marktsegmente abzielen. Zusätzlich sind kostenreduzierende Maßnahmen einzuleiten.

Operative Maßnahmen zur Kostenreduzierung

Folgende Optimierungen helfen, die Kosten zu reduzieren:

- **Optimierung des Einkaufs**: Fokussierung auf wenige Lieferanten bzw. Subunternehmen und Bündelung von Aufträgen; Bereinigung des Lieferanten- bzw. Subunternehmer-Portfolios unter Kosten- und Qualitäts-Aspekten
- **Optimierung interner Prozesse**: Optimierung der Ausführungsplanung (Design), d. h. der Anpassung der Ausführungsplanung, um Kosten bei der Ausführung der Bauleistung zu vermindern; Reduzierung der Personalkosten durch zentrale Zuteilung der Mitarbeiter auf die einzelnen Projekte bzw. Überwachung der Auslastung; Reduzierung allgemeiner Verwaltungskosten und sonstiger betrieblicher Aufwendungen; Optimierung der Kostenkalkulation und des Risiko-Controllings bei der Angebotserstellung für Projekte

Strategische Maßnahmen zur Umsatzsteigerung

Um den Umsatz zu erhöhen, sollten folgende strategische Maßnahmen anvisiert werden:

- Fokus auf das Wachstumssegment Tiefbau durch Aufbau von Expertise bzw. Einstellung weiterer Mitarbeiter
- gezieltes Key Account Management und aktives Nachverfolgen von ausgeschriebenen Projekten
- Aufbau einer strukturierten Datenbank mit relevanten Kundeninformationen sowie Incentivierung der Vertriebsmitarbeiter und leitender Angestellter über Bonusprogramme (gekoppelt an Umsatz- und Profitabilitätsziele)

Preisstrategien im Musik-Streaming

von Dr. Johann F. Thieme und Markus Goller

Aufgabenstellung

Das Unternehmen SoundSeek ermöglicht es, Musik von allen wichtigen Plattenlabels per Streaming auf verschiedenen Endgeräten (PCs, Tablets, Smartphones) abzuspielen. Bisher ist der Dienst für alle Nutzer kostenlos, wird allerdings durch regelmäßige Werbung unterbrochen. SoundSeek ist Marktführer für Musik-Streaming; bisher gibt es kaum brauchbare Alternativen. Das Unternehmen verdient aktuell nur wenig Geld mit den Werbeeinblendungen und denkt daher über ein kostenpflichtiges Angebot nach.

Im Rahmen dieser Case Study soll der Bewerber zwei Themenfelder bearbeiten:

1. Marktsegmentierung und Pricing (qualitativer Teil)
2. Gewinnmaximaler Preis (quantitativer Teil)

Lösungsweg

1. Marktsegmentierung und Pricing

Interviewer: Sie kennen Musik-Streaming vermutlich aus eigener Erfahrung, oder?

Bewerber: Ja, ich nutze es regelmäßig auf meinem Smartphone.

Interviewer: Was ist Ihnen aufgefallen in Bezug auf Pricing und Leistungsumfang von SoundSeek?

Bewerber: Das Streaming ist aktuell komplett kostenlos. Ein differenziertes Angebot für unterschiedliche Nutzertypen fehlt bislang.

Interviewer: Genau. Wie könnte SoundSeek sein Geschäftsmodell ändern, um künftig Geld zu verdienen?

Bewerber: Meine Hypothese wäre, dass es verschiedene Kundensegmente mit unterschiedlichen Zahlungsbereitschaften gibt. Um die Zahlungsbereitschaft aller Segmente abzuschöpfen, braucht SoundSeek unterschiedliche Streaming-Angebote zu unterschiedlichen Preisen.

Interviewer: So ist es. Wie würden Sie die verschiedenen Kundensegmente und ihre Zahlungsbereitschaften identifizieren?

Bewerber: Grundsätzlich bieten sich aus meiner Sicht Expertenschätzungen, Kundenbefragungen, Markttests oder die Analyse historischer Daten an, sofern vorhanden.

Interviewer: Gehen Sie einmal davon aus, dass keine historischen Daten vorliegen und die Expertenschätzungen zu ungenau wären, weil es hier noch an Markterfahrung mangelt. Bleiben also Kundenbefragungen und Markttests. Wie würden Sie weitermachen?

Bewerber: Ich würde mir zunächst überlegen, welche Produktmerkmale beim Streaming-Kunden einen Nutzen stiften. Hier fallen mir folgende Merkmale ein: Werbefreiheit, Speichern von Musik auf den Endgeräten, hohe Musikqualität, Nutzung von SoundSeek auf mehreren Endgeräten oder kostenlose Musikvideos als Add-on. Zudem könnte ich mir vorstellen, dass einige Nutzer mehr bezahlen würden, wenn sie bestimmte Stücke noch vor anderen Nutzern hören könnten.

Interviewer: Das sind ja schon eine Menge Differenzierungsmerkmale. Vielleicht gibt es noch mehr, aber belassen wir es einmal dabei. Was nun?

Bewerber: Diese Merkmale können wir nun zu Produkten bündeln und in Kundenbefragungen oder Markttests an Testkunden ausprobieren. Anschließend können wir durch quantitative Methoden wie die Conjoint-Analyse die Zahlungsbereitschaften für einzelne Produktmerkmale ermitteln.

BEWERTUNG: Der Bewerber hat gezeigt, dass er in der Lage ist, durch einen kreativen Ansatz eine Lösung zu finden. Mit der Conjoint-Analyse sollten zumindest Absolventen mit Marketing-Schwerpunkt vertraut sein. Eine ausführliche Diskussion im Case-Interview würde jedoch zu weit führen.

Interviewer: Wie ich sehe, sind Sie mit den verschiedenen Methoden vertraut. Lassen Sie uns also einen Schritt weiter gehen. Nehmen wir an, die Kundenbefragungen und Markttests haben ergeben, dass folgende Segmentierung geeignet ist, um die Dienstleistung zu monetarisieren:

Paket	Premium	Comfort	Basic
Werbefreiheit	ja	ja	ja
Speichern von Musik auf Endgerät	unbegrenzt	unbegrenzt	100 Songs
Playlists	unbegrenzt	unbegrenzt	5
Nutzbare Endgeräte	4	2	1
Musikqualität	sehr hoch	hoch	mittel
Top-Hits eine Woche früher	ja	nein	nein
Preis pro Monat	**14,90 Euro**	**9,90 Euro**	**4,90 Euro**

Differenzierte Produktlandschaft von SoundSeek

Interviewer: Was fällt Ihnen auf?

Bewerber: Es gibt kein kostenloses Angebot mehr. Das scheint eine bewusste Entscheidung zu sein, denn prinzipiell hätte SoundSeek auch ein sogenanntes Freemium-Angebot machen können, also ein kostenloses Basisprodukt neben kostenpflichtigen Premiumprodukten.

Interviewer: Richtig. Was spricht aus Ihrer Sicht für, was gegen Freemium?

Bewerber: Bei einem kostenlosen Angebot wird es eine starke Tendenz geben, im Zweifel das kostenlose Angebot zu wählen. Das mindert die Attraktivität der kostenpflichtigen Varianten. Wenn der Marktanteil also bereits hoch ist und die Nutzer wenig Alternativen haben wie bei SoundSeek, ist der Freemium-Ansatz eher nicht geeignet. Will ich dagegen einen Markt erst penetrieren, sollte ich auf jeden Fall auch ein kostenloses Angebot haben, wie SoundSeek dies bisher hatte.

BEWERTUNG: Der Bewerber zeigt, dass er über verschiedene Geschäftsmodelle informiert ist und in der Lage ist, Pro und Kontra zu erörtern.

Interviewer: Völlig richtig. Haben Sie eine Idee, warum die Produktlandschaft so aussieht, wie ich es Ihnen aufgezeichnet habe?

Bewerber: Hier kommen verschiedene Effekte des sogenannten Behavioural Pricings, auch als Preispsychologie bekannt, zum Einsatz. Zunächst haben wir nicht zwei, sondern drei Angebote, was die Tendenz zur Mitte befördert, auch Compromise Effect genannt. Weiterhin steht das hochwertigste Angebot ganz links, wo wir normalerweise mit dem Lesen beginnen. Dadurch ist der Wertanker gesetzt, und es wird für den Kunden deutlich schwieriger, sich für ein geringerwertiges Modell zu entscheiden. Zudem wird mit dem höchsten Preis ein Anker gesetzt, an dem sich der Kunde orientiert. Dies ist der sogenannte Anchor Effect.

BEWERTUNG: Es wird nicht erwartet, dass der Bewerber die Namen der preispsychologischen Effekte kennt. Allerdings sollte er zumindest ein intuitives Verständnis haben, warum die Produktlandschaft diese Form annimmt.

Interviewer: Sie haben die Effekte richtig identifiziert. Welche Formen der Preisdifferenzierung kommen für SoundSeek aus Ihrer Sicht sonst noch in Betracht?

Bewerber: Zunächst bietet sich die personenbezogene Preisdifferenzierung an, beispielsweise in Form von Studentenrabatten. Denkbar wäre auch die mengenbezogene Preisdifferenzierung: Wer SoundSeek für sechs oder zwölf Monate abonniert und im Voraus bezahlt, bekommt einen günstigeren Monatspreis. Möglich wäre zudem die gemischte Preisbündelung: In diesem Fall würden wir Einzelpreise für einzelne Elemente setzen, etwa für die Nutzung weiterer Endgeräte. Der Paketpreis ist dann günstiger als die Summe der Einzelpreise, wir gewähren also einen Bündelrabatt. Den Kunden animiert dies zum Paketkauf, da hier der sogenannte Deal Effect wirksam wird. Prominente Beispiele für diese Form der Preisdifferenzierung sind Microsoft Office oder die Menüs von McDonald's.

Interviewer: Sehr gut, das genügt erst einmal. Lassen Sie uns nun ein wenig rechnen.

2. Gewinnmaximaler Preis

Interviewer: Nehmen Sie an, SoundSeek hat seine Marktmacht in der Zwischenzeit ausgebaut und nimmt eine marktbeherrschende Stellung ein. Es sucht nun denjenigen Preis, der den Gewinn maximiert. Von Wettbewerbern können Sie hier absehen, ebenso von der bisher diskutierten Preisdifferenzierung. Nehmen Sie vielmehr an, dass SoundSeek nur noch einen Preis hat, nämlich den Durchschnittspreis pro Kunde und Monat. Welche Informationen brauchen Sie von mir?

Bewerber: Mich würde interessieren, welcher Marktnachfrage und welchen Kosten sich SoundSeek gegenübersieht.

Interviewer: Die Marktnachfrage wird durch folgende Tabelle beschrieben:

Preis in Euro pro Monat	Anzahl Kunden in Mio.
8	16
10	14
12	12
14	10
16	8

Marktnachfrage

Die variablen Kosten in Form von Lizenzgebühren betragen vier Euro pro Nutzer und Monat, die Fixkosten insgesamt zwei Millionen Euro pro Monat.

Bewerber: Der Gewinn für die verschiedenen Preis-Mengen-Kombinationen ist also:

Preis in Euro pro Monat	Umsatz in Mio. Euro pro Monat	Kosten in Mio. Euro pro Monat	Gewinn in Mio. Euro pro Monat
8	128	66	62
10	140	58	82
12	**144**	50	94
14	140	42	**98**
16	128	34	94

Umsatz, Kosten und Gewinn bei verschiedenen Preisen

Obwohl der Umsatz bei einem Preis von zwölf Euro pro Monat höher ist, liegt der optimale Preis bei 14 Euro pro Monat. Damit ergibt sich eine optimale Nutzerzahl von zehn Millionen. Das Ergebnis ist unabhängig von den Fixkosten.

Interviewer: Sehr gut. Wenn Sie jetzt Ihr Ergebnis mit dem realen Marktgeschehen vergleichen, was fällt Ihnen auf?

Bewerber: In der Realität ist der Monatspreis mit etwa zehn Euro pro Monat niedriger. Wenn wir annehmen, dass Nachfrage und Kosten realistische Werte annehmen, wäre die Schlussfolgerung, dass es sich in der Realität nicht um einen monopolistischen Markt handelt, sodass die Preise niedriger sind als in unserem Rechenbeispiel. Tatsächlich gibt es inzwischen mehrere Anbieter für Musik-Streaming, sodass kein einzelner Anbieter einen Monopolpreis durchsetzen kann. Außerdem ist zu bedenken, dass es in der Realität Substitute für kostenpflichtiges Musik-Streaming gibt, etwa kostenlose Angebote oder Internet-Radiosender.

Interviewer: Ganz genau. Wie hoch ist denn die Preiselastizität bei einer Preisänderung von 14 auf 16 Euro pro Monat, und wie würden Sie diese grafisch darstellen?

Bewerber: Allgemein ist die Preiselastizität ε das Verhältnis von relativer Mengenänderung zu relativer Preisänderung. Es gilt:

- $\text{Preiselastizität} = \dfrac{\%\ \text{Mengenänderung}}{\%\ \text{Preisänderung}} = \dfrac{(8-10) \div 10}{(16-14) \div 14} = -1{,}4$

Das bedeutet, dass eine einprozentige Preiserhöhung zu einem 1,4-prozentigen Mengenrückgang führt. Wir sind hier also im elastischen Bereich der Nachfragekurve. Das ergibt auch Sinn, denn wenn wir im inelastischen Bereich anbieten würden, bestünde noch Preiserhöhungsspielraum. Monopolisten bieten daher immer im inelastischen Bereich der Nachfragekurve an. Grafisch lässt sich das wie folgt darstellen:

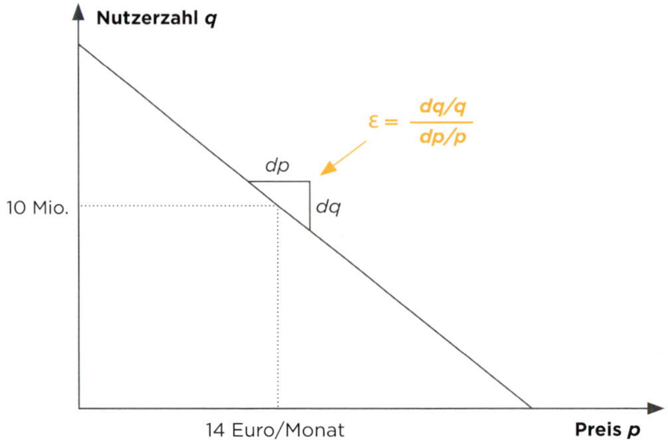

Grafische Darstellung zur Preiselastizität

Interviewer: In Ordnung. Ist dieser Wert hoch oder niedrig im Vergleich zu anderen Gütern? Machen Sie das doch mal an einigen Beispielen fest.

Bewerber: Güter mit niedriger (absoluter) Preiselastizität wären zum Beispiel innovative Medikamente, Zigaretten und einige Lebensmittel, die schwer ersetzt werden können, etwa Salz und Brot. Am anderen Ende der Skala finden sich leicht ersetzbare Güter, zum Beispiel Nägel einer bestimmten Marke oder Charterflüge, sofern die Fluggesellschaften als gleichwertig angesehen werden. Mit unserem Gut liegen wir im Mittelfeld: Einerseits gibt es unterschiedliche Anbieter, sodass eine Substitution prinzipiell möglich wäre. Wegen der Trägheit der Nutzer, die auch durch Funktionen wie individualisierte Playlists gefördert wird, ist die Preiselastizität trotzdem nicht allzu hoch.

Interviewer: Korrekt. Sie haben eben von verschiedenen Anbietern gesprochen. Wie würden Sie denn vorgehen, um die optimalen Preise für mehrere Wettbewerber zu analysieren?

Bewerber: Ich würde mir zunächst die Gewinnfunktionen der einzelnen Wettbewerber ansehen. Die Ergebnisse unterscheiden sich, je nachdem, ob die Wettbewerber nacheinander oder simultan optimieren. Generell gilt: Je mehr Spieler am Markt sind, desto näher ist das Ergebnis an der vollständigen Konkurrenz.

Interviewer: Das fasst die verschiedenen Möglichkeiten sehr gut zusammen. Aus Zeitgründen werden wir hier keine weiteren Berechnungen anstellen. Wie ich sehe, haben Sie ein gutes Verständnis der verschiedenen Wettbewerbsformen. Ich danke Ihnen für das Gespräch.

BEWERTUNG: Wie im Text beschrieben wäre es auch möglich, die Mehrspieler-Varianten quantitativ zu untersuchen. Diese Analysen sind jedoch deutlich umfangreicher und würden im Rahmen eines 45- bis 60-minütigen Interviews zu viel Zeit einnehmen.

Innovative Prozessoptimierung im Pharma-Außendienst

von Dr. Philipp Fahr

Ausgangssituation und Aufgabenstellung

In diesem Case wird ein Einblick in die Arbeitsweise von Außendienst-Mitarbeitern vermittelt – im Umgang mit den Geschäftsprozessen, die sie bedienen. Das sind in diesem Beispiel einige Kernprozesse im Vertrieb eines Unternehmens aus der pharmazeutischen Industrie, angefangen von der Bestellung durch den Apotheker bis hin zur Planung von Besuchstouren und Aufgaben des Außendienstes. Im Laufe des Interviews lernt der Bewerber die wesentlichen Informationsflüsse in den Geschäftsprozessen und beispielhaft, wo eine Optimierung und Effizienzsteigerung möglich ist.

Einführend wird erklärt, welche zentrale Bedeutung Kundenfokussierung im Vertrieb hat. In diesem Fall steht der Außendienst im direkten Kontakt mit der Apotheke, und dieser wesentliche Kontakt soll analysiert und optimiert werden. Der Case liegt im Schnittstellenbereich zwischen dem sogenannten Customer Relationship Management (CRM) und dem Enterprise Resource Planning (ERP), was bei Unternehmen oft für Systeme steht, die die Prozesse technisch abwickeln. Ziel ist es, eine innovative, technische Plattform zu erarbeiten, um die Geschäftsprozesse so effizient wie möglich zu unterstützen. Hierbei ist vor allem gesunder Menschenverstand gefragt, um Komplexität zu reduzieren und den Vertrieb durch Einführung eines zukunftsweisenden CRM-Systems zu stärken. In diesem Case sollen neue fachliche Anforderungen (Business Needs) mit technisch innovativen Lösungen umgesetzt werden.

Ausgangssituation

Das pharmazeutische Unternehmen Innopharmation AG produziert Medikamente für den westeuropäischen Markt und hat einen Fokus auf nichtverschreibungspflichtige Medikamente. Diese werden über Apotheken an die Endkunden vertrieben. Der Hauptprozess ist der OTC-Prozess (order-to-cash/over-the-counter), der vom Außendienst-Mitarbeiter der Innopharmation AG maßgeblich betreut wird. Da es in Deutschland über 20.000 Apotheken gibt, stellen viele Außendienstler des Unternehmens sicher, dass die Apotheken persönlich besucht werden. Eine reibungslose Abwicklung dieses Kernprozesses ist Grundlage für das Geschäft der Innopharmation AG.

Fachlicher Hintergrund und Ist-Situation

Der Apothekenmarkt verändert sich: Durch fortschreitende Bildung von Kooperationen gewinnt das Überweisungsgeschäft immer mehr an Bedeutung. Das Direktgeschäft hingegen verliert in der Arbeit des Vertriebes – als strategische Komponente – zunehmend an

Gewicht. Die zurzeit genutzten CRM-Prozesse sind aufwändig und bieten keine optimale Unterstützung für die Veränderungen im Markt, die zusammengefasst wie folgt beschrieben werden können: „von der Auftragserfassung zur Apothekenberatung". Marktveränderungen fordern noch mehr Kundenfokussierung; ebenso die Entwicklung des Außendienst-Mitarbeiters von kaufmännischen Tätigkeiten hin zu einer vermehrt beratenden Funktion (Geschäftsentwicklung).

Technisch wird der OTC-Prozess mit einem CRM-System unterstützt, das seit vielen Jahren auf eigenbetriebenen Servern der Firma implementiert ist. Das System ist mittlerweile veraltet. Der Außendienstler hat einen Laptop als Hauptarbeitsgerät und kann seine Daten per VPN-Verbindung von zu Hause synchronisieren. Ferner werden in der Apotheke vorgedruckte Formulare für die Erfassung von Aufträgen und Kundenvereinbarungen genutzt, die in der Apotheke gemeinsam ausgefüllt und vom Außendienst zu Hause an die Zentrale gefaxt werden.

Aufgabenstellung

Der Bewerber sollte Folgendes erarbeiten:

- **Frage 1**: Das Unternehmen Innopharmation AG legt viel Wert auf Innovation, die sich in seinen Produkten ausdrückt. Das soll auch im Außendienst und damit beim direkten Kontakt zur Apotheke sichtbar werden, vor allem in der Abwicklung der technischen Kommunikation. Welche technische Plattform und Systemarchitektur ist in diesem Kontext zu empfehlen, damit der Außendienst möglichst effizient und zeitnah Bestellungen aufnehmen und Verträge mit Apotheken vereinbaren kann? Welche Risiken sind zu beachten?
- **Frage 2**: Wie kann man die Außendienst-Mitarbeiter befähigen, nicht nur als Verkäufer, sondern auch als Berater in der Apotheke aktiv zu sein? In der Apotheke sollen nicht nur Bestellungen für Artikel aufgenommen werden, sondern auch möglichst zielgerichtet Erklärungen/Kurzschulungen zu Medikamenten erfolgen.
- **Frage 3**: Nach Präsentation seines Lösungsvorschlags sollte der Bewerber jeweils ein bis zwei Vorteile herausarbeiten, anhand folgender Dimensionen: Vorteile für den Kunden/die Apotheke, für den Außendienst sowie für die IT der Innopharmation AG.

HINWEIS: Zwei Dinge werden vom Bewerber erwartet: in erster Linie das Verständnis der Zusammenhänge aus den oben genannten Informationen, in zweiter Linie die Fokussierung auf wenige, aber effiziente Verbesserungsvorschläge zur Prozessoptimierung. Eine Bearbeitungszeit von mehr als 30 Minuten ist nicht notwendig.
Systemtechnische Ziele sind u. a.:

- Vereinfachung der Prozesse
- Verbesserung der Bedienbarkeit
- Reduktion des administrativen Aufwands beim Außendienst-Mitarbeiter

Lösungsweg

Ziel ist es einerseits, die Beratungskompetenz des Außendienstes zu steigern; andererseits soll eine systemtechnische Unterstützung für den wesentlichen OTC-Geschäftsprozess angeboten werden, und das natürlich möglichst anwenderfreundlich und effizient.

Frage 1: Innovative Abwicklung der technischen Kommunikation

Die Innopharmation AG legt viel Wert auf Innovation, die sich im Außendienst widerspiegeln sollte. Bisher erfasst der Außendienst-Mitarbeiter Bestellungen traditionell handschriftlich im vorgedruckten Formular. Zukünftig könnte dieser Vorgang durch die Verwendung mobiler Lösungen (z. B. Smartphone oder Tablet-PC) unterstützt werden. Als State of the Art bei mobilen Endgeräten gilt derzeit das iPad. Es ist innovativ und kann als technische Lösung dienen, insbesondere in der Abwicklung der technischen Kommunikation mit einem CRM-System zur Auftragserfassung und zur Übermittlung der Daten.

Ferner kann das mobile Endgerät dazu genutzt werden, Partnervereinbarungen (Verträge) mit der Apotheke abzuschließen, z. B. mittels eines Online-Formulars in einer App der Innopharmation AG. Dabei könnten schon viele Daten vorausgefüllt sein. Die Apotheker leisten ihre Unterschrift direkt und unmittelbar auf dem mobilen Gerät. Das iPad beispielsweise überzeugt vor allem auch durch seine Anwenderfreundlichkeit. Diese zu verbessern war eines der Ziele. Eine eigene App hätte zudem den Vorteil, dem Außendienst von unterwegs Zugriff auf alle notwendigen Daten (z. B. in der Apotheke) zu ermöglichen – unabhängig von der Netzverfügbarkeit. Wenn eine Verbindung mit dem Internet besteht (WLAN oder UMTS), werden die Daten automatisch synchronisiert, und die Aufträge und Bestellungen werden an die Zentrale der Innopharmation AG übermittelt.

Das Unternehmen nutzt seit vielen Jahren eine eigene, mittlerweile technisch veraltete Plattform für ihr CRM-System. Im Zuge einer Einführung eines mobilen Endgeräts für den Außendienst ist sicherzustellen, dass dieses in der technischen Kommunikation vollständig an das CRM-System angebunden werden kann. Hier kann man zur Einführung eines modernen CRM-Systems raten. Davon gibt es heutzutage bereits sehr effiziente und kostengünstige Versionen, die in der Cloud gehostet werden können, Stichwort Software as a Service (SaaS). SaaS bedeutet:

- Software und deren Entwicklung als Dienstleistung
- Outsourcing des Systems
- Hosting der Daten (in der Cloud)

Bei diesem Thema sind gewisse Risiken zu beachten und zu bewerten:

- **Verlust des mobilen Endgerätes** – Bewertung: Dasselbe Riskio und diesselbe Problematik besteht bei Verlustes eines Notebooks.
- **Datenhaltung in der Cloud**, sprich auf Servern verteilt auf der Welt – Bewertung: Die im System hinterlegten Daten (z. B. Apothekenadressen) sind nicht als kritisch einzustufen. Ein vollständiger Datenverlust ist ausgeschlossen, da diese online gespeichert sind.

Frage 2: Beratung durch den Außendienst

Die Außendienst-Mitarbeiter der Innopharmation AG sollten die Fähigkeit erlangen, nicht nur als Verkäufer, sondern auch als Berater in der Apotheke aktiv zu sein. Dazu ist es nun erforderlich, dass neben der Erfassung von Aufträgen auch Erklärungen und Kurzschulungen zu Medikamenten in der Apotheke erfolgen können. Der in Frage 1 besprochene Einsatz mobiler Endgeräte wie dem iPad ermöglicht audiovisuelle Präsentationen. Der Außendienst-Mitarbeiter kann somit direkt vor Ort Kurzfilme, interaktive Produktpräsentationen, Bilder, Charts oder PDF-Dateien zeigen und als Erläuterungen verwenden, z. B. für neue Medikamente.

In mobilen Endgeräten wie dem iPad lassen sich z. B. Absatzdaten der Apotheke grafisch auswerten (kundenorientierte Visualisierungstools). Zudem können die Daten in Gesprächen mit der Apotheke über die Geschäftsentwicklung als Beratungsaspekte dienen. Schließlich können den Apotheken durch elektronische Signaturen und den direkten Versand von Verträgen per E-Mail unverzüglich alle entsprechenden Dokumente zur Verfügung gestellt werden. So wird die Administration papierlos und der früher papierbasierte Prozess vereinfacht.

Frage 3: Vorteile für Apotheken, Außendienst und IT

Im Folgenden werden einige Vorteile aufgelistet, die sich jeweils für Kunden/Apotheken, den Außendienst sowie die IT der Innopharmation AG ergeben.

Vorteile für den Kunden/die Apotheke

- qualitative Kundenkontakte
- visuelle, interaktive Produktpräsentationen in der Apotheke
- effiziente Kundenbetreuung und schnelle Bestellabwicklung
- papierlose Bearbeitung von administrativen Aspekten

Vorteile für den Außendienst der Innopharmation AG

- Reduktion der administrativen Aufgaben
- einfache Handhabung (Fehlervermeidung, da mobile Endgeräte wie das iPad einfach zu nutzen sind)
- Vereinfachung bestehender Prozesse (z. B. digitale Unterschrift, Bestellaufnahme, Analyse etc.) und Abwicklung aller wesentlichen Prozesse auf einem Gerät
- Verwendung innovativer, mobiler Lösungen

Vorteile für die IT der Innopharmation AG

- Fokussierung auf wesentliche Themen für das Geschäft (nicht auf Hardware)
- Reduktion der Komplexität in der IT (z. B. mit SaaS alles aus einer Hand)
- Reduktion der IT-Kosten (kein eigener Server-Park notwendig)
- schnelle Reaktion auf neue Marktanforderungen

Online-Channel-Strategie für einen Outdoor- und Sportartikel-Retailer

von Sandra Nicole Richter

Ausgangssituation und Aufgabenstellung

HINWEIS: Bei einer internationalen Unternehmensberatung mit starkem Branchenfokus muss ein Bewerber grundsätzlich damit rechnen, im Rahmen der Interviews einen Case mit Branchenbezug zu bearbeiten. Zur Vorbereitung empfiehlt es sich daher, sich einen generellen Überblick über Branche, Märkte, Trends und aktuelle Problemstellungen zu verschaffen.

Interviewer: Der Case, den Sie im Folgenden bearbeiten werden, basiert auf einem konkreten Projekt. Natürlich haben wir Namen und spezifische Fakten aus Gründen der Geheimhaltung verändert und für Sie einen fiktiven Kunden kreiert.

Ich werde Ihnen zunächst einige Hintergrundinformationen zu Ihrem Kunden mitteilen. Im Anschluss schildere ich Ihnen Ihre Aufgabenstellung im Projekt. Ihre Aufgabe wird es sein, einen strukturierten Lösungsansatz zu entwickeln.

Ihr Kunde Outdoor & Sport Concepts (OSC) ist ein führender Retailer und Vollsortimenter für Outdoor- und Sportartikel. In den letzten Jahren ist OSC stetig gewachsen, beim Konsumenten konnte OSC in erster Linie durch ein überzeugendes Einkaufserlebnis, sachkundiges Personal und guten Service punkten. OSC betreibt 22 Filialen in Deutschland, ausschließlich in größeren Städten und Ballungszentren.

OSC hat in den letzten Jahren zunehmend Konkurrenz von Internethändlern bekommen, gleichzeitig haben primär stationär tätige Wettbewerber ihre Internetpräsenzen ausgebaut. Da die aktuelle Internetseite von OSC nur minimale Funktionalität und Informationen beinhaltet (Niederlassungen, Anfahrt, Öffnungszeiten, Kontaktdaten), denkt OSC nun ebenfalls über eine Verstärkung der eigenen Internetpräsenz nach. Wie würden Sie in einem ersten Schritt vorgehen, um die Idee von OSC, die eigene Internetpräsenz zu stärken, besser einzuschätzen?

HINWEIS: Zunächst sollte der Bewerber anhand einer groben Struktur sein Vorgehen skizzieren, bevor er in detaillierte Überlegungen einsteigt und einen Lösungsvorschlag entwickelt.

Lösungsweg

Bewerber: Der Kunde muss sich zunächst überlegen, welche Alternativen sich hinsichtlich einer Verstärkung der Internetpräsenz bieten. So kann er zum einen seine bestehende Internetpräsenz zu einer Marketing- und Informationsplattform ausbauen, und z. B. ausführliche Informationen zu Produkten oder Werbeaktionen bereitstellen. Zum anderen kann OSC aber auch Produkte über seine Internetpräsenz vertreiben und sich damit als Multichannel-Anbieter positionieren. Beide Ansätze bieten Vor- und Nachteile, die gemeinsam mit dem Kunden genauer zu untersuchen sind. Insbesondere sind die unterschiedlichen Umsatz- und Kostenwirkungen der beiden Alternativen genauer zu betrachten.

Interviewer: Das ist richtig. Welche grundsätzlichen Vor- und Nachteile, die zur Entscheidungsfindung genauer geprüft werden sollten, sehen Sie hinsichtlich der aufgeführten Alternativen?

Bewerber: Nun, Alternative 1, d. h. eine reine Marketingwebsite, ist mit Sicherheit kostengünstiger. Das gilt zum einen für den Aufbau der Internetseite selbst, aber auch hinsichtlich der Folgekosten, da eine reine Marketingwebsite keine wesentlichen logistischen Veränderungen nach sich zieht. Gleichzeitig ist für Alternative 1 trotz der geringen Kosten mit einem gewissen Umsatzwachstum auf der bestehenden Fläche zu rechnen, z. B. aufgrund von Werbeaktionen oder über Neukunden, die sich vorab gezielt im Netz über Produkte und Erhältlichkeit informiert haben.

Alternative 2, d. h. der Aufbau eines Onlineshops, ist insgesamt wesentlich komplexer und verursacht daher höhere Kosten. Dies gilt für den Aufbau der Internetseite selbst, aber auch für die Integration des Shops in die bestehende Systemlandschaft von OSC. Zusätzlich müssen die notwendigen Kapazitäten und die Infrastruktur für den Onlineshop und den Versand geschaffen werden. Durch den Aufbau einer Multichannel-Struktur entsteht zusätzliche Komplexität im operativen Geschäft, beispielsweise in den Bereichen Sortimentsplanung und Pricing. Fragen sind hier zum Beispiel, ob in allen Kanälen das gleiche Sortiment angeboten werden soll oder ob man für einzelne Kanäle spezielle Produkte anbieten möchte. Wenn Onlineshop und Service nicht von Anfang an den Erwartungen des Konsumenten gerecht werden, besteht zudem die Gefahr von negativen Auswirkungen auf das Markenimage von OSC als Service Leader. Auf der anderen Seite bietet der Aufbau eines guten Onlineshops aber attraktive Vorteile. Insbesondere ist mit einem erheblichen zusätzlichen Umsatzpotenzial zu rechnen – mit bestehenden Kunden, aber auch mit Kunden, die bis dato nicht erreicht worden sind (z. B. nicht im geografischen Einzugsgebiet von OSC oder reine Internet-Shopper). Darüber hinaus können die gesammelten Transaktionsdaten zur Analyse der Einkaufsgewohnheiten von Kunden genutzt werden – dies ist besonders relevant im Zusammenhang mit einem Channel-übergreifenden Customer-Loyalty-Programm.

Interviewer: Vielen Dank, Sie haben viele relevante Punkte angesprochen. Als einen wichtigen Faktor für die Entscheidungsfindung haben Sie das Umsatzpotenzial beider Alternativen aufgeführt. Wie würden Sie vorgehen, um das Umsatzpotenzial eines Onlineshops zu schätzen?

Bewerber: Für die Bewertung des Umsatzpotenzials bieten sich unterschiedliche Ansätze an. Zum Beispiel können wir uns anschauen, wie viel Prozent des Umsatzes die OSC-Wettbewerber über ihre Online-Kanäle erwirtschaften – gegebenenfalls sogar differenziert nach Produktgruppen. Diese Daten sind zum Teil über Geschäftsberichte verfügbar. Alternativ können wir ein Marktforschungsinstitut mit einer Zielgruppenanalyse beauftragen, um deren Online-Ausgaben für Sportartikel zu quantifizieren. Dies würde im Rahmen einer Konsumentenbefragung erfolgen. Grundsätzlich ist auf jeden Fall die Analyse und Synthese unterschiedlicher Daten und Ansätze zu empfehlen.

Interviewer: Das ist richtig. Nehmen wir jetzt an, dass unsere Research-Abteilung Ihnen die folgenden Daten zur Verfügung stellt. Wie würden Sie nun weiter vorgehen?

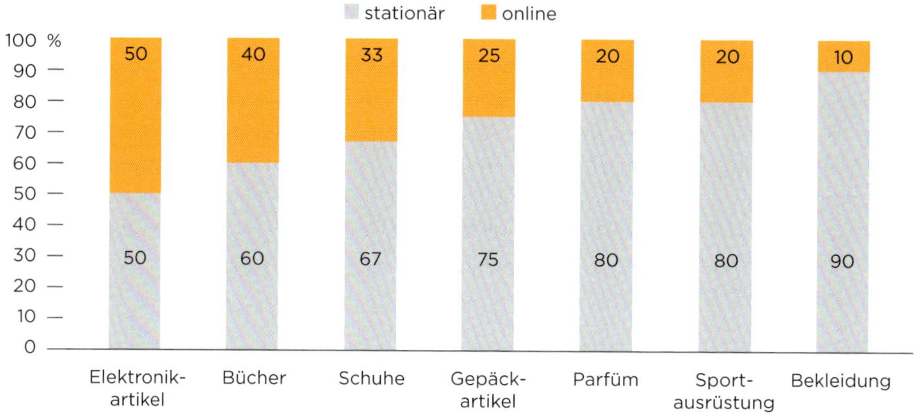

Anteil der Absatzkanäle am deutschen Einzelhandelsumsatz für ausgewählte Produktkategorien

Bewerber: Es handelt sich offensichtlich um die Anteile der Absatzkanäle am deutschen Einzelhandelsumsatz in verschiedenen Produktkategorien. Dabei sind aus meiner Sicht für den Kunden OSC nicht alle Kategorien relevant. Elektronikartikel und Parfüm gehören nicht zum Kerngeschäft eines Outdoor- und Sportartikelhändlers. Auch Bücher sehe ich nur eingeschränkt im Sortiment – vielleicht führt OSC Reiseliteratur. Um zunächst die Relevanz der Daten für den Kunden zu beurteilen, müsste ich mehr über den tatsächlichen Produktmix von OSC wissen.

Interviewer: Das ist richtig. Die Controlling-Abteilung des Kunden stellt Ihnen auf Ihre Anfrage folgende Informationen zur Verfügung. Wie gehen Sie weiter vor?

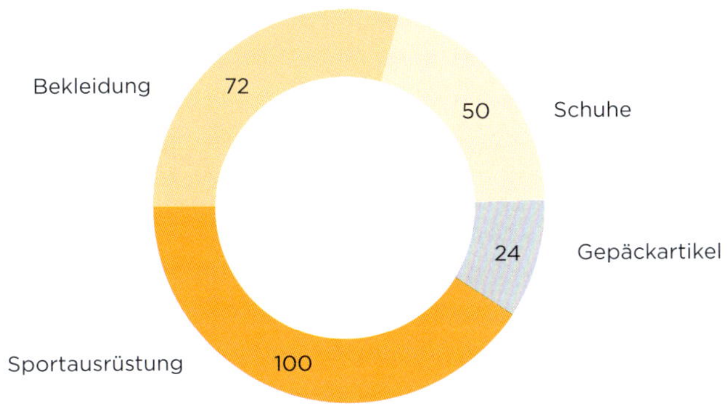

Outdoor & Sport Concepts – Umsatz pro Produktkategorie (Geschäftsjahr 2015, in Millionen Euro)

Bewerber: Mit diesen Informationen ist eine erste grobe Schätzung des Umsatzpotenzials möglich. Zum Beispiel hat OSC 2015 im stationären Handel mit Sportausrüstung 100 Millionen Euro umgesetzt. Angenommen, dass sich erstens die Anteile der Kanäle in den relevanten Produktkategorien künftig nicht wesentlich verschieben und dass sich zweitens die Anteile der Kanäle für OSC ähnlich verhalten werden wie für den Gesamtmarkt, entspricht dies 80 Prozent des möglichen zukünftigen Umsatzes in der Kategorie. Das Online-Potenzial in der Kategorie Sportausrüstung für OSC lässt sich dann durch einen einfachen Dreisatz bestimmen.

Interviewer: Auch das ist richtig. Nehmen Sie sich doch einen Moment Zeit, und stellen Sie die notwendigen Berechnungen an.

HINWEIS: Der Bewerber sollte nun das Umsatzpotenzial ermitteln und dabei den Interviewer durch die einzelnen Rechenschritte führen. Dazu kann er eine kurze Tabelle erstellen, in der er die gegebenen Daten zusammenführt:

	Umsatz GJ 2015 (in Mio. Euro)	Online-Anteil am Einzelhandelsumsatz	Online zu stationär	Umsatzpotenzial online (in Mio. Euro)
Sportausrüstung	100	20 %	1 : 4	25
Bekleidung	72	10 %	1 : 9	8
Schuhe	50	33 %	1 : 2	25
Gepäckartikel	24	25 %	1 : 3	8
Gesamt	**246**			**66**

Interviewer: Vielen Dank für Ihre Berechnungen. Nehmen wir nun an, dass Sie nach weiteren Analysen zu einer realistischen Bewertung des Umsatzpotenzials gelangt sind. Ihre Kollegen haben sich inzwischen intensiv mit der Kostenseite auseinandergesetzt, und Sie können dem Kunden gemeinsam einen attraktiven Business Case präsentieren. Allerdings zweifelt der Store Operations Manager an Ihrer Einschätzung und der Vorteilhaftigkeit eines Onlineshops. Er befürchtet, dass der neue Online-Kanal zwar angemessenen Umsatz erwirtschaftet, dass der Umsatz aber zu erheblichen Teilen durch Kannibalisierung des eigenen stationären Vertriebs getrieben wird.

Bewerber: Die Frage nach einer gegenseitigen Kannibalisierung der Kanäle ist durchaus berechtigt, wenn Kunden ihre Käufe aus dem stationären Handel einfach ins Netz verlagern. Das Einkaufsverhalten des Konsumenten ist heute jedoch stark durch die Nutzung unterschiedlicher Kanäle über den gesamten Einkaufsprozess geprägt. Je nach Präferenz, Produkt und situativen Gegebenheiten wählt der Konsument unterschiedliche Kanäle für Information und Kauf. Er kombiniert so die speziellen Vorteile der einzelnen Kanäle bei seinem Einkauf. Dabei sind die folgenden vier Fälle zu unterscheiden:

Fall 1: Der Kunde informiert sich online und kauft online.

Fall 2: Der Kunde informiert sich online und kauft im stationären Handel.

Fall 3: Der Kunde informiert sich im stationären Handel und kauft online.

Fall 4: Der Kunde informiert sich im stationären Handel und kauft auch dort.

Ein Multichannel-Anbieter, bei dem der Konsument innerhalb des Unternehmens den Kanal wechseln kann, ist damit reinen Online-Anbietern oder rein stationär vertreibenden Unternehmen überlegen, da er für den Konsumenten alle Kanalkombinationen abdeckt. Allerdings muss es OSC gelingen, den Kunden im eigenen Unternehmen zu halten und beim Wechsel von Kanal zu Kanal nicht an die Konkurrenz zu verlieren. Außerdem muss auch sichergestellt werden, dass die Mitarbeiter der einzelnen Kanäle Anreize haben, mit den anderen Kanälen zu kooperieren, um die Angst vor Kannibalisierung zu verringern.

Interviewer: Was kann OSC tun, um den Konsumenten entlang des gesamten Kaufprozesses im eigenen Unternehmen zu halten?

Bewerber: Ziel muss es sein, die unterschiedlichen Kanäle zu integrieren, um dem Kunden ein Einkaufserlebnis aus einem Guss zu bieten. Dazu gehört ein einheitlicher Marktauftritt über alle Kanäle, aber auch die aktive Aufweichung von Kanalgrenzen. Zum Beispiel kann einem Kunden, der im stationären Handel beraten worden ist, ein Promotion-Coupon für den Kauf im Onlineshop gegeben werden. Informiert sich der Kunde online, kann er einen Einkaufszettel erstellen, den er im stationären Handel mit einem Berater durchsprechen kann – zum Beispiel wenn es um eine ganze Trekking-Ausrüstung geht. Kauft er direkt online, erhält der Konsument die Möglichkeit, das Produkt im Store umzutauschen etc. Auf diese Weise kann OSC den Kunden binden und aus der Kombination der Kanäle einen echten Mehrwert für den Kunden und damit auch einen Wettbewerbsvorteil erreichen.

Interviewer: Vielen Dank. Tatsächlich hat sich OSC für den Aufbau des Onlineshops entschieden. Kommen wir noch zu ein paar Fragen zu Ihrer Person ...

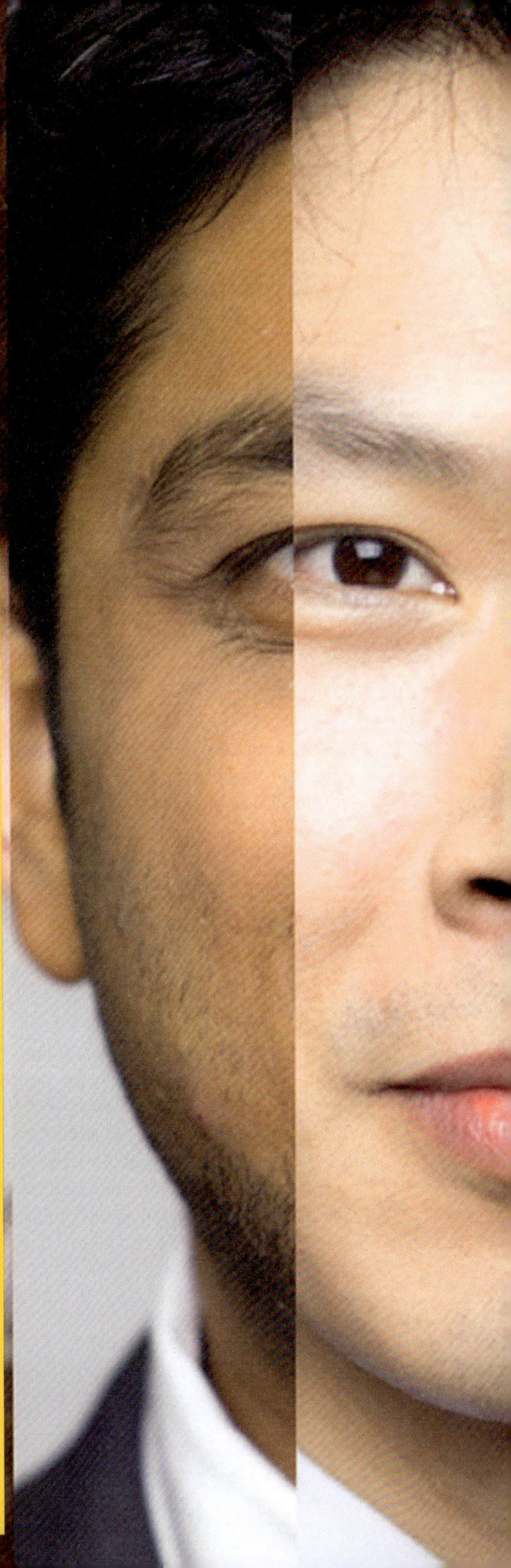

Neueröffnung eines Fitnessstudios

von Mark-Daniel Rentschler und Michael Sabadisch

Aufgabenstellung

- Sie wollen ein Fitnessstudio eröffnen. Was müssen Sie marktseitig beachten?
- Die Eröffnung des Fitnessstudios war ein voller Erfolg. Sie möchten die Gewinnsituation nochmals verbessern und haben sich zwei Zusatzangebote überlegt – das Power- und das Wellness-Paket. Sie wollen nur eines der beiden einführen. Wie hoch ist der gewinnoptimale Preis?

Lösungsweg

Konzept zur Eröffnung eines Fitnessstudios

Bevor der Bewerber beginnt, die konzeptionelle Vorgehensweise für die Eröffnung eines Fitnessstudios zu erarbeiten, sollte er weitere Informationen erfragen. Der Standort ist beispielsweise von entscheidender Bedeutung, denn der Erfolg eines Fitnessstudios ist eng verknüpft mit der Anzahl potenzieller Kunden. Wichtige Standortkriterien sind demnach die Einwohnerzahl im Einzugsgebiet und die infrastrukturelle Anbindung. Außerdem könnte der Bewerber nachfragen, ob das Studio hinsichtlich Preis und Leistung eher im Discount- oder im Premiumsegment angesiedelt sein wird. Die beiden genannten Kriterien stellen nur einen kleinen Auszug von zusätzlichen Informationen dar, die der Bewerber generell in Betracht ziehen kann, um sich einen tieferen Einblick über die Ausgangslage zu verschaffen.

Um die Wettbewerbssituation des vorliegenden Marktes zu analysieren, sollte der Bewerber einer gewissen Struktur folgen. Hier könnte er auf das Five-Forces-Modell nach Porter zurückgreifen. Der Bewerber kann für jeden der fünf Einflussfaktoren – Rivalität innerhalb des Marktes, Bedrohung durch neue Wettbewerber, Bedrohung durch Substitute, Verhandlungsmacht der Lieferanten, Verhandlungsmacht der Kunden – mehrere praktische Beispiele in Bezug auf die Fitnessbranche nennen. Ein Auszug möglicher Antworten ist in der folgenden Abbildung dargestellt.

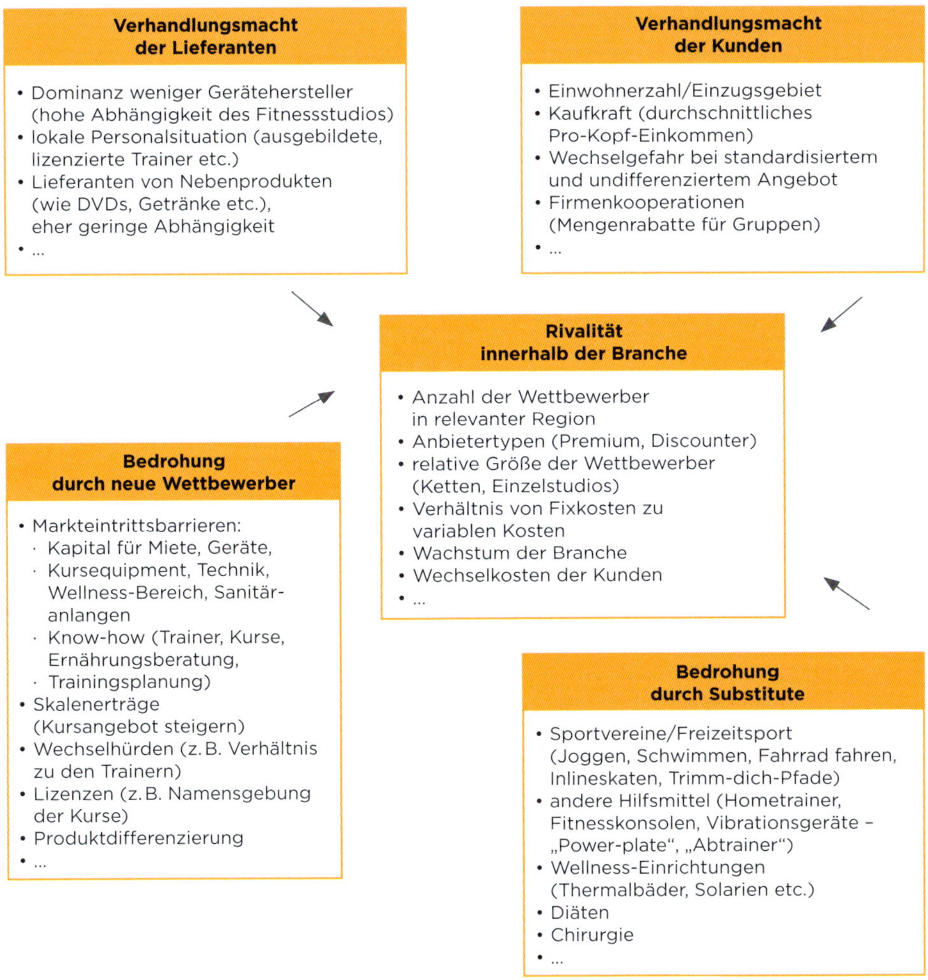

Eröffnung eines Fitnessstudios, strukturiert nach Porters Five Forces

Der Bewerber sollte auf Nachfrage die genannten Punkte tiefergehend erläutern können (hier am Beispiel „Substitute", also möglicher Alternativen):

Ein maßgebliches Substitut für Fitnessstudios ist der allgemeine Breitensport, zu dem Joggen/Laufen/Walken, Fahrradfahren, Schwimmen oder auch Inlineskaten gezählt werden kann. Des Weiteren stellt die gesamte Bandbreite von Vereinssportarten wie Fußball, Handball oder Basketball eine wesentliche Alternative zu Fitnessstudios dar. Häufig werden auch Fitnessgeräte zu Hause genutzt, wie zum Beispiel Fahrradergometer und Cross-Trainer. Darüber hinaus finden inzwischen Fitness-Spielekonsolen immer mehr Zuspruch. Deren tatsächlicher Trainingseffekt ist zwar diskussionsbedürftig, in Einzelfällen werden sie allerdings als Substitut angesehen. Weitere Hilfsmittel auf dem Markt sind Geräte, die versprechen, durch elektrische Impulse Muskelstimulationen auszulösen und so einen Trainingseffekt zu erzeugen.

Zudem sollte der Bewerber auch Optionen berücksichtigen, die nicht direkt mit sportlicher Aktivität in Verbindung gebracht werden können. Hierzu zählen Wellnessangebote oder Thermalbäder, die eine Alternative zu einem Besuch im Fitnessstudio darstellen. Falls das Trainingsziel die Gewichtsreduktion ist, kommen auch Diäten oder gar die Chirurgie als Substitut infrage.

Der Bewerber sollte die genannten Punkte dann nochmals in einem kurzen Fazit zusammenfassen und so die erste Aufgabenstellung abschließend beantworten.

Verbesserung der Gewinnsituation durch Zusatzangebote

Dem Bewerber werden im Folgenden sehr viele schriftliche Informationen zur Verfügung gestellt. Hier geht es darum, diese vollständig zu verstehen und in Beziehung zueinander zu bringen.

Unter den 2.000 Mitgliedern des Fitnessstudios wurde eine repräsentative Umfrage durchgeführt. Es stellte sich heraus, dass etwa 60 Prozent der Mitglieder Männer und 40 Prozent Frauen sind. Des Weiteren ist die Hälfte aller Mitglieder jünger als 30, und rund 20 Prozent sind älter als 50 Jahre.

Power-Paket
• All-you-can-drink-Flatrate für Eiweißshakes • 1 x Personal Training im Monat • Zugang zu Powerplate-Geräten

Wellness-Paket
• Handtuchservice • 1 x Massage im Monat • Solarium inklusive

Übersicht der Zusatzangebote

Den Mitgliedern wurde auch die Frage nach den Zusatzangeboten (siehe vorherige Abbildung) gestellt: Würden Sie das Power-Paket bzw. das Wellness-Paket zu einem Preis von 25 Euro bzw. 40 Euro pro Monat in Anspruch nehmen? Die Antworten fielen je nach Altersgruppe und Geschlecht recht unterschiedlich aus:

Power-Paket: Preis 25 Euro/Monat		
Altersgruppe	**Männer**	**Frauen**
jünger als 30	30 %	20 %
30–50	40 %	10 %
älter als 50	10 %	0 %

Wellness-Paket: Preis 40 Euro/Monat		
Altersgruppe	**Männer**	**Frauen**
jünger als 30	5 %	10 %
30–50	10 %	20 %
älter als 50	10 %	50 %

Anteil der Mitglieder, die das Zusatzpaket kaufen würden

Für den Fitnessstudio-Betreiber entstehen laufende Kosten von 20 Euro pro Monat für das Power-Paket und 30 Euro pro Monat für das Wellness-Paket. Der Bewerber kann die Annahme treffen, dass keine Fixkosten entstehen.

In der Befragung wurde auch ermittelt, wie sich die Akzeptanz der Pakete bei verschiedenen Preisen darstellt:

Ausgehend von der angedachten **Preispositionierung beim Power-Paket von 25 Euro/Monat** ergeben sich die folgenden **Elastizitäten:**

	Preis	Elastizitäten
Power-Paket	28 Euro	-1,5
	25 Euro	
	22 Euro	-5,5

Ausgehend von der angedachten **Preispositionierung beim Wellness-Paket von 40 Euro/Monat** ergeben sich die folgenden **Elastizitäten:**

	Preis	Elastizitäten
Power-Paket	45 Euro	-4,0
	40 Euro	
	35 Euro	-2,0

Akzeptanz der Zusatzangebote bei verschiedenen Preisen

Das Verständnis der (Preis-)Elastizität wird vom Bewerber nicht vorausgesetzt. Jedoch wird erwartet, dass er sich mit diesem Thema bei Sichtung der Unterlagen beschäftigt und bei Verständnisschwierigkeiten entsprechend gezielt nachfragt.

Der Bewerber soll nun strukturiert an die Aufgabenstellung herangehen und die ihm zur Verfügung gestellten Informationen nutzen. Dabei müssen sowohl zielführende Annahmen getroffen, als auch ökonomische Zusammenhänge in einfache mathematische Formeln überführt und angewendet werden. Der Bewerber soll am Ende in der Lage sein, eine Empfehlung abzugeben und seine Entscheidung inhaltlich und mathematisch begründen zu können.

Ermittlung des gewinnoptimalen Preises

Unter der Annahme, dass die Verteilung der Geschlechter innerhalb der Altersgruppen gleichmäßig ist, ergibt sich folgende Mitgliederstruktur aus der repräsentativen Befragung:

Anzahl der Mitglieder		
Altersgruppe	**Männer**	**Frauen**
jünger als 30	600	400
30–50	360	240
älter als 50	240	160

Mitgliederstruktur

Die Anzahl der potenziellen Zusatzpakete, die verkauft werden können, kann auf Basis der Umfrageergebnisse auf Seite 210 unten errechnet werden. Für beide Zusatzpakete wird jeweils die Anzahl der Mitglieder je Geschlecht und Altersgruppe mit dem Anteil der Interessenten je Gruppe multipliziert und anschließend die Summe gebildet. Dies bedeutet beispielsweise, dass in der Altersklasse „jünger als 30 Jahre", in der sich 600 Männer befinden und 30 Prozent das Power-Paket kaufen würden, 180 Mitglieder einen Preis von 25 Euro pro Monat bezahlen würden. Hinzu kommen die Frauen unter 30, die Männer von 30 bis 50 etc., von denen jeweils 20 Prozent, 40 Prozent etc. das Power-Paket kaufen würden. Da nur eines der beiden Pakete angeboten werden soll, können die beiden Rechnungen getrennt voneinander durchgeführt werden. Die Anzahl potenzieller Käufer des Power-Paketes bei einem Preis von 25 Euro pro Monat ergibt sich dann entsprechend:

- $Q_{p25} = 600 \times 0{,}3 + 360 \times 0{,}4 + 240 \times 0{,}1 + 400 \times 0{,}2 + 240 \times 0{,}1 + 160 \times 0 = 452$

Mit derselben Rechnung ergibt sich die Anzahl potenzieller Käufer des Wellness-Paketes bei einem Preis von 40 Euro pro Monat:

- $Q_{w40} = 600 \times 0{,}05 + 360 \times 0{,}10 + 240 \times 0{,}1 + 400 \times 0{,}1 + 240 \times 0{,}2 + 160 \times 0{,}5 = 258$

Für das Power-Paket kann bei einem Preis von 25 Euro pro Monat nun der Gewinn G_{p25} ermittelt werden. Der monatliche zusätzliche Gewinn ergibt sich aus der Anzahl der potenziellen Käufer multipliziert mit dem jeweiligen Preis abzüglich der variablen Kosten:

- $G_{p25} = 452 \times (25 \text{ Euro} - 20 \text{ Euro}) = 2.260$ Euro pro Monat

Analog ergibt sich für das Wellness-Paket bei einem Preis von 40 Euro pro Monat und monatlichen variablen Kosten von 30 Euro ein Gewinn von $G_{w40} = 2.580$ Euro pro Monat.

Im nächsten Schritt sollte der Bewerber nun die Elastizitäten aus der Abbildung auf Seite 211 oben berücksichtigen. Sie geben die relative Änderung der Verkaufsmenge auf eine relative Änderung des Preises an. Es gilt $\varepsilon = (\Delta q \div q) \div (\Delta p \div p)$. Um für das Power-Paket und den Preisvorschlag von 28 Euro die Anzahl der Käufer zu bestimmen, muss zunächst Δq bestimmt werden:

- $\Delta q = (\Delta p \times q \times \varepsilon \div p) = (3 \text{ Euro} \times 452 \times (-1{,}5) \div 25 \text{ Euro}) = -81$

Das bedeutet, dass die Zahl der Käufer des Power-Pakets bei einem Preis von 28 Euro pro Monat nun bei 452 - 81 = 371 liegt. Es ergibt sich demnach:

- $G_{p28} = 371 \times (28 \text{ Euro} - 20 \text{ Euro}) = 2.968$ Euro pro Monat

Der Gewinn steigt trotz erheblichen Kundenrückgangs stark an, da sich der Stückdeckungsbeitrag von fünf auf acht Euro erhöht. Der große Einfluss des Preises auf den Gewinn macht auch das Beispiel der Preissenkung auf 22 Euro pro Monat für das Power-Paket deutlich. Obwohl die Käuferzahl enorm steigt, bleibt aufgrund eines geringen Stückdeckungsbeitrag von nur zwei Euro am Ende weniger Gewinn beim Fitnessstudio-Betreiber übrig. Analog kann der Bewerber nun für alle weiteren Preisvorschläge und Zusatzpakete die Käuferzahl und den Gewinn errechnen:

	Preis (Euro)	Kosten (Euro)	Stückdeckungsbeitrag (Euro)	Anzahl Käufer bei Ausgangspreis	Elastizitäten	Anzahl Käufer	Gewinn (Euro)
Power-Paket	28	20	8		↱ -1,5	371	**2.968**
	25	20	5	452		452	2.260
	22	20	2		↳ -5,5	750	1.500
Wellness-Paket	45	30	15		↱ -4,0	129	1.935
	40	30	10	258		258	2.580
	35	30	5		↳ -2,0	323	1.615

Ergebnisübersicht

Fazit

Falls der Fitnessstudio-Betreiber strikt nach Gewinnoptimierung vorgeht, sollte er sich für die Einführung des Power-Paketes zu einem Preis von 28 Euro entscheiden, da mit diesem Paket der größtmögliche Zusatzgewinn erzielt werden kann. Der Bewerber könnte zusammenfassend bemerken, dass die Auswahl des Pakets auf den Erkenntnissen der Kundenbefragung basiert und diese sich im Laufe der Zeit verändern können.

Investitionsumfang und EBITDA-Ziel bei Kraftwerken

von Bernd Leppla

Aufgabenstellung

Ihr Team und Sie befinden sich in der Endphase eines Restrukturierungsprojekts bei dem Energiekonzern E-Kon. Ihr Auftraggeber erwähnt in einem Meeting mit Ihnen, dass das Unternehmen eine umfassende Expansionsstrategie mit Investitionen in neue Gasturbinenkraftwerke zur Stromerzeugung aufsetzen möchte. Ziel sei ein jährliches EBITDA von einer Milliarde Euro, das aus den Investitionen resultiert.

Sie hoffen auf ein Anschlussprojekt und bereiten sich auf ein mögliches Gespräch vor. Sie möchten herausfinden, wie viele Gasturbinenkraftwerke E-Kon bauen und in Betrieb nehmen muss, um das EBITDA-Ziel zu erreichen. Einer Ihrer Ansprechpartner von E-Kon steht Ihnen bei der Vorbereitung zur Verfügung.

HINWEIS: Dieser Case erfordert technisches Basiswissen und ist daher insbesondere für Ingenieure und Naturwissenschaftler geeignet.

Lösungsweg

Bevor Sie das Fragenstellen und Rechnen beginnen, sollten Sie einen Überblick über die Informationen gewinnen, die Sie der gegebenen Situation und Ihrem Hintergrundwissen entnehmen können. Gefragt ist das EBITDA. Dessen Berechnung kann von zwei Seiten begonnen werden, zum einen vom Umsatz und zum anderen vom Jahresüberschuss ausgehend. Abhängig vom Ausgangspunkt kann die Rechnung sehr aufwändig sein. Der Weg vom Jahresüberschuss zum EBITDA beinhaltet Einflussfaktoren, wie z. B. Steuern, die hier nicht ohne eine detaillierte Unternehmensplanung zu bestimmen sind. Entscheiden Sie sich daher für den Weg Umsatz – Kosten = EBITDA. Die Höhe des EBITDA ist bereits bekannt, die beiden anderen Faktoren stehen über die Anzahl der Kraftwerke, die gebaut werden sollen, in Beziehung zueinander.

Formulierung der Aufgabenstellung

Die Aufgabenstellung kann als folgende Gleichung formuliert werden:

- Anzahl Kraftwerke × (Umsatz pro Kraftwerk – Kosten pro Kraftwerk) = EBITDA

Im nächsten Schritt sind die Umsatz- und Kostenfaktoren je Kraftwerk und ihre Höhe zu bestimmen. Im darauffolgenden, finalen Schritt ist die Gleichung nach der Anzahl der Kraftwerke aufzulösen, die Werte für Umsatz und Kosten pro Kraftwerk pro Jahr sowie das EBITDA sind einzusetzen und zu berechnen.

Bestimmung Umsatz pro Kraftwerk

Der Umsatz eines Kraftwerks von E-Kon ist über die Formel Umsatz = Menge × Preis zu berechnen.

HINWEIS: Der Strompreis ist vielen geläufig als ein Wert zwischen 25 und 30 Cent/kWh. Entscheiden Sie sich für einen runden Wert und kommunizieren Sie dies an Ihren Ansprechpartner mit der Begründung, dass dies eine erste Abschätzung bei gleichzeitig mäßigem Rechenaufwand ermöglicht. Je nach Hintergrund kann erwähnt werden, dass der Strompreis abhängig von der Kundengruppe ist.

Die verkaufte Menge entspricht der Energie, die ein Kraftwerk - hier in einem Jahr - an seine Kunden verkauft. Sie wird in Megawattstunden (MWh) angegeben und berechnet sich aus der Kraftwerksleistung (MW) multipliziert mit der Zeit (h), über die die Leistung erbracht wird.

HINWEIS: Lassen Sie sich von Ihrem Ansprechpartner über den technischen Sachverhalt aufklären, falls Ihnen dieser nicht bekannt ist.

Die Zeit, über die die Kraftwerksleistung erbracht wird, entspricht im einfachsten Fall einem Jahr. Diese Zeit ergibt sich aus 365 Tage/Jahr multipliziert mit 24 Stunden/Tag. Jedoch ist die theoretische Uptime - also die aktive Zeit jedes Kraftwerks und jeder Fabrik über das Jahr - aufgrund von Wartungsarbeiten, Nachfrageschwankungen etc. immer kleiner als 100 Prozent. Die Uptime ergibt sich aus der theoretischen Uptime multipliziert mit der Verfügbarkeit.

HINWEIS: Fragen Sie Ihren Ansprechpartner nach einem Erfahrungswert für die Uptime. Stellt Ihnen dieser keinen zur Verfügung, sollten Sie sich für einen höheren zweistelligen Wert entscheiden, mit dem es sich später einfach rechnen lässt, z. B. 80 Prozent.

Weiterhin ist die verkaufte Energiemenge von der Kraftwerksleistung abhängig. Das Leistungsspektrum solcher Gasturbinenkraftwerke ist sehr breit. E-Kon hat Ihnen hierüber bisher keine Informationen zukommen lassen.

HINWEIS: Fragen Sie Ihren Ansprechpartner und begründen Sie dies damit, dass sich in Abhängigkeit von der Leistung das Ergebnis entsprechend ändert. Wenn dies selbst bei E-Kon nicht diskutiert wurde und Ihnen der Ansprechpartner nicht weiterhelfen kann, setzen Sie zur Vereinfachung der Berechnung einen Wert von 100 MW an.

Aus der errechneten Uptime und der Leistung ergibt sich die verkaufte Energiemenge. Multipliziert mit dem Strompreis ergibt sich der Umsatz pro Kraftwerk pro Jahr. Alle Werte und den Rechenweg können Sie nachfolgender Tabelle entnehmen.

Stunden pro Tag	24
Tage pro Jahr	365
Stunden pro Jahr	**8.760**
Uptime-Faktor	0,8
Uptime (Stunden pro Jahr)	**ca. 7.000**
Kraftwerksleistung (MW)	100
Verkaufte Energiemenge (MWh/Jahr)	**700.000**
Preis (Cent/kWh)	25
Preis (Euro/MWh)	250
Umsatz (Euro/Jahr)	**175.000.000**

Umsatz eines Kraftwerks

Bestimmung der Kosten pro Kraftwerk

Die Kosten pro Kraftwerk können aus den Positionen einer Gewinn- und Verlustrechnung abgeleitet werden. Diese sind Materialaufwand – hier für Gas für den Betrieb des Kraftwerks – Personalaufwand und sonstige betriebliche Aufwendungen wie für Wartung und Betrieb.

Der jährliche Aufwand für Gas ist abhängig von der verkauften Energiemenge. Um den Aufwand quantifizieren zu können, benötigen Sie den Einkaufspreis für Gas.

HINWEIS: Wenden Sie sich an Ihren Ansprechpartner und fragen Sie nach dem Einkaufspreis für Gas. Achten Sie darauf, dass er Ihnen einen Preis in Euro/MWh nennt, sodass dieser Wert mit der vorher berechneten Energiemenge verrechnet werden kann. Eine Angabe in Euro/m^3 ist nicht hilfreich.

Es sei angenommen, dass der Preis bei 60 Euro/MWh liegt. Zur Berechnung des Aufwands für Gas sollten Sie den Wirkungsgrad für das Gasturbinenkraftwerk berücksichtigen. Stellt Ihnen der Ansprechpartner keinen Wert zur Verfügung, ist ein Schätzwert von 50 Prozent ausreichend genau. Dieser Wirkungsgrad sagt aus, dass für die Erzeugung von einer MWh Strom zwei MWh Gas nötig sind. Der Aufwand für Gas ergibt sich nach folgender Formel:

- $$\text{Aufwand Gas} = \frac{\text{verkaufte Energiemenge pro Jahr}}{\text{Wirkungsgrad}} \times \text{Einkaufspreis je Energiemenge Gas}$$

Der Personalaufwand ergibt sich aus den Arbeitgeberkosten pro Mitarbeiter und der Anzahl der Mitarbeiter. Ein Arbeitgeberaufwand von 50.000 bis 100.000 Euro pro Mitarbeiter pro Jahr ist eine gute Näherung. Hinsichtlich der Mitarbeiterzahl ist eine Schätzung nicht einfach, aber im Vergleich zu dem zuvor hergeleiteten Aufwand für Gas ist der Einfluss des Personalaufwands auf die Kosten gering. Dies zeigt eine erste Rechnung mit zehn Mitarbeitern und einem Durchschnittsaufwand von 70.000 Euro. Auch bei einer Verdopplung der Mitarbeiterzahl bleibt der Aufwand wesentlich geringer als der Aufwand für Gas. Eine Annahme von 20 bis 30 Mitarbeitern pro Kraftwerk ist plausibel.

Die sonstigen betrieblichen Aufwendungen bieten viel Raum für Fantasie. Angesichts der begrenzten Zeit sollten Sie diese Aufwendungen nicht zu detailliert unter die Lupe nehmen - sollten sie aber auch nicht vergessen. Dieser generische Posten kann Kosten für Wartung, Betrieb etc. umfassen. Gehen Sie von einem Aufwand in der Größenordnung des Personalaufwands aus. Nutzen Sie die Gelegenheit, die nachfolgende Rechnung zu vereinfachen, indem Sie den Wert geschickt wählen. Ein Wert von 2,9 Millionen Euro sorgt für eine runde Summe beim Gesamtaufwand.

Verkaufte Energiemenge (MWh/Jahr)	700.000
Einkaufspreis je Energiemenge Gas (Euro/MWh)	60
Wirkungsgrad	0,5
Aufwand für Gas (Euro/Jahr)	**84.000.000**

Arbeitgeberkosten pro Mitarbeiter (Euro/Jahr)	70.000
Mitarbeiter	30
Personalaufwand (Euro/Jahr)	**2.100.000**

Sonstiger betrieblicher Aufwand (Euro/Jahr)	**2.900.000**

Gesamtaufwand (Euro/Jahr)	**89.000.000**

Kosten eines Kraftwerks

Ergebnis

Durch Auflösen der Gleichung aus der Formulierung der Aufgabenstellung ergibt sich die Anzahl der Kraftwerke in Abhängigkeit vom Umsatz und den Kosten pro Kraftwerk sowie vom gewünschten EBITDA wie folgt:

- $$\text{Anzahl Kraftwerke} = \frac{\text{EBITDA}}{\text{Umsatz pro Kraftwerk} - \text{Kosten pro Kraftwerk}}$$

Durch Einsetzen der hergeleiteten Werte ergibt sich die Anzahl der Kraftwerke:

- $$\text{Anzahl Kraftwerke} = \frac{1.000.000.000 \text{ Euro}}{175.000.000 - 89.000.000 \text{ Euro}} = \frac{1.000}{86} = 11{,}6 \approx 12$$

Auf die Frage nach Ihrer Einschätzung zur Qualität des Ergebnisses ist die richtige Antwort, dass diese erste Abschätzung auf stark vereinfachten Annahmen beruht. Sie liefert jedoch ein Gefühl für die Größenordnung des Ergebnisses, das eine Detailuntersuchung hervorbringen würde. Bei genauerer Betrachtung des Verkaufspreises von Strom zeigt sich, dass sich dieser neben Umlagen und Netzentgelten aus einer Reihe weiterer Komponenten zusammensetzt, die hier nicht diskutiert wurden. Auch Pauschalannahmen wie diejenige für die sonstigen betrieblichen Aufwendungen gilt es zu spezifizieren.

Zusammenfassung

Bei der Bearbeitung dieser Fallstudie ist eine Fülle an Informationen herzuleiten und zu berechnen. Die Fallstudie ist auf eine Bearbeitungszeit von 30 bis 40 Minuten ausgelegt. Der unten stehende vierstufige Lösungsweg bietet die Möglichkeit, Ihr Geschick im Umgang mit großen Zahlen, im Einbinden des Interviewpartners in die Fallstudie und im Anwenden von technischem Wissen auf betriebswirtschaftliche Fragestellungen unter Beweis zu stellen. Bei der Breite der Faktoren der Einflussgruppen Umsatz und Kosten liegt die Herausforderung darin, sich nicht im Detail zu verlieren. Verfolgen Sie den Leitgedanken: „Nicht das exakte Ergebnis, sondern die grobe Richtung und die Struktur des Lösungswegs stehen im Fokus."

1. Bestimmung des vereinfachten Wegs zur Berechnung des EBITDA	
2. Formulierung der Aufgabe als mathematische Gleichung	
3. Herleitung der Einflussgrößen Umsatz und Kosten	
Umsatz	**Kosten**
• Herleitung der theoretischen Uptime des Kraftwerks pro Jahr • Bestimmung des Uptime-Faktors • Berechnung der Uptime eines Kraftwerks pro Jahr • Abschätzung der Leistung eines Kraftwerks • Berechnung der verkauften Energiemenge pro Kraftwerk pro Jahr • Abschätzung des Verkaufspreises pro MWh • Berechnung des Jahresumsatzes eines Kraftwerks	• Erfragen des Einkaufspreises für Gas • Abschätzung des Wirkungsgrads des Kraftwerks • Berechnung des Aufwands für Gas pro Kraftwerk pro Jahr • Bestimmung des Arbeitgeberaufwands pro Mitarbeiter pro Jahr und der Mitarbeiteranzahl pro Kraftwerk • Schätzung der sonstigen betrieblichen Aufwendungen pro Kraftwerk pro Jahr • Berechnung des Gesamtaufwands pro Kraftwerk pro Jahr
4. Auflösung der Ausgangsgleichung nach der Anzahl der Kraftwerke, Einsetzen der hergeleiteten Werte und Berechnung der Anzahl der Kraftwerke	

Lösungsweg auf einen Blick

Shampoo-Hersteller

von Dr. Thomas Fritz

Aufgabenstellung

Interviewer: Ich möchte Ihnen gern eine Fragestellung aus dem Konsumgütersektor vorstellen: Ein Hersteller von Körperpflegeprodukten hat an einem europaweiten Benchmarking teilgenommen, bei dem die Produktionskosten von 16 Werken verglichen wurden. Ein Werk unseres Klienten in Süddeutschland lag dabei mit Kosten von zehn Cent pro produzierter Flasche auf dem vorletzten, also zweitteuersten Platz.

Ich möchte nun mit Ihnen diskutierten, wie die Kostenposition des Werks kurzfristig verbessert werden kann. Dazu noch folgende Zusatzinformationen: Mit Körperpflegeprodukten ist für dieses spezielle Werk alles gemeint, was flüssig ist, der Körperpflege dient und in Plastikflaschen verkauft wird. Bei den Kostenvergleichen wurden alle Kosten herangezogen, die direkt im Werk entstehen, allerdings ohne Materialkosten (Flasche und Inhalt). Logistikkosten, Beschaffung etc. sind ebenfalls nicht betrachtet worden.

Lösungsweg

Bewerber: Um entscheiden zu können, wie die Kostenposition des Werks verbessert werden kann, müsste ich zunächst die größten Treiber für die Kosten des Werks ermitteln. Dort besteht in der Regel das größte Optimierungspotenzial. Können Sie mir die konkrete Kostenverteilung nennen?

Interviewer: Die Kosten des Werks teilen sich wie folgt auf: Immobilie 20 Prozent (Abschreibungen auf Grundstückskauf), Anlage 20 Prozent (Abschreibungen auf Maschinenkauf), Personal direkt 40 Prozent (Mitarbeiter an den Maschinen), Personal indirekt zehn Prozent (Werksleitung, Verwaltung etc.), Energie inkl. Entsorgung zehn Prozent.

Bewerber: Vielen Dank. Bevor ich nun die Kostentreiber identifiziere und Möglichkeiten der Verbesserung aufzeige, treffe ich die Annahme, dass eine Schließung oder Verlagerung des Werkes keine Option zur kurzfristigen Verbesserung darstellt. Zudem nehme ich an, dass es am sinnvollsten ist, mich bei meiner Analyse auf die Kosten des Werks unabhängig von der Benchmark zu fokussieren. Ich denke, dass nur so eine nachhaltige Lösung gefunden werden kann.

Interviewer: Das klingt alles plausibel. Fahren Sie fort.

Bewerber: Offensichtlich stellen die direkten Personalkosten mit 40 Prozent den größten Kostenblock dar. Auf den ersten Blick macht es also am meisten Sinn, hier anzusetzen.

Interviewer: In der Tat sind die direkten Personalkosten am höchsten. Gleichzeitig hat das Werk aber auch die höchste Mitarbeiterproduktivität gemessen am Output pro Mitarbeiter. Haben Sie noch eine andere Idee, wo ein Hebel zur Kostenoptimierung liegen könnte?

Bewerber: Neben der Anzahl der Mitarbeiter werden die Personalkosten vom Lohnniveau bestimmt. Da das Werk in Süddeutschland steht, gehe ich davon aus, dass die Personalfaktorkosten im Vergleich hoch sind.

Interviewer: Das ist korrekt.

Bewerber: Da eine Verlagerung des Standorts nach Ihrer Aussage nicht infrage kommt, wäre eine Reduktion der Personalkosten also nur noch durch eine Absenkung des Lohnniveaus möglich. Ist eine solche Maßnahme umsetzbar?

Interviewer: Nicht unmittelbar. Eine kurzfristige Senkung der Löhne für die bestehenden Mitarbeiter ist nicht durchsetzbar und entspricht auch nicht der Philosophie des Unternehmens.

Bewerber: Die Abschreibungen für Maschinen und Grundstücke sind wahrscheinlich kurzfristig ebenfalls nicht zu verändern. Die Energiekosten haben nur einen kleinen Anteil. Wenn also die Kostenpositionen nicht zu verändern sind, kann eine Senkung der Stückkosten nur über die Vergrößerung der Produktionsmenge erfolgen.

Interviewer: Klingt sinnvoll. Wie würden Sie weiter vorgehen?

Bewerber: Zunächst müsste ich wissen, wie der aktuelle Produktionsprozess aussieht.

Interviewer: Die Fabrik ist im Großen und Ganzen in fünf Produktionslinien strukturiert, auf denen Flaschen unterschiedlicher Größe produziert werden. Die Kosten pro Flasche für die verschiedenen Produktionslinien sind vergleichbar.

Bewerber: Wie gut sind diese Produktionslinien ausgelastet?

Interviewer: Das Werk produziert aktuell 150 Millionen Flaschen pro Jahr. Jede Linie hat eine technische Kapazität von 200 Flaschen pro Minute. Produziert wird im Zweischichtbetrieb, also 16 Stunden pro Tag.

Bewerber: Interessant. Das heißt, auf einer Produktionslinie ist Kapazität vorhanden, um 200 (Flaschen) × 60 (Minuten) × 16 (Stunden) = 192.000 Flaschen pro Tag zu produzieren. Bei der Annahme, dass ein Jahr rund 50 Wochen mit je sechs Werktagen hat, macht das 300 Arbeitstage. In Summe könnte das Werk pro Jahr also 192.000 (Flaschen) × 300 (Tage) × 5 (Produktionslinien) = 288.000.000 Flaschen produzieren. Hier zeigt sich also eine deutliche Diskrepanz von ca. 138 Millionen Flaschen pro Jahr. Die Maschinen sind demnach nur zu ca. 52 Prozent und somit nicht optimal ausgelastet. Gibt es eventuell längere Maschinenstillstände oder Probleme in der Produktion einzelner Produkte, die die geringe Auslastung erklären könnten?

Interviewer: Da sind Sie auf ein großes Problem gestoßen. In der Tat stehen die Maschinen zeitweise still. Das liegt daran, dass eine größere Produktionsmenge nicht abgesetzt werden konnte. Was schlagen Sie vor?

Bewerber: Dann bleiben aus meiner Sicht zwei wichtige Hebel: zum einen eine Reduktion der Kapazität und damit eine Kosteneinsparung und zum anderen eine Erhöhung der Produktionsmenge und damit eine Degression der Fixkosten. Besteht die Möglichkeit, eine Linie abzuschalten oder zu veräußern?

Interviewer: Das kommt leider nicht infrage, da im aktuellen Setup alle fünf Produktionslinien für die Produktion unterschiedlicher Flaschenformate erforderlich sind. Zudem würde die Abschaltung einer Linie nur bedingt Kosten sparen, da die Abschreibungen weiterhin anfallen. Die Produktion und damit auch die Personal- und Energiekosten bewegen sich auf eine neue Maschine. Ein Markt zur Veräußerung der Maschinen existiert nicht. Lassen Sie uns daher lieber über andere Möglichkeiten einer Auslastungserhöhung sprechen.

Bewerber: Um die Produktionsmenge zu erhöhen, kommen mehrere Möglichkeiten infrage. Eine geografische Ausweitung durch die Erschließung neuer Märkte zum Beispiel. So würde sich der Absatzmarkt vergrößern, was zu größeren Produktionsmengen und einer höheren Auslastung führen würde. Zudem könnte man die Produktion anderer Werke in das süddeutsche Werk verlagern oder in Erwägung ziehen, für Dritte zu produzieren.

Interviewer: Das sind gute Ideen. Gehen wir doch zunächst auf die Erschließung neuer Märkte ein, denn derzeit ist das Unternehmen nur in Mitteleuropa aufgestellt. Was müssen Sie beachten?

Bewerber: Beim Eintritt in einen neuen Markt müssen die Produkte speziell auf die Bedürfnisse der neuen Kunden angepasst werden. Das umfasst nicht nur die Verpackung, sondern auch die Produkte selbst. Gerade in fremden Kulturen, wie beispielsweise im asiatischen Raum, ist dies von großer Bedeutung. Andere Gebiete wie Nordamerika sind leichter zu bedienen, da die Anforderungen der Kunden dort eher mit denen der mitteleuropäischen Kunden vergleichbar sind.

Interviewer: Also gehen wir nach Amerika?

Bewerber: Ich glaube, das ist doch keine so gute Idee. Die Logistikkosten wären enorm, und diesen Kosten steht beim Shampoo ein geringer Wert gegenüber.

Interviewer: In der Tat scheint eine Produktion im lohnkostenintensiven Süddeutschland für weit entfernte Märkte nur wenig Sinn zu machen. Eine Belieferung der nahegelegenen Märkte ist wesentlich vorteilhafter. Das findet aber auch heute schon statt. Sie hatten vorhin auch die Verlagerung der Produktion aus anderen eigenen Werken ins süddeutsche Werk angesprochen. Welche Probleme könnten hierbei auftreten?

Bewerber: Dies würde in erster Linie Logistikkosten verursachen. Die Frage wäre also, ob sich dieser Trade-off lohnt, vor allem, weil dieser vermutlich zu einer Unterauslastung der anderen Werke führt.

Interviewer: Richtig. Hier können wir die Kosten gegenüber dem aktuellen Produktionsnetzwerk nicht mehr maßgeblich senken. Als letzten wichtigen Punkt hatten Sie die Produktion für Drittanbieter genannt. Lassen Sie uns das einmal durchrechnen: Gehen Sie hierfür davon aus, dass ein Angebot von einem Discounter vorliegt, der gerne 50 Millionen Flaschen pro Jahr produzieren lassen möchte. Der Discounter ist bereit, dafür acht Cent pro Flasche zu zahlen. Ist dies ein attraktives Angebot?

Bewerber: Bei der Bewertung ist es natürlich am sinnvollsten, sich auf die Kosten zu fokussieren. Man sollte jedoch nicht außer Acht lassen, dass diese Option auch Image-Risiken bergen kann. Da es allerdings einige Markenartikler am Markt gibt, die bereits seit Langem erfolgreich für Handelsmarken produzieren, sind diese Risiken untergeordnet einzustufen. Bezüglich der Kosten: Auf den ersten Blick sieht das Angebot nachteilhaft aus. Der Discounter bietet acht Cent, unsere Kosten liegen bei zehn Cent. Allerdings muss man beachten, dass durch die zusätzliche Produktion auch eine Fixkostendegression stattfindet.

Ich berechne zunächst einmal die neuen Durchschnittskosten. Die Fixkosten (Personal indirekt und Abschreibungen) machen 50 Prozent der Kosten aus, also 7,5 Millionen Euro. Diese Kosten bleiben unverändert. Die variable Kosten liegen ebenfalls bei 7,5 Millionen Euro. Wenn ich annehme, dass die variablen Kosten proportional zur Produktionsmenge steigen, liegen sie bei Produktion der zusätzlichen Menge insgesamt bei zehn Millionen Euro. Macht zusammen 17,5 Millionen Euro bei jetzt 200 Millionen Flaschen. Die Durchschnittskosten betragen also rund 8,3 Cent.

Interviewer: Das Angebot lohnt sich also nicht?

Bewerber: Moment, das habe ich nicht gesagt. Wenn man auf die Gesamtkosten schaut, sieht man, dass die Kosten um 2,5 Millionen Euro gestiegen sind. Gleichzeitig beträgt die Vergütung für die zusätzliche Menge vier Millionen Euro. Wir machen also 1,5 Millionen Euro Gewinn. Das Angebot ist also ökonomisch durchaus lohnenswert. Das hätte man allerdings auch einfacher sehen können, wenn ich die variablen Kosten pro Stück von fünf Cent direkt mit der Vergütung von acht Cent verglichen hätte.

Interviewer: Hauptsache, Sie sind zum richtigen Ergebnis gekommen. Vielen Dank für diese sehr gute Analyse. Zum Abschluss möchte ich Sie noch bitten, die Ergebnisse in maximal fünf Sätzen zusammenzufassen und eine Empfehlung abzugeben.

Bewerber: Der Hauptgrund für die schlechte Kostenposition des Werks ist die geringe Auslastung von nur ca. 50 Prozent. Um diese Unterauslastung aufzufangen, sollte mittelfristig eine Erweiterung der Produktion in Erwägung gezogen werden. Eine interessante Möglichkeit dazu stellt die Produktion von Handelsmarken dar – wenn die ökonomischen Rahmenbedingungen stimmen und keine Gefahr für die Marke gesehen wird.

Interviewer: Vielen Dank, das ist eine gute Lösung.

Grow with us

Beratung für:

Strategie | Management | Prozesse

Integration Consulting ist eine Strategie-, Management- und Prozessberatung, die ihre branchenführenden Kunden in allen Funktionen unterstützt. Seit der Gründung 1995 in São Paulo hat sich Integration schnell zu einer der größten und erfolgreichsten Unternehmensberatungen in Lateinamerika entwickelt und wächst seit 2010 auch stark in Europa. Derzeit haben wir mehr als 300 Mitarbeitern in Büros in São Paulo, Rio de Janeiro, Buenos Aires, Mexico City, Santiago, London und München.

Integration ist nach Funktionen aufgestellt – unser fundiertes Knowhow vermitteln wir über unsere Fachwissens- und Kompetenzzentren: Marketing und Sales; Supply Chain; Finance und Management, sowie Implementierung. Diese Struktur erlaubt es uns Best Practices und Know-How über Branchengrenzen hinweg zu identifizieren und bestmögliche Ergebnisse für unsere Kunden zu erzielen. Zudem entwickeln wir mehr als nur Empfehlungen: Wir unterstützen unsere Kunden auch bei der Umsetzung und im Change-Management.

Unsere Mitarbeiter verkörpern unsere Kultur, die sich durch Selbstbewusstsein und Kooperation statt durch Überheblichkeit auszeichnet. Sie arbeiten eng mit dem Kunden zusammen, um maßgeschneiderte Lösungen zu entwickeln und nachhaltige Veränderungen anzustoßen, statt ihnen allgemeingültige Modelle überzustülpen. So ist jedes neue Projekt eine spannende neue Herausforderung.

www.integration.consulting

f /integrationconsulting

in /company/integration-consulting

„Wir bieten unseren Berufseinsteigern einen einmaligen Mix aus Unternehmergeist und solider Erfahrung. Wir suchen also Menschen, die unser Unternehmen aktiv mitgestalten möchten, während sie als Berater für einige der herausragendsten multinationalen Kunden Europas tätig sind.“

Sophie Herrmann, Direktorin, Deutschland

Ihre Perspektiven und Herausforderungen

Übernehmen Sie Verantwortung: Unsere Analysten übernehmen früh und viel Verantwortung. Sie übernehmen eigene Work Streams und treiben so Projekte voran. Sie arbeiten direkt mit den Klienten bis zur höchsten Unternehmensebene.

Gestalten Sie die Zukunft von Integration: Unsere Analysten spielen eine entscheidende Rolle bei der Gestaltung der Zukunft unseres Unternehmens, indem sie interne Sonderprojekte und Initiativen leiten. Teil der Unternehmenssteuerung zu sein, ist für unsere Berater professionell und persönlich extrem bereichernd.

Wachsen Sie mit uns: Gestalten Sie Ihre einzigartige Karriere bei uns. Sie bestimmen zu Beginn jedes Jahres Ihre Ziele und Ihre "do's and don'ts"; Wir unterstützen Sie mit Coaching und professioneller Planung immer in Hinsicht auf Ihre individuellen Entwicklungsziele.

Weitere Informationen und direkt online bewerben unter: **join.integration.com**

Integration

Traktoren in Argentinien

von Michael Engels

Ausgangssituation und Aufgabenstellung

Argentinien ist als zweitgrößter Flächenstaat Südamerikas einer der größten Agrarproduzenten der Welt. Soja, Weizen und besonders argentinisches Rindfleisch haben eine herausragende Stellung auf dem Weltmarkt. Dieser Markt hat sich in den letzten Jahren entscheidend gewandelt – und mit ihm andere Industrien innerhalb der Wertschöpfungskette. Durch die zunehmende Konzentrierung von Landbesitz in wenigen Großbetrieben ist der maschinelle Einsatz in der argentinischen Landwirtschaft massiv gestiegen und folglich auch der Bedarf an professioneller Betreuung beim Flottenmanagement für landwirtschaftliche Großgeräte.

Unser Kunde ist ein deutscher Mittelständler, der in Argentinien seit Längerem als Landmaschinengroßhändler präsent ist und vom Marktwachstum der letzten Jahre massiv profitiert hat. Traditionell hat dieser Händler zwei Premiummarken (X-Traktoren und Y-Landmaschinen) auf dem Landmaschinenmarkt im Angebot, die von unterschiedlichen Herstellern im Wettbewerb zueinander positioniert sind. Lange Zeit war dieses Arrangement für beide Wettbewerber eine einfache und kostengünstige Option, um den Markt in Argentinien abzudecken. Wegen dessen steigender Bedeutung ist der Hersteller von X-Traktoren an unseren Kunden herangetreten und hat angeboten, den Vertrieb der eigenen Marke in einem Joint Venture separat von der konkurrierenden Marke fortzuführen.

Aufgabe

Bitte bewerten Sie das Angebot von X-Traktoren hinsichtlich seiner betriebswirtschaftlichen Güte für unseren Kunden.

Lösungsweg

Schritt 1: Marktverständnis und Struktur

In einem ersten Schritt ist es wichtig, die entscheidenden Stufen innerhalb der Wertschöpfungskette eines Landmaschinengroßhandels zu verstehen, um Verständnisprobleme und Auslassungen zu vermeiden.

Adaptierte Version von Porters Wertschöpfungskette

In dieser leicht modifizierten Version von Porters Wertschöpfungskette fallen zwei direkt umsatzgenerierende Aktivitäten ins Auge: zum einen der konkrete Verkauf von Landmaschinen und zum anderen der Service an den entsprechenden Maschinen.

Basierend auf diesen Informationen bietet sich ein Vorher-Nachher-Vergleich der Unternehmung an - unter der Annahme, dass das Hauptziel unseres Kunden die Profitmaximierung ist. Daher fragen wir nach Informationen hinsichtlich der momentanen Lage des Unternehmens. Auf Nachfrage wird der Interviewer Ihnen eröffnen, dass Verkauf und Service in der Tat die primären Umsatztreiber im Unternehmen sind. Zusätzlich bietet Ihnen der Interviewer auch den gewünschten Einblick in das Zahlenwerk unseres Kunden.

	Umsatz		Rohertragsmarge		Variable Kosten		Fixkosten	
	Verkauf	Service	Verkauf	Service	Verkauf	Service	Verkauf	Service
Total	250	50	50	20	n/a	n/a	54	15
X	50 %	50 %	60 %	50 %	n/a	n/a	50 %	50 %
Y	50 %	50 %	40 %	50 %	n/a	n/a	50 %	50 %

Wichtige Zahlen zum Unternehmen (in Millionen Euro)

Schritt 2: Ist-Situation

Das angebotene Zahlenwerk ist für die erforderliche Analyse unvollständig und sollte folgerichtig erweitert und ergänzt werden. Hier müssen zwei Rechenschritte vorgenommen werden: Zum einen müssen die variablen Kosten errechnet werden, um den aktuellen Gewinn zu bestimmen, zum anderen muss die Verteilung der einzelnen Rechnungselemente auf die beiden konkurrierenden Marken in absoluten Zahlen bestimmt werden.

Die variablen Kosten lassen sich - stark vereinfacht - durch eine Umstellung der folgenden Formel leicht für alle offenen Elemente errechnen:

- Rohertragsmarge = Umsatz – variable Kosten
- Umsatz – Rohertragsmarge = variable Kosten

Die entsprechenden absoluten Werte berechnet man anhand der Prozentzahlen für die beiden Marken. In der Summe ergibt sich folgendes Bild:

	Umsatz		Rohertragsmarge		Variable Kosten		Fixkosten	
	Verkauf	Service	Verkauf	Service	Verkauf	Service	Verkauf	Service
Total	250	50	50	20	200	30	54	15
X	125	25	30	10	95	15	27	7,5
Y	125	25	20	10	105	15	27	7,5

Absolute Werte (in Millionen Euro)

Aus der anschließenden Gewinnbetrachtung folgt daher, dass der Händler mit beiden Marken einen Gewinn von nur einer Million Euro erzielt. Hierbei wird die Gewinngleichung bestehend aus Gewinn = Umsatz - Kosten genutzt.

Bei einer genaueren Betrachtung der Analyse ergeben sich zwei Gewinntreiber: Zum einen ist der Verkauf von X-Traktoren grundsätzlich profitabel, zum anderen auch der Service sowohl für X-Traktoren als auch für Y-Landmaschinen.

	Gewinn	
	Verkauf	Service
Total	-4	5
X	3	2,5
Y	-7	2,5

Gewinn (in Millionen Euro)

Schritt 3: Analyse Framework Soll-Situation

Nach der Analyse der Ist-Situation wenden wir uns jetzt den vorgeschlagenen Veränderungen in der Unternehmensstruktur zu. Der Vertrieb von X-Traktoren in einem Joint Venture mit dem Hersteller und der zeitgleichen Fortführung des Y-Landmaschinen-Vertriebs im eigenen Unternehmen wird Auswirkungen auf Gesamtumsatz und -kosten haben. Daher müssen die Effekte auf Umsatz und Kosten für die beiden Unternehmungen getrennt betrachtet werden.

Schritt 4: Analyse Y-Landmaschinen

Wie in Lösungsschritt 2 vorgestellt, sollten die Auswirkungen auf Umsatz und Kosten betrachtet werden. In diesem Schritt ist es für die Lösung am zuträglichsten, wenn der Kandidat eigene Hypothesen entwickelt und der Interviewer diese Hypothesen verifiziert. Folgende Hypothesen sind denkbar:

Wenn Y-Landmaschinen nicht auf das neue Joint Venture der Konkurrenz reagiert, wird sich der Umsatz für Y-Landmaschinen-Produkte aller Wahrscheinlichkeit nach nicht signifikant verändern.

Die Kosten werden jedoch durch die Aufteilung des Vertriebs in zwei Unternehmen signifikant verändert. Im Rahmen dieser Veränderungen können verschiedene Aspekte betrachtet werden. Sinnvolle Hypothesen sind:

- Die Kosten für Gebäude werden gleich bleiben, da für Landmaschinen ein sehr engmaschiges Service-Netz vorgehalten werden muss.
- Die Kosten für Vertriebs- und Service-Personal werden nur minimal sinken (90 Prozent des vorherigen Wertes), da längere Anfahrten und das weiterhin gleich große Service-Netz nur wenige Einsparungen erlauben.

- Der Overhead wird sich nur minimal reduzieren lassen (90 Prozent des vorherigen Werts), da die entscheidenden Treiber, wie z. B. Personal, nur minimal sinken.
- Die Warenkosten werden anteilig sinken (50 Prozent der vorherigen Kosten).
- Andere Kosten bleiben gleich.

Auf Nachfrage wird der Interviewer Ihnen eine detailliertere Kostenaufstellung zur Verfügung stellen, sodass Sie die neue Kostenstruktur bestimmen können.

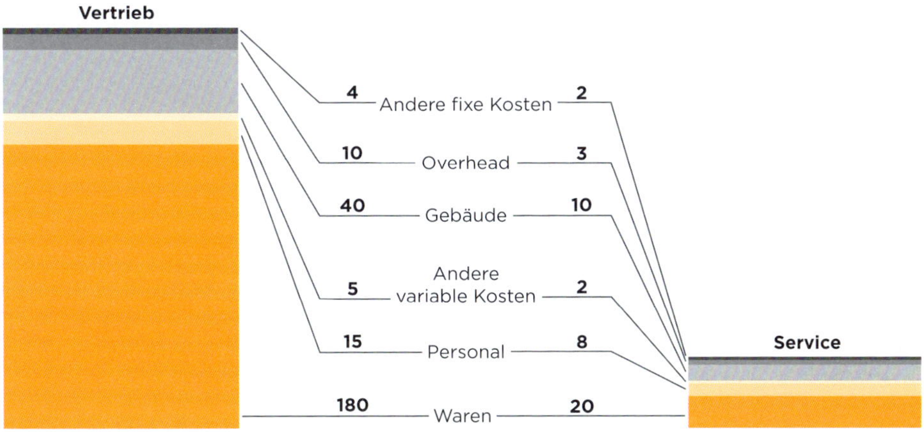

Detaillierte Kostenaufstellung (in Millionen Euro)

Die zuvor dargestellten Hypothesen und die gegebene Kostenstruktur zugrunde gelegt, ergeben sich für den Vertrieb von Y-Landmaschinen Gesamtkosten von 195,4 Millionen Euro.

In der Gesamtbetrachtung stehen nun 150 Millionen Euro Umsatz Kosten von 195,4 Millionen Euro gegenüber, was in einem Verlust von -45,4 Millionen Euro resultiert.

Schritt 5: Analyse X-Traktoren

Für die Analyse des Joint Ventures müssen wieder die Veränderungen von Umsatz und Kosten betrachtet werden. In einem ersten Schritt sollten allerdings mit dem Interviewer die genauen Modalitäten des Joint Ventures geklärt werden. Auf Nachfrage wird der Interviewer berichten, dass das Joint Venture eine rechtlich eigenständige Einheit sein soll, an dem beide Unternehmen mit 50 Prozent beteiligt sind.

Auf der Umsatzseite ist anzunehmen, dass sich wie im Lösungsschritt 4 keine signifikanten Änderungen ergeben.

Auf der Kostenseite können die Annahmen aus Lösungsschritt 4 übernommen werden; sie müssen allerdings um ein Element ergänzt werden:

- Die Kosten für den Wareneinkauf werden durch den Einstieg von X-Traktoren zusätzlich zur proportionalen Reduktion massiv sinken. Der Interviewer nennt Ihnen auf Nachfrage ungefähr 70 Prozent der vorherigen Kosten als Richtwert.

Damit ergeben sich als neue Werte für den Umsatz 150 Millionen Euro und für die Kosten 165,4. Folglich wäre das Joint Venture mit einem Verlust von 15,4 Millionen Euro nicht rentabel; davon hätte unser Kunde 7,7 Millionen Euro zu tragen.

Fazit und Lösungsstruktur auf einen Blick

Zunächst scheint die Option attraktiv, das profitablere Produkt (X-Traktoren) durch ein Joint Venture mit dem Produzenten weiter zu stärken. Bei genauerer Analyse zeigt sich aber die Wichtigkeit des Deckungsbeitrags als betriebswirtschaftliches Konzept. Die Fixkostenbasis für den Vertrieb der Produkte ist so groß, dass sie von dem profitableren Produkt nicht alleine gedeckt werden kann. Daher sollte der Kandidat in einem Interview dem Kunden empfehlen, die Offerte auszuschlagen.

1. Schritt: Wertschöpfungskette

2. Schritt: Ist-Analyse

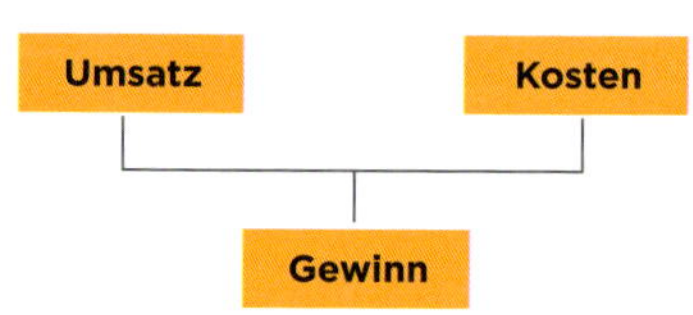

3.-5. Schritt: Soll-Analyse

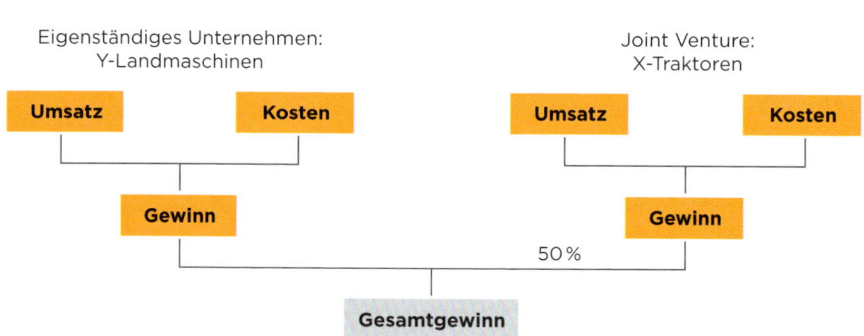

Neuprodukt-Pricing eines Smartphones

von Mark-Daniel Rentschler und Michael Sabadisch

Ausgangssituation und Aufgabenstellung

Nehmen Sie an, Sie sind Vertriebsvorstand eines führenden Herstellers von Smartphones. Das Produktmanagement Ihres Unternehmens arbeitet derzeit an einem Relaunch Ihres aktuellen Produkts, dem Y-Phone 7. Vor der Markteinführung des Y-Phone 8 müssen allerdings von Ihrer Seite aus noch einige wichtige Entscheidungen getroffen werden:

- **Schritt 1**: Ihre Aufgabe ist es zunächst, die Wettbewerbsposition des Y-Phone 7 zu bestimmen. Zudem sollen Sie gemeinsam mit dem Produktmanagement ausarbeiten, welche Produkteigentschaften für den Relaunch verändert werden. Wie gehen Sie vor?
- **Schritt 2a**: Nach der Vorstellung des neuen Y-Phone 8 liegt es in Ihrer Verantwortung, den Verkaufspreis für das Produkt zu definieren. Welche Möglichkeiten sehen Sie, um den „richtigen" Preis zu bestimmen?
- **Schritt 2b**: Die Durchführung einer Conjoint-Analyse ergab folgende Ergebnisse (siehe Seite 234): Zu welchem Preis würden Sie das Produkt in den Markt einführen?

Lösungsweg

1. Wettbewerbspositionierung und Produktdesign

Um Erkenntnisse für das Produktdesign des Y-Phone 8 ableiten zu können, sollte der Bewerber zunächst die aktuelle Wettbewerbspositionierung des Y-Phone 7 ermitteln. Dazu sollte aufgezeigt werden, was die strategischen Wettbewerbsvorteile und -nachteile des zu untersuchenden Produktes sind und wie die Preis-Leistungs-Positionierung im Vergleich zu den Wettbewerbsprodukten ausgeprägt ist.

Hierzu empfiehlt es sich, eine Liste mit kaufentscheidungsrelevanten Kriterien für Smartphones aus Kundensicht zu erstellen. Eine mögliche Auswahl an Kriterien zeigt die Abbildung auf der nächsten Seite. Anhand dieser Kriterien kann das Y-Phone mit den Wettbewerbsprodukten verglichen werden. Hierfür gilt es allerdings noch zu definieren, mit welchen Produkten das Y-Phone im Wettbewerb steht. An dieser Stelle wurden das Blueberry Priv, das Samsing Galaxy und das Noke-Ya Lumia als relevante Wettbewerbsprodukte erachtet.

Wichtigkeit und Leistung der Kaufentscheidungskriterien

Im ersten Schritt wird die Wichtigkeit der kaufentscheidungsrelevanten Kriterien beurteilt. In einem zweiten Schritt muss für jedes Kriterium die Leistung der einzelnen Produkte eingeschätzt werden. Generell gibt es verschiedene Möglichkeiten, die Wichtigkeit und die Leistung der Produkte bewerten zu lassen: Dies kann zum Beispiel durch eine interne Expertenschätzung mit Verantwortlichen aus unterschiedlichen Unternehmensbereichen wie Produktmanagement, Marketing und Vertrieb erfolgen, oder anhand einer externen Kundenbefragung mit potenziellen Käufern des Produkts. Falls die Beurteilung sowohl intern als auch extern mit Kunden durchgeführt wird, können schon an dieser Stelle Differenzen in der internen und externen Wahrnehmung des Produkts aufgedeckt werden.

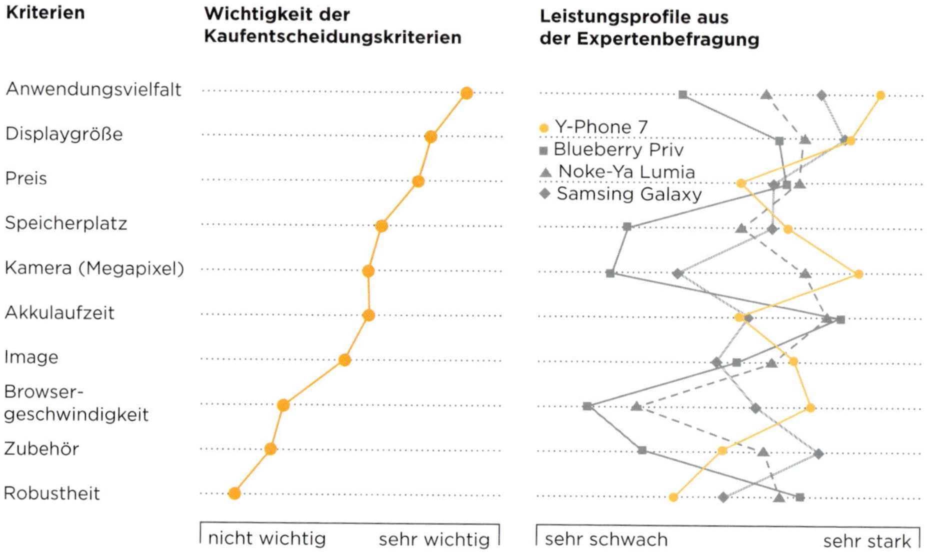

Wichtigkeit und Leistung der Kaufentscheidungskriterien

Wettbewerbsvorteilsmatrix

Aus der Wichtigkeit der Kaufentscheidungskriterien und der jeweiligen Leistung der im Wettbewerb zueinander stehenden Produkte kann die sogenannte Wettbewerbsvorteilsmatrix (siehe nächste Seite) abgeleitet werden. Die relative Leistung ist hier definiert als die Leistung des eigenen Produkts im Vergleich zur Leistung des jeweils stärksten Wettbewerbers pro Kriterium (Prinzip des Super-Wettbewerbers).

Die Matrix kann in vier Bereiche unterteilt werden:

- **strategische Wettbewerbsvorteile** (oben rechts): überlegene Leistung bei den wichtigsten Kriterien
- **strategische Wettbewerbsnachteile** (oben links): schwächere Leistung bei den wichtigsten Kriterien
- **Konsistenzbereich** (unten links): schwächere Leistung bei eher unwichtigen Kriterien
- **Overperforming** (unten rechts): überlegene Leistung bei eher unwichtigen Kriterien

Für das Y-Phone 7 zeigt sich, dass vor allem im Bereich der Anwendungsvielfalt und der Kameraleistung strategische Wettbewerbsvorteile bestehen. Hinsichtlich der Akkulaufzeit und des Preiskriteriums liegen allerdings Wettbewerbsnachteile vor. Für das Produktdesign des Nachfolgemodelles Y-Phone 8 bedeutet das, dass die Leistung des Akkus auf jeden Fall ein Merkmal ist, für das Optimierungsbedarf besteht. Um aussagekräftige Ergebnisse zu erhalten und richtige Maßnahmen bezüglich des Preises abzuleiten, muss allerdings anschließend noch die Preis-Leistungs-Positionierung der Smartphones ermittelt werden.

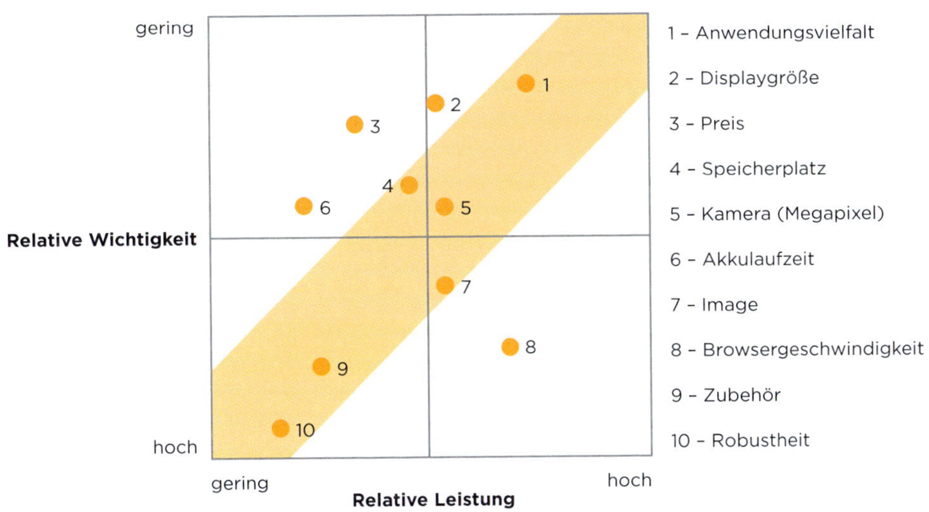

Wettbewerbsvorteilsmatrix

Preis-Leistungs-Positionierung

Anhand der Preis-Leistungs-Positionierung wird erkennbar, welche Produkte konsistent zur gebotenen Leistung bepreist sind und welche nicht. Hierzu wird für jedes Produkt die relative Leistung berechnet, indem die Leistung aller Kaufentscheidungskriterien, unter Ausnahme des Kriteriums Preis, mit der zugehörigen relativen Wichtigkeit multipliziert wird. Der relativen Leistung wird der relative Preis gegenübergestellt. Die Matrix der Preis-Leistungs-Positionierung (siehe Abbildung nächste Seite) lässt sich in drei Bereiche unterteilen:

- **Konsistenzkorridor (1)**: Preis und wahrgenommene Leistung des Produkts sind konsistent. Bei Erhöhung des Leistungsumfangs sollte auch der Preis angehoben werden. Es besteht kaum Handlungsbedarf.
- **Preiserhöhungsspielraum (2)**: Der Preis ist zu niedrig für die angebotene Leistung. Zahlungsbereitschaften werden nicht vollständig abgeschöpft. In diesem Bereich finden sich häufig preisaggressive Wettbewerber wieder.
- **Gefahrenzone (3)**: Gemessen an der angebotenen Leistung im Vergleich zum Wettbewerb ist der Preis für das Produkt zu hoch. Es besteht die Gefahr, dass die Kunden andere Anbieter bevorzugen. In diesem Fall sollte entweder der Preis gesenkt oder der Leistungsumfang erhöht werden.

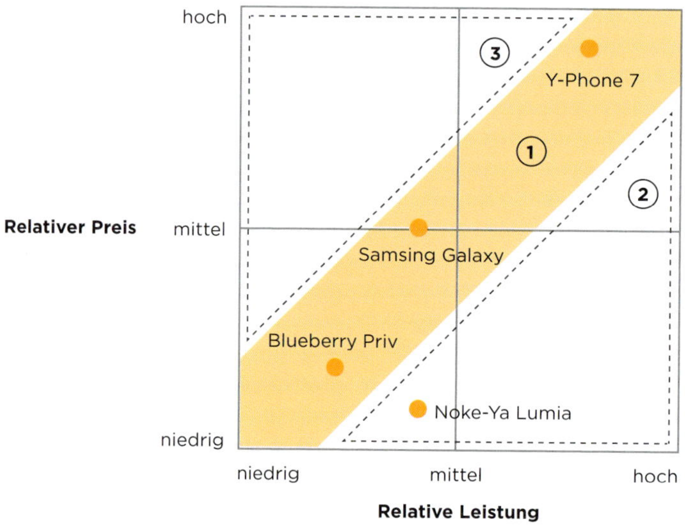

Preis-Leistungs-Positionierung

In unserem Beispiel zeigt sich, dass das Y-Phone preislich zwar sehr hoch positioniert ist, aber aufgrund der sehr hohen, überlegenen relativen Leistung in der Preis-Leistungs-Positionierung konsistent ist. Gemessen an der Leistung ist Noke-Ya ein preisaggressiver Wettbewerber im Markt.

2. Optimaler Preis für Neuprodukt

a) Methoden, um den optimalen Preis zu finden

Um den optimalen Preis zu finden, können verschiedene Methoden herangezogen werden (siehe Abbildung auf der nächsten Seite). Das Ziel aller Methoden ist es, Preis-Absatz-Funktionen und Preiselastizitäten ermitteln zu können. Die Ergebnisgüte und der damit verbundene Aufwand sind dabei höchst unterschiedlich. Die Angemessenheit einer bestimmten Methode richtet sich auch nach der Verfügbarkeit von Daten und Informationen.

- **Expertenschätzung**: Eine häufig angewandte Methode ist die Schätzung von Preis-Absatz-Funktionen in internen Experten-Workshops, da die ermittelten Ergebnisse und der dabei entstehende Aufwand in einem angemessenen Verhältnis stehen. Die Teilnehmer des Experten-Workshops sollten sowohl aus dem Produktmanagement, dem Marketing als auch aus dem Vertrieb kommen, um eine Betrachtung aus möglichst vielen verschiedenen Perspektiven zu gewährleisten.
- **Kundenbefragung**: Conjoint-Analysen basieren auf der Befragung von Kunden. Hierbei werden mehrdimensionale Entscheidungssituationen abgebildet, was dazu führt, dass die Validität der Ergebnisse recht hoch ist. Allerdings ist die Conjoint-Analyse auch die mit Abstand aufwändigste Methode.
- **Historische Daten**: Da es sich bei dem Y-Phone 8 nicht um die erste Einführung eines Smartphones handelt, können die Absatzeffekte historischer Produkteinführungen zur Berechnung genutzt werden. Allerdings gilt es hierbei kritisch zu hinterfragen, inwieweit die Rahmenbedingungen (z. B. Veränderung der Wettbewerbssituation, Veränderung des Leistungsumfangs, neue Produktfeatures) vergleichbar sind.
- **Markt-Test**: Theoretisch könnte das Y-Phone 8 zunächst nur in einigen wenigen regionalen Märkten eingeführt werden und auf Basis der sich einstellenden Verkaufszahlen die Preiselastizität berechnet werden. Die Ergebnisse wären für die endgültige Festlegung des Preises natürlich sehr hilfreich, allerdings wird aus organisatorischen Gründen (z. B. verzögerte Einführung des Y-Phones im gesamten Markt) ein solches Preisexperiment kaum vorstellbar sein.

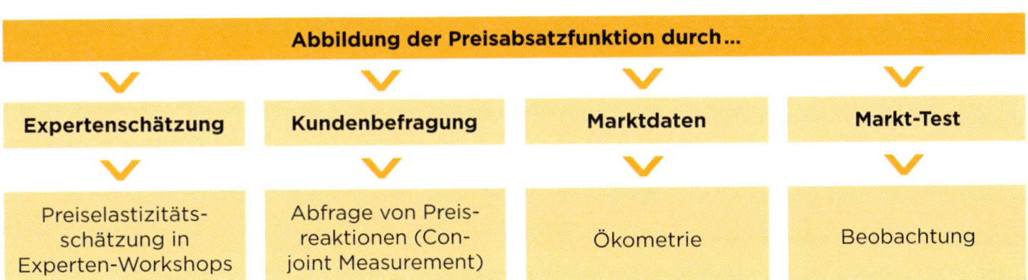

Methoden zur Findung des optimalen Preises

b) Berechnung des optimalen Preises

Anhand der in der nächsten Abbildung dargestellten Preis-Absatz-Funktion, die im vorliegenden Fall das Ergebnis einer Conjoint-Analyse ist, kann nun der Preis für das Y-Phone 8 bestimmt werden. Der Bewerber sollte zunächst hinterfragen, ob der umsatzoptimale oder der deckungsbeitragsoptimale Preis gesucht ist. Da der Gewinn als Unternehmensziel dem Umsatz in den meisten Fällen übergeordnet ist, erhält der Bewerber den Hinweis, dass er unter Berücksichtigung der Zusatzinformation bezüglich der variablen Kosten den deckungsbeitragsoptimalen Preis bestimmen soll:

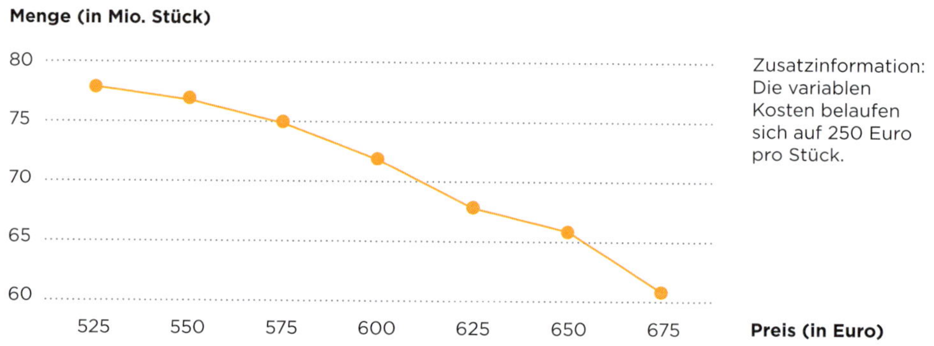

Preis-Absatz-Funktion

Die allgemeine Gewinngleichung lautet: $G = p \times q - k_{var} \times q - k_{fix}$, mit G = Gewinn, p = Preis, q = Menge, k_{var} = variable Kosten, k_{fix} = Fixkosten.

Vereinfachend kann an dieser Stelle angenommen werden, dass die verkauften Mengen keinen Einfluss auf die Fixkosten und somit keinen Einfluss auf die Bestimmung des deckungsbeitragsoptimalen Preises haben.

Durch Umformung erhält man nun $G = (p - k_{var}) \times q$, wobei $(p - k_{var})$ den Deckungsbeitrag pro Stück darstellt. Folgende Tabelle zeigt eine Übersicht der oben dargestellten Preis-Absatz-Kombinationen. Ihr lässt sich entnehmen, dass die gewinnoptimale Kombination bei einem Preis von 650 Euro und einer erwarteten Absatzmenge von 66 Millionen Stück liegt. Dieser Preis würde zu einem Gewinn von 26,4 Milliarden Euro führen.

Preis (Euro)	Menge (Mio. Stück)	Variable Kosten (Euro)	Umsatz (Mio. Euro)	Gewinn (Mio. Euro)
525	78	250	40.950	21.450
550	77	250	42.350	23.100
575	75	250	43.125	24.375
600	72	250	43.200	25.200
625	68	250	42.500	25.500
650	**66**	**250**	**42.900**	**26.400**
675	61	250	41.175	25.925

Übersicht der Preis-Absatz-Kombinationen

Vor der Markteinführung sollte der ermittelte Preis in einem letzten Schritt nochmals validiert werden – anhand der in Teil 1 beschriebenen Preis-Leistungs-Positionierung sowie unter Berücksichtigung des Leistungsumfangs des Y-Phone 8.

Perspektive Unternehmensberatung

Aktuelle Ausgabe:
Perspektive Unternehmensberatung 2017
ISBN (Print): 978-3-941144-89-7
ISBN (E-Book): 978-3-941144-90-3
Zielgruppe: Studierende aller Fachrichtungen
Inhalt: Das Expertenbuch liefert Antworten auf wichtige Fragen rund um den Beruf des Unternehmensberaters. Wie gestaltet sich die Work-Life-Balance? Wie absolviert man Bewerbungsgespräche und Fallstudien erfolgreich? Studenten und Consultants berichten von ihren Erfahrungen, und Beratungen stellen sich als Arbeitgeber vor.
Nächster Erscheinungstermin: Oktober 2017

Perspektiven für Juristen

Aktuelle Ausgabe: Perspektiven für Juristen 2017
ISBN (Print): 978-3-941144-80-4
ISBN (E-Book): 978-3-941144-81-1
Zielgruppe: Studierende, Doktoranden und Referendare der Rechtswissenschaft
Inhalt: Das Buch bietet einen Überblick über Karrierewege für Juristen in Justiz, Wirtschaft und (internationalen) Institutionen. Neben Expertentipps zu Bewerbung und Einstieg ermöglichen zahlreiche Erfahrungsberichte einen Einblick in interessante Berufsbilder. Namhafte Kanzleien und Unternehmen stellen sich als Arbeitgeber vor.
Nächster Erscheinungstermin: Oktober 2017

Der LL.M.

Aktuelle Ausgabe: Der LL.M. 2016
ISBN (Print): 978-3-941144-77-4
ISBN (E-Book): 978-3-941144-78-1
Zielgruppe: Studierende, Doktoranden und Referendare der Rechtswissenschaften
Inhalt: Das Buch hilft bei der Entscheidung für und der Suche nach dem geeigneten LL.M.-Programm. Erfahrungsberichte und Praxistipps für die Bewerbung an Unis und für Stipendien helfen dem Leser bei der Planung des Studiums. Namhafte Hochschulen und große Kanzleien stellen ihre Angebote für Juristen vor.
Nächster Erscheinungstermin: März 2017

Perspektiven für Informatiker

Aktuelle Ausgabe: Perspektiven für Informatiker 2017
ISBN (Print): 978-3-941144-92-7
ISBN (E-Book): 978-3-941144-93-4
Zielgruppe: Informatiker, Mathematiker und IT-Affine
Inhalt: Das IT-Studium ist abgeschlossen, die Jobmöglichkeiten sind nahezu unbegrenzt, doch wie geht es jetzt weiter? Dieses Buch liefert praxisnahe Antworten: Informatiker aus elf Branchen schildern ihren Arbeitsalltag und stellen typische Projekte vor. Alumni von e-fellows.net berichten von ihrem Werdegang und Experten geben Tipps zu Einstieg und Bewerbung.
Nächster Erscheinungstermin: Oktober 2017

Perspektive Investment Banking & Asset Management

Aktuelle Ausgabe:
Perspektive Investment Banking & Asset Management
ISBN (Print): 978-3-941144-20-0
Zielgruppe: Wirtschaftswissenschaftler
Inhalt: Das Buch bietet umfassende Informationen zu Berufsbildern, Bewerbung und Karrierechancen im Investment Banking und im Asset Management. Stipendiaten und Alumni von e-fellows.net berichten von ihren Erfahrungen und geben Tipps für die erfolgreiche Bewerbung. Player aus beiden Branchen stellen ihre Praktikums- und Einstiegsprogramme vor.

Perspektive Trainee

Aktuelle Ausgabe: Perspektive Trainee 2017
ISBN (Print): 978-3-941144-83-5
ISBN (E-Book): 978-3-941144-84-2
Zielgruppe: Studierende aller Fachrichtungen
Inhalt: Das Buch liefert einen Überblick über Trainee-Programme als attraktive Alternative zum Direkteinstieg: Welche Programme gibt es, was sollten sie bieten, und welche Karriereperspektiven bestehen danach? Darüber hinaus geben (ehemalige) Trainees ihre persönlichen Eindrücke wieder, und Unternehmen präsentieren ihre Programme.
Nächster Erscheinungstermin: Oktober 2017